Enterprise 2.0

Jörg Eberspächer · Stefan Holtel
Herausgeber

Enterprise 2.0

Unternehmen zwischen Hierarchie und
Selbstorganisation

Springer

Herausgeber
Prof. Dr. Jörg Eberspächer
TU München
LS Kommunikationsnetze
Arcisstr. 21
80290 München
Deutschland
joerg.eberspaecher@tum.de

Stefan Holtel
Vodafone Group Services GmbH
Chiemgaustr. 116
81549 München
Deutschland
stefan.holtel@vodafone.com

ISBN 978-3-642-14150-8   e-ISBN 978-3-642-14151-5
DOI 10.1007/978-3-642-14151-5
Springer Heidelberg Dordrecht London New York

Die Deutsche Nationalbibliothek verzeichnet diese Publikation in der Deutschen Nationalbibliografie; detaillierte bibliografische Daten sind im Internet über http://dnb.d-nb.de abrufbar.

© Springer-Verlag Berlin Heidelberg 2010
Dieses Werk ist urheberrechtlich geschützt. Die dadurch begründeten Rechte, insbesondere die der Übersetzung, des Nachdrucks, des Vortrags, der Entnahme von Abbildungen und Tabellen, der Funksendung, der Mikroverfilmung oder der Vervielfältigung auf anderen Wegen und der Speicherung in Datenverarbeitungsanlagen, bleiben, auch bei nur auszugsweiser Verwertung, vorbehalten. Eine Vervielfältigung dieses Werkes oder von Teilen dieses Werkes ist auch im Einzelfall nur in den Grenzen der gesetzlichen Bestimmungen des Urheberrechtsgesetzes der Bundesrepublik Deutschland vom 9. September 1965 in der jeweils geltenden Fassung zulässig. Sie ist grundsätzlich vergütungspflichtig. Zuwiderhandlungen unterliegen den Strafbestimmungen des Urheberrechtsgesetzes.
Die Wiedergabe von Gebrauchsnamen, Handelsnamen, Warenbezeichnungen usw. in diesem Werk berechtigt auch ohne besondere Kennzeichnung nicht zu der Annahme, dass solche Namen im Sinne der Warenzeichen- und Markenschutz-Gesetzgebung als frei zu betrachten wären und daher von jedermann benutzt werden dürften.

Einbandentwurf: WMXDesign GmbH, Heidelberg

Gedruckt auf säurefreiem Papier

Springer ist Teil der Fachverlagsgruppe Springer Science+Business Media (www.springer.com)

Vorwort

Viele soziale und politische Interessengruppen sind inzwischen im World Wide Web für und mit ihren Mitgliedern vertreten. Facebook zählt weltweit bereits über 400 Mio. Mitglieder, Google hält in Deutschland einen Marktanteil von über 90%, Wikipedia hat sich als akzeptiertes Nachschlagewerk etabliert. Mit dem Siegeszug von intelligenten Telefonen wie dem Apple iPhone und dem Erscheinen neuartiger Interaktionsmuster durch das Apple iPad wird das mobile und aus jeder Situation heraus nutzbare Internet plötzlich intuitiv und offensichtlich.

Nun erreichen diese Phänomene auch klassische Unternehmen. Unter dem Begriff „Enterprise 2.0" entstehen bisher unbekannte Dynamiken in speziell wirtschaftlichen Kontexten. Sie stellen Unternehmen auf die Probe – nicht nur in technischer Hinsicht. Auf ältere Mitarbeiter treffen die so genannten „Digital Natives". Sie sind ab ca. 1980 geboren und mit den Werkzeugen des Web 2.0 aufgewachsen, kommunizieren über SMS und Twitter und kollaborieren über Blogs und Wikis. Diese Jahrgangskohorten treffen auf in den Unternehmen bereits residierende „Digital Immigrants". Es prallen zwei Welten aufeinander, die die Spielregeln des Miteinanders verändern und neue Abstimmungen erfordern.

Der MÜNCHNER KREIS hat dies zum Anlass genommen, die mit dem Begriff „Enterprise 2.0" verbundenen Perspektiven zu beleuchten, neue Aspekte zu erkennen sowie andere zu relativieren und mit den Teilnehmern zu diskutieren.

- Was unterscheidet „Digitale Eingeborene" von „Digitalen Immigranten"?
- Welche Herausforderungen erwachsen aus der Koexistenz beider Mitarbeitertypen?
- Wie sollen Unternehmen die Herausforderung erfolgreich meistern?

Die Fachkonferenz des MÜNCHNER KREIS suchte Antworten auf diese und weitere Fragen. Vortragende aus Wirtschaft und Wissenschaft identifizierten zu Grunde liegende Phänomene, erläuterten Chancen und Risiken und präsentierten in Fallstudien erfolgreiche Transformationen zum Enterprise 2.0.

Im vorliegenden Band sind alle Vorträge und die durchgesehene Mitschrift der Podiumsdiskussionen enthalten, ergänzt um einen einführenden Beitrag von Ulrich Klotz. Allen Referenten und Diskussionsleitern sowie all denen, die zum Gelingen der Konferenz und zur Erstellung dieses Buches beigetragen haben, gilt unser Dank.

Jörg Eberspächer   Stefan Holtel

Inhalt

1	**Schöne neue Arbeitswelt 2.0?** Ulrich Klotz, IG Metall, Frankfurt	1
2	**Der Enterprise 2.0-Readiness Check, ein Konferenz-Hashtag und „Von Worten zu Wolken"** Stefan Holtel, Vodafone Group R&D, München Dr. Wilhelm Buhse, double YUU, Hamburg Frank Fischer, Microsoft Deutschland GmbH, München	17
3	**Enterprise 2.0: How Business is transforming in the 21st Century** Dion Hinchcliffe, Hinchcliffe Consulting, Alexandria, USA	21
4	**Was macht uns zu Digital Natives?** Martin Rohrmann, Alcatel-Lucent Deutschland AG, Stuttgart	47
5	**Enterprise 2.0: Das Wissen der Mitarbeiter mobilisieren Wissensmanagement als Vernetzungs- und Kommunikationsaufgabe** Dr. Josephine Hofmann, Fraunhofer Institut für Arbeitswirtschaft und Organisation, Stuttgart	53
6	**Podiumsinterview: Wie unterscheiden sich Digitale Eingeborene von Digitalen Immigranten?** <u>Moderation:</u> Stefan Holtel, Vodafone Group R&D, München <u>Teilnehmer:</u> Ludwig Paßen, Generali Deutschland Informatik Services GmbH, Aachen, („Digitaler Immigrant") Cedric May, Generation Y, Osterrönfeld („Digitaler Eingeborener")	63
7	**Enterprise 2.0 – Chance oder Risiko? Warum Enterprise 2.0 gerade für KMU eine strategische Chance ist** Dr. Sabine Pfeiffer, Institut für sozialwissenschaftliche Forschung, München	75

8	**Enterprise 2.0 und Recht – Risiken vermeiden und Chancen nutzen** Dr. Carsten Ulbricht, Rechtsanwalt Kanzlei Diem & Partner, Stuttgart	**95**
9	**Selbstorganisation oder Anarchie? Erfahrungen zu Enterprise 2.0** David S. Faller, IBM Software Group, Böblingen	**115**
10	**Die gläserne Firma: Offenes Wiki und die Folgen** Frank Roebers, SYNAXON AG, Bielefeld	**131**
11	**Mitarbeiterblogs als Baustein eines zeitgemäßen Wissensmanagements** Karsten Ehms, Siemens AG, München	**139**
12	**Twitter als Werkzeug in der Unternehmenskommunikation** Carmen Hillebrand, Vodafone Deutschland, Düsseldorf	**157**
13	**Kommunikation und Leadership: Erfolgserprobte Einführungsszenarien für Enterprise 2.0** Dr. Willms Buhse, doubleYUU, Hamburg	**167**
14	**Podiumsdiskussion: Unternehmen zwischen Hierarchie und Selbstorganisation. Was fördert und was fordert die Kultur des Enterprise 2.0?** Moderation: Prof. Dr. Thomas Hess, Ludwig-Maximilians-Universität, München Teilnehmer: Dr. Willms Buhse, doubleYUU, Hamburg David S. Faller, IBM Research & Development, Böblingen Ulrich Klotz, IG Metall, Frankfurt Dr. Sabine Pfeiffer, Institut für sozialwissenschaftliche Forschung, München Frank Roebers, Synaxon AG, Bielefeld	**185**

Anhang   **211**
Liste der Referenten und Moderatoren

1 Schöne neue Arbeitswelt 2.0?

Ulrich Klotz
IG Metall, Frankfurt

Die Menschheit verlässt eine Sackgasse der Zivilisationsentwicklung: eine Gesellschaft, in der Menschen häufig nur wie Maschinenteile eingesetzt und oftmals kaum besser behandelt wurden. Eine Schlüsselrolle bei dem fundamentalen Wandel spielt das größte Kooperationsprojekt, das es jemals gab: das Internet. Aufgrund seiner Fähigkeit, die Beiträge vieler Menschen ohne die lähmenden Nebenwirkungen von Hierarchie und Bürokratie zu koordinieren, ermöglicht das Internet vollkommen neuartige Unternehmensmodelle, Wertschöpfungsprozesse und Arbeitsformen. Aktuell kristallisieren sich in Abertausenden von Open-Source-Projekten neue Formen der Zusammenarbeit heraus, die als strukturbildende Leitideen langfristig nicht nur zu einer neuen Definition von Arbeit führen, sondern die Gesellschaft insgesamt grundlegend umkrempeln werden.

Mit der Versionsnummer „2.0" wird bei Computerprogrammen gewöhnlich ein größerer Entwicklungssprung signalisiert – alles soll viel besser funktionieren als bei der meist noch ziemlich fehlerhaften ersten Version. Ähnlich wie so manch genervter Softwareanwender hat sich wohl auch der eine oder andere Arbeitnehmer schon einmal ein „Unternehmen 2.0" gewünscht – also einen echten Neuanfang anstatt ständiger Flickschusterei.

Inzwischen legen Journalisten noch eins drauf: „Unternehmen 3.0" titelte vor einiger Zeit die Zeitschrift *Markt und Mittelstand*. Dabei wird klar: Solche Bezeichnungen sind auch Modevokabeln, die oft ähnlich rasch verschwinden wie sie kamen. Auch im vergangenen Jahrzehnt gab es vielfältige Versuche, aktuelle Entwicklungen in Wirtschaft und Gesellschaft auf den Begriff zu bringen: „New Economy", „Digitale Wirtschaft", „Internetökonomie", „Economy 2.0", „Informationsgesellschaft" – so lauten einige Buch- und Zeitschriftentitel aus jener Zeit. All dies sind Versuche, einen Umbruch zu umschreiben, der nicht leicht zu erfassen ist, weil wir selbst mittendrin stecken. Denn mögen auch die Schlagworte kommen und gehen – das Phänomen, das sie bezeichnen, ist ein unaufhaltsamer Umwälzungsprozess, der nach und nach alle Bereiche der Gesellschaft erfasst.

Don Tapscott formuliert es in dem Buch „Enterprise 2.0" so: „Wir stehen an einem historischen Wendepunkt der Geschäftswelt, an der Schwelle zu dramatischen Veränderungen der Organisation, Innovation und Wertschöpfung von Unternehmen."[1]

---

[1] Don Tapscott: Mit Enterprise 2.0 gewinnen, in: Willms Buhse und Sören Stamer (Hrsg.): Enterprise 2.0: Die Kunst loszulassen, Berlin 2008, S. 123-148.

Der mit treffsicheren Prognosen zu den Auswirkungen des Computers bekannt gewordene kanadische Erfolgsautor ist nicht der einzige, der große Worte wählt. Beim Soziologen Dirk Baecker klingt es ähnlich: „Wir haben es mit nichts Geringerem zu tun als mit der Vermutung, dass die Einführung des Computers für die Gesellschaft ebenso dramatische Folgen hat wie zuvor nur die Einführung der Sprache, der Schrift und des Buchdrucks."[2]

Beide beziehen sich auf den Pionier der modernen Managementlehre, Peter F. Drucker. Die Gesellschaft, die auf die Einführung des Computers zu reagieren beginnt, hat Drucker einmal die „nächste Gesellschaft" genannt, weil diese sich in allen Formen, Institutionen und Theorien von ihren Vorläufern unterscheiden wird. Schon im Jahr 1959 prägte Drucker die Begriffe „Wissensarbeit" und „Wissensgesellschaft", weil er erkannt hatte, dass mit der Ausbreitung von Computern fast alle Arbeiten intellektuell anspruchsvoller werden und dass Wissen(sarbeit) eine vollkommen andere Art von Management erfordert als die industrielle Handarbeit.

Wozu Unternehmen?

Um radikale Umbrüche zu erkennen, hilft es, radikale Fragen zu stellen. Zum Beispiel: „Wozu gibt es überhaupt Unternehmen?" Man kann auf ganz unterschiedliche Weise Produkte erzeugen und damit Profit erzielen. Beispielsweise kann man sämtliche zur Herstellung und zum Verkauf eines Produkts benötigten Komponenten und Dienstleistungen ausschreiben oder auf dem Markt zusammensuchen und so koordinieren, dass am Ende die gewünschte Wertschöpfung erzielt wird. Das andere Extrem wäre der Versuch, in der eigenen Firma alles selbst zu machen. Ein prominentes Beispiel hierfür lieferte Henry Ford, der von eigenen Kraftwerken über Stahlwerke, Glasfabriken, Schiffsreedereien bin hin zu Ford-Kautschukplantagen den gesamten Wertschöpfungsprozess der Automobilproduktion in seine Hand bringen wollte – und bei diesem Versuch ziemlich viel Geld verlor.

In der Praxis pendeln Unternehmen zwischen diesen beiden Extremen. Unter welchen Bedingungen es für sie sinnvoll ist, Aufgaben selbst zu lösen und wann es mehr bringt, dies dem Markt zu überlassen, ist eine Frage des Aufwands. Fachbegrifflich: Es ist eine Frage der Transaktionskosten, mit denen ermittelt wird, wie aufwändig es ist, passende Mitarbeiter (oder alternativ: Lieferanten) zu suchen und zu koordinieren.

Das Entscheidende ist nun, dass mit Computern und besonders mit dem Internet diese Transaktionskosten dramatisch sinken. Mehr und mehr verschieben sich damit die Bedingungen zugunsten von Marktlösungen. Mit der passenden Software wird es möglich, komplexe Aufgaben in viele Teilaufgaben zu zerlegen und die Lösungen

---

[2] Dirk Baecker: Studien zur nächsten Gesellschaft, Frankfurt, 2007, S. 7.

hinterher zusammenzuführen. Dieser Trend zu neuen Formen der Arbeitsteilung bis hin zum „Virtuellen Unternehmen" ist seit der Einführung des Computers verstärkt zu beobachten – „Outsourcing", „Offshoring" und ganz allgemein „die Globalisierung" sind nur einige der Folgen sinkender Transaktionskosten.

„Web 2.0" – der Anfang des „Inter-Net".

Nun kommt eine Entwicklung hinzu, für die im Jahr 2002 das Schlagwort „Web 2.0" geprägt wurde: Als „Social Software" ermöglichen es Computerprogramme mittlerweile auch dem gewöhnlichen Computerbenutzer, sich im Internet als „Sprecher" zu betätigen und mit anderen Menschen „inter-aktiv" in Beziehung zu treten – so wie es Bertolt Brecht in seiner „Radiotheorie" formulierte:

> *„Der Rundfunk wäre der denkbar großartigste Kommunikationsapparat des öffentlichen Lebens, ein ungeheures Kanalsystem, das heißt, er wäre es, wenn er es verstünde, nicht nur auszusenden, sondern auch zu empfangen, also den Zuhörer nicht nur hören, sondern auch sprechen zu machen und ihn nicht zu isolieren, sondern ihn in Beziehung zu setzen."*

Vermutlich würde Brecht heute staunen, mit welcher bisher nie gekannten Dynamik sich das heutige Kanalsystem „Web 2.0" entwickelt, in dem Menschen nicht nur per Sprache, sondern auch über Texte, Musik, Bilder, Videos, Software und ganz neuartige Darstellungsformen weltweit miteinander Wissen austauschen und ihre Gefühle mitteilen. Die zahlreichen neuen Mitmach-Plattformen wie „MySpace", „Facebook", „YouTube", „StudiVZ" oder „Flickr" ziehen mitunter binnen weniger Tage mehr neue (und durchaus aktive) Mitglieder an, als viele Parteien oder Gewerkschaften überhaupt haben. Offensichtlich gehen wir in eine Ära, die auch dadurch gekennzeichnet ist, dass vielerorts Menschen mehr und mehr mitmachen wollen und können, wie es beispielsweise auch die erfolgreiche Nutzung des Internet durch „Präsident 2.0" Obama (FAZ, 20.1.2009) zeigt.

Erst mit der Möglichkeit, wirklich inter-aktiv zu sein, verdient das „Inter-Net" seinen Namen und lässt ahnen, was noch kommen mag. Die bislang vorwiegend passiv genutzten Formen des World-Wide-Web waren lediglich Umformungen altbekannter Massenmedien wie Zeitung, Buch, Rundfunk und Fernsehen plus Briefverkehr und Telefon via Computer. Das war zu allen Zeiten so: Neue Medien wurden anfänglich stets ähnlich genutzt wie ihre Vorgänger; erst allmählich bildeten sich eigene und vollkommen neue Formen heraus. Dieser Prozess wird durch eine Entwicklung beschleunigt, mit der sich die kalifornischen Computerpioniere von Apple gerade anschicken, die Welt ein drittes Mal zu verändern: Nachdem der „Macintosh" den Umgang mit Computern und der „iPod" den Umgang mit Hörbarem revolutioniert haben, erhält nun mit dem „iPhone" und dem „iPad" die Internet-Nutzung eine neue Gestalt. Damit ist der Zeitpunkt nicht mehr fern, wo ein beträchtlicher Teil der

Menschheit nicht mehr extra „ins Internet gehen" wird, sondern zu jeder Zeit, an jedem Ort mit ungezählt vielen anderen Menschen und Gegenständen in Echtzeit interaktiv in Beziehung treten kann. Es ist noch nicht lange her, da brauchte man Verlage, Druckereien, Fotolabors, Studios, Schallplattenpressen, Filmproduzenten, Radiostationen, Fernsehsender sowie viel Geld und Geduld, wenn man mit seinen Gedanken oder mit anderen Werken die ganze Welt beglücken wollte. Im Zeitalter des allgegenwärtigen Internet genügt dazu ein Gerät, das in die Hemdtasche passt.

Welche Wirkungen die damit verbundene Wissens- und Kommunikationsexplosion haben wird, lässt sich heute noch nicht erahnen. „Die Bedeutung des Computers ist erst dann zu verstehen, wenn man seine Einführung mit der Einführung der Schrift vor 3.000 Jahren und des Buchdrucks vor 500 Jahren vergleicht. Jedes Mal hat sich die Form der Gesellschaft tief greifend verändert. Und jedes Mal hat man erst Jahrhunderte später begriffen, was sich abgespielt hat."[3] Jedes neue Kommunikationsmedium stellt mehr Möglichkeiten der Kommunikation bereit, als die Gesellschaft zunächst bewältigen kann. Erst im Verlauf der Zeit entwickeln sich neue Kulturformen, um das Mögliche auf das Bearbeitbare zu reduzieren – das ist dann eine neue Gesellschaft, über die an dieser Stelle nicht weiter spekuliert werden soll.

Open-Source – Kern der Internet-Revolution

Hingegen lässt sich über die Wirkung von „Web 2.0" auf Unternehmen schon heute einiges sagen, da es einen Bereich gibt, in dem Computernutzer schon seit rund 40 Jahren in „Mitmach-Netzen" aktiv sind: die Software-Entwicklung. In seinem Aufsatz: „Offene Geheimnisse – Die Ausbildung der Open-Source-Praxis im 20. Jahrhundert" skizziert Gundolf S. Freyermuth, wie technisch begeisterte Bastler gegen den Widerstand der monopolistischen Telekommunikations-Konzerne in den sechziger Jahren die Grundlagen digitaler Vernetzung schufen, genauso wie es Anfang der siebziger Jahre mehr am Gebrauchs- als am Tauschwert interessierte Bastler aus der US-Gegenkultur waren, die gegen das hinhaltende Desinteresse der damaligen Computerkonzerne die ersten PCs konstruierten[4]. Der weitaus größte Teil der technischen Grundlagen des heutigen Internet entstand in solchen auf freiwilliger Mitarbeit basierenden Strukturen, für die erst im Jahr 1997 der Begriff „Open-Source" gefunden wurde.

Dass solche auf freiwilligem Engagement basierenden Kooperationen weltweit verstreuter Menschen in der Lage sind, auch die komplexesten Produkte auf Weltklasse-Niveau herzustellen, zeigen die Erfolge von Linux, Apache, Firefox, Wikipedia und vielen anderen, die oft schon nach kurzer Zeit ihren kommerziellen

---

[3] Dirk Baecker, a.a.O., S. 14.
[4] John Markoff: What the Dormouse Said: How the Sixties Counterculture Shaped the Personal Computer Industry, New York, 2005

Konkurrenten überlegen sind. Sourceforge, die Internet-Plattform für Open-Source-Programme, verzeichnet inzwischen mehr als 100.000 solcher Projekte. Bei Open-Source geht es aber nicht nur um Software, sondern vor allem um ein soziales Phänomen. Denn zweierlei wird hier praktisch bewiesen: *Erstens*: Wenn die Transaktionskosten niedrig genug sind, geht es auch ohne Firma. Und *zweitens*: Es geht ohne Firma oft sogar viel besser. Die interessante Frage lautet: Was bringt unzählige Menschen dazu, ungezählte Tage und Nächte, ja oftmals sogar viele Jahre freiwillig höchst anspruchsvolle aber unbezahlte Arbeit mit oft großer Begeisterung in solche Projekte einzubringen? Warum tun Menschen so etwas?

Zunächst eine kurze Antwort: Weil in Open-Source-Gemeinschaften Wertschöpfung auf Wertschätzung basiert. Hier gehen Wissensarbeiter so miteinander um, wie es Peter F. Drucker zeitlebens propagiert hat. Dabei entsteht Motivation aus Identifikation und eine Kultur, die in vieler Hinsicht das Gegenteil des von Frederick W. Taylor und Nachfolgern geprägten Industrialismus darstellt. Das von Taylor um 1900 begründete Verfahren der „wissenschaftlichen Betriebsführung" hatte den Menschen nicht länger als eigenständig Handelnden begriffen, sondern als Teil der industriellen Maschinerie. Indem dieser „Taylorismus" den menschlichen Körper zum Anhängsel der Maschine machte und erwachsene Bürger mittels Anweisungen und Beaufsichtigung systematisch entmündigte, steigerte er die mechanische Effizienz – und vernichtete Motivation und Kreativität.

Heute hingegen sind die meisten Menschen Wissensarbeiter, weil die durch die Informationstechnik ausgelöste Wissensexplosion nur durch zunehmende Spezialisierung zu bewältigen ist – ganz im Sinne der Definition von Peter F. Drucker: „Ein Wissensarbeiter ist jemand, der mehr über seine Tätigkeit weiß als jeder andere in der Organisation." Wissensarbeiter sind also nicht etwa zwangsläufig Wissenschaftler, sondern wir finden sie heute überall: der Arbeiter in der Produktion, der Fertigungsprobleme selbständig analysiert und löst, der Wartungstechniker, der seinen Arbeitstag selbst plant, oder der Lagerverwalter, der die Leistungsfähigkeit von Lieferanten bewertet – sie sind allesamt zumindest teilweise Wissensarbeiter.

Das Jahrhundert-Dilemma

Wissensarbeiter brauchen Organisationen, in denen sie ihr Know-how optimal mit den Kenntnissen anderer Spezialisten verbinden und zu neuem Wissen umsetzen können. Dafür sind hierarchische Organisationen jedoch denkbar ungeeignet, weil Wissen nicht hierarchisch strukturiert, sondern immer nur situationsabhängig entweder relevant oder irrelevant ist. Ein Beispiel: Herzchirurgen haben zwar einen höheren sozialen Status als etwa Logopäden und werden auch besser bezahlt, doch wenn es um die Rehabilitation eines Schlaganfallpatienten geht, ist das Wissen des Logopäden dem des Chirurgen weit überlegen. Organisationen für Wissensarbeit müssen diesem Sachverhalt Rechnung tragen, etwa in Form einer „Adhocratie"

(Alvin Toffler): Darunter versteht man Netzwerke, die situationsabhängig den Trägern des jeweils benötigten Wissens zeitweilige Entscheidungs- und Koordinationsbefugnis geben.

Hier entsteht das große Dilemma, das für unsere Zeit des Übergangs von der Industrie- zur Wissensgesellschaft kennzeichnend ist: Heute arbeiten solche Wissensarbeiter fast überall, aber meist in Organisationen, die noch immer von Taylors Konzepten geprägt sind. Fast jeder kennt das: Man hat es mit Vorgesetzten zu tun, die über Dinge entscheiden, von denen sie in der Regel weit weniger verstehen als man selbst, die aber – weil sie nun einmal dieses Amt innehaben – meinen, sagen zu müssen, „wo es lang geht".

Die Folgen sind bekannt: Frust und Demotivation bis hin zur inneren Kündigung. Besonders krasse Formen dieses Dilemmas findet man überall dort, wo es an Wettbewerb mangelt, also etwa in Behörden, in top-down geführten Funktionärsbürokratien und natürlich in zentralistischen Plansystemen vom Typ DDR. Aber auch in unseren Firmen erhobene Umfragen zum Arbeitsklima sprechen Bände: Rund zwei Drittel aller Beschäftigten würden wegen dieses Dilemmas sofort die Stelle wechseln, wenn die Situation anderswo besser wäre. Diese anachronistischen Zustände haben in der Wirtschaft alljährlich Verluste im dreistelligen Milliardenbereich zur Folge – die seelischen und gesundheitlichen Folgen noch nicht einmal eingerechnet.

Die klassisch-hierarchischen Planstellensysteme versagen unter den Bedingungen von Wissensarbeit zwangsläufig, nicht zuletzt, weil in solchen Strukturen vielfach Opportunismus als Qualifikationsersatz und Karrierevehikel dient. Da außerdem durch die Einflüsse der Machtbeziehungen die Kommunikation meist nur stark verzerrt stattfindet („Management by Potemkin"), gehen hier vor allem die oberen Etagen mehr und mehr selbst geschaffenen Scheinwelten auf den Leim und die Spitzen verlieren allmählich den Kontakt zur Realität. Letztlich werden solche Organisationen früher oder später Opfer ihrer eigenen Strukturen – Nixdorf, AEG, Grundig, Borgward, Coop aber auch die DDR sind typische Beispiele für solche Entwicklungen. Der Managementkritiker Niels Pfläging spitzt das Kernproblem zu: „Von Nordkorea einmal abgesehen ist Management die letzte Bastion der Planwirtschaft. Es ist im Herzen sowjetisch, ein Relikt aus dem Werkzeugkasten des Industriezeitalters."[5]

Ganz anders verläuft die Arbeit in Open-Source-Zusammenhängen, die auf „Peer-Produktion" basieren; es gibt keine Hierarchie, sondern alle Beteiligten arbeiten selbstorganisiert als „Peers" (Ebenbürtige) auf Augenhöhe miteinander. Die zweite Grundlage ist Offenheit: Während traditionell bürokratische Strukturen auf ängstlich gehütetem Herrschaftswissen basieren und Misstrauen, Kontrolle und Schön-

---

[5] Niels Pfläging, Im Herzen sowjetisch (Interview), changeX (Online-Magazin), 25.11.2009, http://www.changex.de/Article/interview_pflaeging_management

1 Schöne neue Arbeitswelt 2.0?

färberei das Klima vergiften, existiert in Open-Source-Strukturen ein anderes Verständnis von geistigem Gemeineigentum. Das sagt schon der Name: Open Source bedeutet „offene Quelle". Hier sind die Menschen motiviert und gerne bereit, ihr Wissen und ihre Ideen anderen oder einer Organisation zur Verfügung zu stellen, weil ihnen Vertrauen, Respekt, Anerkennung, Fairness und Toleranz entgegengebracht wird.

Für komplexe Koordinationsaufgaben brauchen natürlich auch Open-Source-Projekte Entscheidungsautorität. Führungsfunktionen gibt es hier aber meist nur vorübergehend und auf ein Thema oder Projekt beschränkt. Das Organisationsmodell ähnelt eher dem einer Jazzband, wo einfühlsame Führungswechsel ungeahnte Synergien wecken können. Entscheidungsautorität beruht auf vom Projektteam anerkannter Kommunikations- und Sachkompetenz und nicht auf „von oben" verliehener formaler Autorität.

Jetzt spätestens wird verständlich, wieso Menschen im Netz vieles mit Begeisterung tun, aber „auf Arbeit" mitunter ganz ähnliche Aufgaben nur mürrisch anpacken – es kommt eben darauf an, wie man miteinander umgeht. Und das wiederum ist auch eine Frage der Organisationsstruktur. Bürokratische Hierarchien, die auf Angst und Einschüchterung basieren und in denen sich formale Autorität vor allem in Statussymbolen und Titeln manifestiert, rufen heute bei den „Net-Kids" nur noch Kopfschütteln hervor. Ob sich jemand „XY-Leiter" nennt oder ein größeres Büro hat, interessiert im Internet niemanden. Dort zählt nur die Brillanz von Ideen und die tatsächliche Leistung – und das ist auch gut so.

Vom Outsourcing zum Crowd-Sourcing

Open-Source-ähnliche Arbeitsformen werden sich ausbreiten, weil mit der rasant wachsenden Wissensmenge vor allem der Umfang dessen zunimmt, was wir nicht wissen. In einer zunehmend komplexen Welt rationale Entscheidungen zu treffen, überfordert den Einzelnen mehr und mehr. Vielfach entscheiden wir „mit dem Bauch" – und liegen damit oft richtiger. Denn die Menge der Informationen, die wir bewusst wahrnehmen und mit dem Verstand bewältigen können, ist etwa eine Million mal kleiner als die Menge, die wir gleichzeitig ständig unbewusst aufnehmen. Deshalb sind Entscheidungen, die wir „nach Gefühl" – also per Intuition – treffen, oft viel besser als diejenigen, die wir durch langes Nachdenken erzielen.

Ganz ähnlich wie unsere Intuition wirken auch Netzwerke mit einer großen Anzahl von Menschen, weshalb sich inzwischen Begriffe wie „Schwarm-Intelligenz" und „Crowd-Sourcing" als Weiterentwicklung von „Outsourcing" eingebürgert haben. Dank der niedrigen Transaktionskosten kann man heute per Internet die Weisheit der Vielen nutzen, wo der Verstand des Einzelnen nicht mehr weiterhilft.

Vor allem wenn es um das Thema Innovation geht, sind Open-Source-Strukturen der industriellen Planstellenorganisation haushoch überlegen. Den Grund dafür hat 1973 der Soziologe Mark Granovetter in seiner Arbeit: „Die Stärke schwacher Beziehungen" beschrieben: Unternehmen, die sich auf Innovationen konzentrieren, tun meist sehr viel, um die Kommunikation unter Kollegen zu fördern. In den Brainstormings („Heute wollen wir mal kreativ sein!") treffen sich dann aber meist Leute, die sich ohnehin ziemlich häufig begegnen, die also „starke Beziehungen" haben (zum Beispiel weil sie zur selben Abteilung gehören).

Da in solchen Zusammenhängen aber die Denkmuster der Beteiligten im Lauf der Zeit immer ähnlicher werden, entstehen nur selten neue Ideen. Neues entsteht viel eher dort, wo die Beziehungen „schwach" sind, das heißt, wo sich Unbekannte begegnen und dabei oft ganz unterschiedliche Denkmuster und Sichtweisen aufeinander treffen – wie es in den hochinnovativen Internet-Communities oder in Regionen mit großer Fluktuation (zum Beispiel im „Silicon Valley") ständig passiert. Im Kleinen kennt es jeder aus dem Arbeitsalltag: Gute Ideen entstehen viel eher bei zufälligen Begegnungen in der Teeküche als in den wöchentlichen Abnick-Runden.

Inzwischen erkennen immer mehr Firmen, dass die „Intelligenz der Masse" viele Leistungen schneller, besser und günstiger erbringen kann als etwa die eigene Unternehmenszentrale. Ein Beispiel für dieses Crowd-Sourcing lieferte erst jüngst der Autobauer Fiat: Für die Konzeption der Neuauflage des Klassikers Cinquecento (Fiat 500) boten die Italiener auf einer Interseite mit dem „Concept Lab" jedem Internet-Nutzer die Möglichkeit, am Design des Kleinwagens mitzuarbeiten. Nach wenigen Monaten, vielen Millionen Klicks und mehr als 250.000 Entwürfen hatte Fiat eine Vorstellung davon, wie sich potenzielle Käufer den neuen Cinquecento vorstellen. Das neue Auto ist erfolgreich und Fiat – früher oft als „Fehler In Allen Teilen" verspottet – hat mittlerweile wieder ein positiveres Image als ein Unternehmen, das auf seine Kunden hört.

Solchen Beispielen werden andere folgen, nicht zuletzt weil sich durch die mit „Web 2.0" gegebene Möglichkeit, Informationen epidemieartig zu verbreiten, auch Macht verlagert. Unternehmen, die sich auf Blogs, Wikis und ähnliche Instrumente einlassen, müssen sich darüber im Klaren sein, dass damit eine nie dagewesene Transparenz einzieht. Früher erzählte man frustrierende Erlebnisse beim Ummelden eines Telefonanschlusses nur seinen Freunden. Heute steht es im Internet. Damit entsteht für Unternehmen dieselbe soziale Kontrolle, die es früher in der dörflichen Nachbarschaft gab. Das Unternehmen wird „nackt", wie es Don Tapscott in seinem Buch „The Naked Corporation" nannte. Jeder Versuch mit „Verkleidungen" (etwa durch Marketing) zu tricksen, wird künftig binnen kürzester Zeit auf die Urheber zurückfallen. Mit anderen Worten: Ob sie es wollen oder nicht, die Unternehmen werden sich ändern müssen.

Leitidee der nächsten Gesellschaft

Das „Enterprise 2.0" wird also kommen. Vielleicht wird es schon bald nicht mehr so genannt werden, aber das grundlegende Prinzip wird sich durchsetzen – weil die alles umwälzende Macht des Internets auf seiner Fähigkeit beruht, die Beiträge vieler Menschen ohne die lähmenden Nebenwirkungen einer Hierarchie und Bürokratie zu koordinieren. „Zum ersten Mal seit dem Beginn des Industriezeitalters besteht die einzige Möglichkeit, ein zukunftstaugliches Unternehmen aufzubauen, darin, eine Organisation zu errichten, die auch menschentauglich ist", bringt es Gary Hamel auf den Punkt.[6] Und Gundolf Freyermuth schließt den großen Bogen: „Die Open-Source-Praxis bedeutet für die digitale Epoche, was die Praxis des Taylorismus beziehungsweise Fordismus der industriellen Epoche war – eine strukturbildende Leitidee, die ausgehend von der Arbeitsorganisation soziale Verhaltens- und Denkweisen prägt, ebenso die Organisation des zivilisatorischen Wissens sowie nicht zuletzt auch Kunst und Unterhaltung."[7] So wie einst die Taylorisierung von der Fabrikarbeit auf das gesamte Wirtschaftsleben, selbst auf vorindustrielle, auf künstlerische und auf wissenschaftliche Arbeit ausstrahlte, so werden die Formen „digitaler" Wissensarbeit auf alle diese Bereiche rückwirken.

Zu allen Zeiten wurden Arbeit und Gesellschaft vor allem durch die jeweiligen Informations- und Kommunikationstechniken (IuK-Techniken) geprägt. Die IuK-Technik Gutenbergs war nicht nur die Mechanisierung einer Handarbeit (des Schreibens), sondern auch die Keimzelle der Industrialisierung, denn Druckerzeugnisse waren die ersten seriellen Massenprodukte. Doch verglichen mit den aufklärerischen Wirkungen dieser Technologie war dies nur ein Nebeneffekt.

Nunmehr trägt die digitale Informationstechnik dazu bei, dass zentrale Prinzipien des Industrialismus sich nach und nach selbst ad absurdum führen. Natürlich wird es auch in Zukunft Industrieprodukte geben, doch die Strukturen und Prozesse ihrer Entwicklung, Herstellung und Vermarktung wandeln sich radikal. Damit wird das, was wir „Arbeit" nennen, nicht nur verändert, sondern allmählich neu definiert.

Die Wissensarbeiter verlassen eine Sackgasse der Zivilisationsentwicklung, in der Menschen oftmals nur wie Maschinenteile eingesetzt und mitunter kaum besser behandelt wurden. Wenn immer mehr Routinearbeiten an technische Systeme delegiert werden, zählt künftig vor allem das, was Menschen von Maschinen unterscheidet: Kreativität, Emotionen, Wissen, Erfahrung und vor allem die Fähigkeit, intelligent mit Unvorhersehbarem umzugehen. Doch diese Abkehr von industriellen Mustern und Werten ist vermutlich wiederum nur eine Nebenwirkung.

---

[6] Gary Hamel: Das Ende des Managements, Berlin 2008, S. 363.
[7] Gundolf Freyermuth: Offene Geheimnisse: Die Ausbildung der Open-Source-Praxis im 20. Jahrhundert, in: Bernd Lutterbeck (Hrsg.) Open Source Jahrbuch 2007, Berlin 2007, S. 17-57 (www.opensourcejahrbuch.de).

Denn nun entwickelt sich mit dem „elektronischen Buchdruck" in Gestalt des Internet das größte Gemeinschaftsprojekt, das die Menschheit je auf die Beine gestellt hat. Nicht nur die „Wikipedianer" verstehen sich heute als Teil des großen Projektes der Aufklärung. Schon heute stehen im Netz jedem Nutzer mehr Informationen kostenlos zur Verfügung, als sie die teuerste Bibliothek je bereithielt – und täglich kommen viele Millionen Seiten hinzu.

Dabei ist aber weniger die schiere Menge bedeutsam, als vielmehr die Tatsache, dass digitale Informationen nicht den Einschränkungen unterliegen, die für Produkte aus der Druckerpresse gelten. Bei maschinell vervielfältigten Werken liegt die Struktur (der Inhalt) fest, wenn der Autor und andere Autoritäten (Verleger, Herausgeber, Redakteur und so weiter) erst einmal entschieden haben, was gedruckt wird (und was nicht) und in welcher Anordnung die Symbole aufs Papier kommen. Da aber jeder Leser andere Vorkenntnisse, Fähigkeiten und Interessen hat, ist das Ergebnis dieser Filterung und Vorfertigung nur selten optimal, mitunter sogar schädlich. Diese technisch bedingten Einschränkungen des Mediums haben die Art und Weise, wie wir mit Informationen umgehen, also unser Denken und Weltbild, im Verlauf der Jahrhunderte viel stärker geprägt, als uns heute bewusst ist.

Per Computer hingegen können Symbole höchst variabel zur selben Zeit in ganz unterschiedlichen Anordnungen mit beliebigen Verknüpfungen dargeboten werden. Diese neue Freiheit im Umgang mit Informationen hilft ungemein, neue Bedeutungen und Zusammenhänge zu entdecken und zu kommunizieren, also zu lernen und sich gemeinsam mit anderen weiter zu entwickeln. Beim „Surfen" durch das Netz liest jeder sein eigenes „Buch", keines gleicht dem anderen. Langfristig dürften sich hierdurch der Umgang mit Wissen und unsere Vorstellung davon, wie die Welt organisiert ist und vor allem, wer die Autorität hat, uns das zu sagen, grundlegend wandeln.

Diesen fundamentalen Wandel kann man heute recht gut bei den „Digital Natives"[8] beobachten, also bei der Generation der nach 1980 Geborenen, die mit den digitalen Techniken aufgewachsen sind. Innerhalb nur einer Generation sind grundlegende Veränderungen in Sachen Mediennutzung und Kommunikationsverhalten zu verzeichnen. Wer mit Wikis, Blogs und Social Networks groß geworden ist, lebt eine völlig neue Kultur des Wissensaustausches, die sich diametral von der unterscheidet, die heute noch in den Unternehmen und anderen traditionellen Institutionen vorherrschend ist. Unternehmen, die künftig Digital Natives erfolgreich als Mitarbeiter gewinnen und halten wollen (und müssen), stehen damit vor großen Herausforderungen, die ihnen radikale Wandlungsprozesse abverlangen, aber zugleich auch Chancen eröffnen, vieles an alten Zöpfen, an internen Reibungsverlusten und anderem produktivitätsraubendem Ballast endlich über Bord werfen zu können.

---

[8] Vgl. John Palfrey, Urs Gasser: Born Digital, New York 2008

1 Schöne neue Arbeitswelt 2.0?

Vor mindestens ebenso großen Herausforderungen steht der gesamte Bereich der Aus- und Weiterbildung. Doch ist ausgerechnet dies der Bereich, der bislang dem Tempo, mit dem sich die digitale Revolution vollzieht, am wenigsten gewachsen scheint. Statt beispielsweise in den Schulen die Entwicklung neuer Fähigkeiten zu fördern, um sich in dieser neuen Welt sinnvoll orientieren und vor allem die Qualität und Entstehungszusammenhänge von Informationen besser bewerten zu können, statt also jungen Menschen vor allem das beizubringen, was Computer nicht können, verraten die Schultypen, Lehrpläne, Methoden und vieles andere mehr, wie tief sitzend industriegesellschaftliche Kategorien, Denkmuster und Werte noch in den Köpfen der „Lehrkräfte" (schon dieser Begriff verrät es) verankert sind. Noch immer wird bei uns die Mehrzahl junger Menschen für die industrielle Arbeitswelt von gestern ausgebildet: „Öffentliche Schulen sind in vielen Ländern nichts anderes als Fabriken, um junge Menschen mit Arbeitsfertigkeiten vertraut zu machen, die in der Fliessbandfertigung benötigt werden, zum Beispiel Anweisungen entgegenzunehmen, pünktlich am Werkstor zu erscheinen, Arbeiten zu erledigen, die sich endlos wiederholen, in einer hierarchischen, bürokratischen Unternehmensstruktur zu funktionieren usw."[9] Im Grunde erinnert hier vieles eher an die Mönche, die auch noch fünfzig Jahre nach der Erfindung des Buchdrucks jedes einzelne gedruckte Exemplar Korrektur lasen, weil sie die Wirkung der neuen Technik anfänglich gar nicht begreifen konnten. Gut möglich, dass sich spätere Generationen über unser heutiges Verständnis der Internet-Wirkungen ebenfalls kopfschüttelnd amüsieren werden.

Wie bei jedem neuen Medium, ob Buchdruck, Telefon, Fotografie oder anderen, so sind auch jetzt wieder die Kulturpessimisten zur Stelle, die einmal mehr das Abendland untergehen sehen. Kaum sind die jahrzehntelangen Warnungen, dass die „Elektronenhirne" uns das Denken abnehmen, verklungen, wird nun gewarnt, dass die Menschheit „Klick und Doof" verblödet, weil im „Web 0.0" ein pöbelnder Debattierclub von „Anonymen, Ahnungslosen, Denunzianten, Freizeitaktivisten und Exhibitionisten" mit ihrem „Loser Generated Content" einen gigantischen Absurditätenstadl errichte (so Bernd Graff in der Süddeutschen Zeitung vom 8. Dezember 2007). Dass dort, wo jeder schreiben kann, vor allem viel Mittelmaß herrscht, ist doch selbstverständlich. Genauso gut könnte man Gutenbergs Technik an den Pranger stellen, weil nun mal auch damit ziemlich viel Schund fabriziert wird – nicht zuletzt von Journalisten. Doch vermutlich werden die Menschen dank Internet auch mehr und mehr lernen, zwischen Qualität und (formaler) Autorität zu differenzieren. Und anzunehmen ist, dass der nun ins Unermessliche verschärfte Wettbewerb um Aufmerksamkeit auch zur Entwicklung ungeahnter neuer Qualitäten führen wird, wie sie sich schon heute hier und da im Netz andeuten.

Allerdings verlieren mit dem neuen Medium wieder einmal viele etablierte Torwächter und Machtinhaber ihre Pfründe, so wie seinerzeit die Hohepriester und Schriftgelehrten durch den Buchdruck ihres Status und ihrer Privilegien beraubt

---

[9] Heidi und Alvin Toffler: Die Helden von morgen, GDI-Impuls, Heft 3, 2009, S. 8-9

wurden. Menschen sind heute nicht mehr vom Wohlwollen eines Kapitalgebers, Redakteurs oder Verlegers abhängig, wenn sie ihre Gedanken (weltweit) publizieren wollen. Insofern ist es kein Wunder, wenn sich gerade Journalisten, wie der FAZ-Mitherausgeber Frank Schirrmacher, vom Internet bedroht fühlen und warnen: „Wir werden das selbständige Denken verlernen, weil wir nicht mehr wissen, was wichtig ist und was nicht. Und wir werden uns in fast allen Bereichen der autoritären Herrschaft der Maschinen unterwerfen. ... Auf der ganzen Welt haben Computer damit begonnen, ihre Intelligenz zusammenzulegen und ihre inneren Zustände auszutauschen."[10] Ganz ähnlich ließ seinerzeit Platon schon seinen Sokrates vor den Gefahren der schändlichen Erfindung der Schrift warnen: „Wer glaubt, dass aus Buchstaben etwas Deutliches und Zuverlässiges entstehen werde, der möchte wohl von großer Einfalt sein."

Eines dürfte allerdings unbestreitbar sein: Das Internet verändert die Art, wie Menschen ihre Fähigkeiten verbinden und weiterentwickeln können. Und damit verändert es auch jeden Aspekt unseres Denkens: Wahrnehmung, Gedächtnis, Sprache, Vorstellungsvermögen, Kreativität, Urteilskraft, Entscheidungsprozesse und vieles andere mehr. Doch das ist nichts Neues, solche gesellschaftsverändernden Wirkungen hatten zu früherer Zeit auch andere ehemals Neue Medien – nur, dass heute alles ungleich schneller abläuft. Fundamentale Veränderungen, die sich früher über mehrere Generationen erstreckten, vollziehen sich heute innerhalb weniger Jahre. Wohl auch deshalb verkaufen sich derzeit kulturpessimistische Bücher so gut, in denen die Autoren ihre eigene Überforderung zum Thema machen.

Wer heute mit Digital Natives zu tun hat, der weiß, das wir längst schon auf dem Weg in eine „nächste Gesellschaft" sind – die natürlich viel mehr Fragen aufwirft, als hier behandelt werden können. So beispielsweise die folgende: Wie verdienen die Menschen in der „nächsten Gesellschaft" ihren Lebensunterhalt? Oder: Werden Gewerkschaften noch Bestandteil dieser „Gesellschaft 2.0" sein?

Gewerkschaft 2.0?

Zu jener Zeit, als Computer in der Arbeitswelt noch kaum bekannt waren, standen Gewerkschaften in jeder Hinsicht ungleich besser da als heute. In nur drei Jahrzehnten hat der Computer jedoch so gut wie jeden Arbeitsplatz verändert. Und je mehr der Umgang mit Computern zur neuen Kulturtechnik reift, desto breiter wird auch die kulturelle Kluft zwischen der hochdynamisch-vielfältigen Welt der Digital Natives und der vergleichsweise beharrend-uniformen Welt, der die Gewerkschaften noch angehören – und die von den Jüngeren oft nur noch als ziemlich „uncoole" Veranstaltung wahrgenommen wird.

---

[10] Frank Schirrmacher: Mein Kopf kommt nicht mehr mit, Der SPIEGEL, Heft 47, 2009, S. 127

1 Schöne neue Arbeitswelt 2.0?

Gewerkschaften sind heute auf immer mehr Feldern in die Defensive geraten, weil maßgebliche Teile der Organisationen sich zu spät und viel zu oberflächlich mit der Frage befasst haben, wie der Computer die Arbeitswelt und die Gesellschaft insgesamt verändert. Weder wurden die vielfältigen, sich neu eröffnenden Chancen erkannt, noch die damit einhergehenden Herausforderungen. In industrialistisch-mechanistischen Denkmustern verharrend, wurde der Computer (das „Elektronenhirn") jahrzehntelang pauschal als „Job- und Qualifikationskiller" bekämpft – man sah in ihm nur eine neue Maschine, die dem Menschen nun auch noch die Kopfarbeit wegnimmt. Dass hingegen hier ein Medium heranreift, das den Wissensaustausch zwischen Menschen auf eine völlig neue Stufe stellt und damit Leben und Arbeit der meisten Menschen von Grund auf verändert, wird nicht selten bis heute verkannt – noch im Jahr 2000 taten führende Gewerkschaftsvorstände Hinweise auf die Veränderung ökonomischer Bedingungen in Gefolge des Internet als „dummes Zeitgeistgeschwätz" ab.

Nicht zuletzt hat auch die Tatsache, dass viele politische Organisationen die Möglichkeiten der neuen Techniken selbst zunächst nur anachronistisch, oftmals ausgesprochen dilettantisch und bis heute zumeist nur unzulänglich nutzen, fatale Wirkungen. Denn dadurch verlieren die Organisationen gerade für kritische Geister unter den Technikkennern immer mehr an Attraktivität, wodurch ihnen wiederum die ohnehin nur rar gesäten Seismographen für künftige Entwicklungen und damit auch Gestaltungspotenziale abhanden kommen.

Technik ist Politik. Und Technikgestaltung ist Gesellschaftsgestaltung. Denn technische Entwicklungen verändern die Welt – oftmals folgenreicher und nachhaltiger als alle politischen Institutionen. Politiker und politische Organisationen, die sich nicht frühzeitig und kenntnisreich mit den Wechselwirkungen zwischen Technik und Gesellschaft befassen, verlieren allmählich den Kontakt zur Realität und damit auch ihren Einfluss, wenn nicht gar ihre Existenz. Diesen Zusammenhang konnte man geradezu mustergültig in den letzten Jahren des DDR-Politbüros studieren. Da sich viele deutsche Gewerkschaften in den neunziger Jahren ihrer Wahrnehmungsorgane für technische Trends beraubt haben, tragen mangelnde Sachkenntnis und meist oberflächliche Erklärungsmuster für das Geschehen in der Welt dazu bei, dass heutzutage Versuche, das Vergangene festzuhalten, weit häufiger zu beobachten sind, als die, zugegeben schwierigeren Versuche, die Zukunft zu gestalten: „Politiker in immer mehr Ländern versuchen, der Krise Herr zu werden, indem sie möglichst schnell die Vergangenheit wieder herstellen, statt sich für die Zukunft zu wappnen. Ein Beispiel dafür sind die riesigen Investitionen, die in Infrastruktur fließen ... und die sich am industriellen Bedarf von gestern, statt an den Anforderungen von morgen orientieren."[11] Oftmals werden politische Weichen erst dann gestellt, wenn der Zug längst durchgefahren ist und die Gestaltung der Streckennetze hat man ohnehin seit langem anderen überlassen. Ob man sich dann mit lautstarkem aber verspätetem

---
[11] Heidi und Alvin Toffler, a.a.O., S. 8

Protest über die falsche Fahrtrichtung der Gesellschaft noch einen Gefallen tut, kann bezweifelt werden. Um es mit einem aktuellen Beispiel zu sagen: Natürlich sind auch die aktuelle „Finanzkrise" und die Methoden der „Bankster" unter anderem (Neben-)Wirkungen der weltweiten Informatisierung von Strukturen und Prozessen, denn die Informationstechnik hat die Spielregeln des Finanzmarkts radikal verändert und solche nie gekannten Auswüchse überhaupt erst ermöglicht.

Im Jahr 2009 ist es genau 50 Jahre her, seit Peter F. Drucker die Begriffe „Wissensarbeiter" und „Wissensgesellschaft" in die Welt setzte und dabei aufzeigte, warum Arbeitswelt und Gesellschaft durch die Informationstechnik fundamental transformiert werden. Und schon 1947 wies Norbert Wiener in seinem Buch „Kybernetik" auf absehbare Folgen dieser Entwicklungen hin: „Stellt man sich die zweite (kybernetische) Revolution als abgeschlossen vor, so wird das durchschnittliche menschliche Wesen mit mittelmäßigen oder noch geringeren Kenntnissen nichts zu ‚verkaufen' haben, was für irgend jemanden das Geld wert wäre."

In Gestalt der sich immer weiter öffnenden sozialen Kluft zwischen den Gewinnern und Verlieren des Strukturwandels (so etwa im großen Anteil Langzeitarbeitsloser) rächt sich heute, dass solche Erkenntnisse in unserem industriegeprägten Bildungssystem und auch bei weiten Teilen der Gewerkschaften auch nach mehr als 60 Jahren noch immer nicht angekommen sind. Vor den Folgen solch hartnäckiger Ignoranz warnte übrigens der Medienpionier Marshall McLuhan bereits 1964 in seinem Buch „Understanding Media": „Die Ausbreitung neuer Medien führte stets auch zum Untergang sozialer Formen und Institutionen und zur Entstehung neuer [...]. Vor allem die Teile der Gesellschaft, die die langfristigen Wirkungen des neuen Mediums zu spät erkannten, mussten dies mit ihrem Untergang bezahlen."

Dieses existenzielle Dilemma der Gewerkschaften wird besonders dann deutlich, wenn man ihre bisherigen Versuche betrachtet, durch eigene Modernisierung und Organisationsentwicklung den Übergang zur Wissensgesellschaft zu bewältigen. Da man die Wechselwirkungen zwischen Software, Organisationsstruktur und -kultur[12] seit Jahrzehnten verkennt, folgten diese Versuche im Kern stets noch den klassischen Rationalisierungsmustern der Industrieära – man versuchte also, die Probleme mit derselben Denkweise (und oft denselben Akteuren) zu lösen, durch die sie entstanden sind. Dadurch wurden die bestehenden Zustände nur perfektioniert und die eigentlichen Probleme nicht gelöst, sondern sogar noch verschärft. Deshalb sind die gewerkschaftlichen Kader bis heute in industriegeprägten Denkmustern und tayloristischen Organisationsstrukturen (dem „Apparat") gefangen. In solchen Strukturen erfordert es Mut, etwas Neues zu wagen. Infolgedessen sind die innovativen Teile der Basis den Vorständen oft um Jahre und mitunter sogar um Jahrzehnte voraus. Deshalb können auch und gerade Gewerkschaften von der Open-Source-Praxis sehr

---

[12] Vgl. hierzu: Ulrich Klotz: Die zweite Ära der Informationstechnik, *HARVARDmanager* 12, (1991) 2, S. 101-112

viel lernen – das hat etwa der schwedische Gewerkschafter Hans Björkman in seiner Dissertation „Learning from Members" aufgezeigt. Um als „Gewerkschaften 2.0" in der „nächsten Gesellschaft" erfolgreich fortbestehen zu können, werden sie sich in all ihren Strukturen und Prozessen sogar noch weit grundlegender wandeln müssen als die meisten Unternehmen.

Ulrich Klotz, geb. 1948, Dipl.-Ing., nach Forschungs- und Entwicklungsarbeiten in Computerindustrie und Werkzeugmaschinenbau befasste er sich seit den achtziger Jahren beim Vorstand der IG Metall mit dem Themenfeld Computer und Zukunft der Arbeit. Daneben war er Stiftungsprofessor an der Hochschule für Gestaltung in Offenbach und ist in div. Gremien des Forschungsministeriums als Beirat und Gutachter tätig sowie Autor von zahlreichen Veröffentlichungen zum Thema Arbeit, Technik und Innovation. ulrich.klotz@t-online.de

2 Der Enterprise 2.0-Readiness Check, ein Konferenz-Hashtag und „Von Worten zu Wolken"

Stefan Holtel
Vodafone Group R&D, München

Dr. Wilhelm Buhse
double YUU, Hamburg

Frank Fischer
Microsoft Deutschland GmbH, München

Herr Holtel:
Ich begrüße Sie zur Münchner Kreis-Konferenz „Enterprise 2.0 – Zwischen Hierarchie und Selbstorganisation" und freue mich, dass Sie so zahlreich den Weg zu uns gefunden haben!

Wie ich, haben vielleicht auch Sie heute Morgen in der Tageszeitung lesen können: „Immer mehr Unternehmen stellen Regeln für Twittern während der Arbeitszeit auf". Im Umkehrschluss heißt das: Unternehmen können offensichtlich nicht mehr unterbinden, dass Werkzeuge des Web 2.0 faktisch bereits in Arbeitsprozesse eingebunden sind – ob sie das wollen oder nicht. Unternehmen müssen sich diesem Fakt stellen: Sie müssen Regeln und Verhaltensweisen vorgeben – oder diese entstehen von selbst.

Enterprise 2.0 ist ein Thema mit vielen Facetten, in denen man sich schnell verlieren kann. Wir wollen deshalb heute fokussieren auf eine besondere Fragestellung des Enterprise 2.0.

Was passiert, wenn „Digitale Eingeborene" auf „Digitale Immigranten" treffen? Beide Begriffe unterscheiden bestimmte Mitarbeitertypen: Die einen präsentieren bereits ihr Persönlichkeitsprofil auf Xing, twittern regelmäßig oder haben vielleicht schon zu Wikipedia beigetragen. Die anderen sind in Xing nicht zu finden, telefonieren eher als dass sie eine SMS schreiben und kennen Wikipedia bestenfalls vom Hörensagen.

Wir werden hier aus ganz verschiedenen Perspektiven jeweils fragen: Was unterscheidet „Digitale Eingeborene" von „Digitalen Immigranten"? Wie kann Ihr Unternehmen damit umgehen? Welche neuen Herausforderungen entstehen und wie kann der Spagat gelingen, die unterschiedlichen Mitarbeitertypen gleichzeitig zu motivieren?

Um zu vermitteln, wo Ihre eigene Organisation steht mit „Enterprise 2.0", haben wir ihren Unterlagen eine Broschüre des BITKOM beigelegt. Auf Seite 20 finden Sie dort den sogenannten „Enterprise 2.0-Readiness Check". Beantworten Sie die gestellten Fragen und tragen Sie die Ergebnisse in das auf Seite 22 abgebildete Raster ein! Sie erhalten damit eine erste Einschätzung ihres Unternehmens in Bezug auf Kultur, Organisation und Technologie des Enterprise 2.0. Nutzen Sie diese Gelegenheit, erste Informationen über den Reifegrad Ihres Unternehmens zu erhalten! In nur drei Minuten erfahren Sie, wo Ihre Organisation heute steht.

Dieser erste Eindruck wird Ihnen anschließend helfen, die zentrale Frage besser zu verorten: Was bedeutet das Auftauchen zweier Mitarbeitertypen, der „Digitalen Immigranten" und der „Digitalen Eingeborenen" für meine Organisation?

Diese Konferenz möchte außerdem ein wenig den Geist des Enterprise 2.0 atmen. Sie lebt von ein paar Experimenten, die wir Ihnen nun kurz vorstellen werden. Herr Buhse macht den Anfang mit einer kurzen Einführung in das Kommunikationsmedium Twitter.

Dr. Buhse:
Bei Enterprise 2.0 geht es um das Thema Vernetzung. Ich möchte Sie ein wenig zum Thema Vernetzung aufwecken und Sie bitten einmal kurz aufzustehen. Da wir hier in Bayern sind, bitte ich Sie ganz kurz zu Ihren Nachbarn „Grüß Gott" zu sagen. Sie sehen, dass Vernetzung nicht weh tut, manchmal sogar Spaß machen kann. Das, was wir gerade gemacht haben, wollen wir jetzt online tun. Dazu kann man das Tool Twitter nutzen. Wer von Ihnen kennt Twitter oder hat von Twitter schon gehört? Wer von Ihnen twittert? Dort drüben haben wir eine Twitterwand für diejenigen, die heute schon twittern oder anfangen wollen zu twittern. Auf dieser Wand werden immer wieder die Nachrichten auftauchen, die Sie heute zu dieser Konferenz schicken. Für diejenigen, die Twitter nicht kennen: Twitter ist eigentlich eine völlig sinnlose Sache. Sinnlos dahingehend, als dass Sie schreiben können, was Sie wollen. Niemand kontrolliert es. Sie schicken eine Nachricht an Twitter, und die Leute, die wissen wollen, was Sie von sich geben, folgen Ihnen einfach. Es ist so ähnlich wie ein Spiegel-Abo. Sie sind sozusagen der Spiegelredakteur, der bestimmt, was geschrieben wird und Leute, die das Spiegel-Abo abonnieren, bekommen alles, was Sie von sich geben. Das kann von so einfachen Dingen wie „ich trinke gerade einen Kaffee in London" bis „ich habe gerade die sensationelle Weltformel entdeckt" sein. Heute können Sie eher über die Weltformel twittern. Sie dürfen heute während Ihrer Arbeitszeit twittern ohne dass Ihr Chef das mitbekommt. Dafür haben wir ein sogenanntes Hashtag. Sie verwenden ein Hashtag – die Leute, die heute twittern, kennen diesen Begriff – MKE2.0 (Münchner Kreis Enterprise 2.0). Alle Nachrichten, die dieses Hashtag haben,

werden dort hinten auf der Twitterwand den ganzen Tag über auftauchen. Wir als Referenten können uns daran auch orientieren. Wenn es bestimmte Fragen gibt, können wir diese von hier aus entsprechend beantworten. Ich wünsche Ihnen viel Spaß beim Twittern.

Herr Fischer:
Ich bin der Techniker, und normal hat man mit Technik auch Probleme. Im Moment sehen wir gerade meinen kleinen Privatlaptop mit meinem Twitteraccount. Ich verwende Twitter regelmäßig. Für mich hat Twitter zwei geschäftswichtige Dinge, die es mir liefert. Erstens weiß ich, was mein Team tut, weil alle in meinem Team twittern und ich damit ein sehr gutes Gefühl habe, wo sie gerade stecken und was sie machen. Zweitens verwenden wir als Microsoft Twitter sehr stark als Marketingkanal, als Informationskanal hinaus in unsere Audiencen. Wie Sie sehen sind auch einige der Posts aus diesem Marketingkanal. Ich werde heute nebenher Live Debugging versuchen, diese Netzwerkconnection hinzubekommen. Wir hätten dann zwei Dinge. Erstens: die Twitterwall im Hintergrund wäre etwas schöner. Zweitens: Wir haben uns überlegt, dass eine der wesentlichen Eigenschaften, die in Enterprise 2.0 mit hineinfließen, diese Idee über Web zu kommunizieren ist. Die Webkommunikation ist etwas, was neu mit diesem Web 2.0 reingekommen ist. Das sind sogenannte Tagclouds, d.h. ich setze neben den eigentlichen Text eine Wolke von Begriffen, die mehr oder weniger fett gedruckt sind und die beschreiben, was der Inhalt desjenigen ist, was dann auf der linken Seite dasteht. Es kommt eigentlich aus einer Hilfestellung für Suchmaschinen, die man machen wollte, weil Suchmaschinen einen größer geschriebenen Text als wichtiger verschlagworten als einen kleiner geschriebenen Text. Da hat sich mittlerweile fast eine eigene Kunstform etabliert und das ist ein Thema, was sehr stark in diese Enterprise aus dem Web 2.0 Gedanken heraus hineinkommt. Wir wollen das so ein bisschen alternativ darstellen und haben dankenswerterweise die Idee aufgenommen, die an uns herangetragen worden ist. Wir wollen versuchen, aus dem gesprochenen Wort heraus – und deswegen hoffe ich, dass die Referenten deutlich reden, weil wir eine nicht trainierte Spracherkennung in Windows 7, die wir einmal in Englisch und einmal in Deutsch verwenden werden, haben – das Ganze in einer dynamischen Wolke darzustellen. Diese Wolke wird sich stetig bewegen. Begriffe, die mehrfach genannt werden, werden größer und stärker gegenüber Begriffen, die weniger häufig genannt werden. Ich werde das jetzt gleich aufbauen und nebenher versuchen, das Netzwerk aufzubauen. Es ist eine sehr interessante Darstellungsart auf diese Weise auf Inhalte zurückzuschließen, die in der Rede gebracht werden. Es ist experimentell und das erste Mal, dass wir das Live zeigen. Wir haben es ausprobiert und da hat es sehr gut funktioniert. Wir werden sehen, wie es in einer Live Umgebung funktioniert. Ich hoffe, Sie werden eine Menge sehen und mitnehmen können in dem Punkt. Ich wünsche Ihnen eine sehr interessante und abwechslungsreiche Veranstaltung.

3 Enterprise 2.0: How Business is transforming in the 21st Century

Dion Hinchcliffe
Hinchcliffe Consulting, Alexandria, USA

What I will talk about this morning is what we are seeing right now in the way that our businesses seem to be changing. We use the term of inside the industry as Enterprise 2.0. Some people call it Social Media. Some people would prefer as the tools like Blogs, Wikis, Twitter and Facebook. But something profound and strategic is happening now and we try to understand what it is. I am going to convey what we are seeing are stories both from North America and there are stories from you here in Europe, like Daimler is adopting Wikis pretty aggressively. Two years ago when I came here to Germany there was a lot of talk about even though this is the number 2 software market in the world. This isn't really for this culture.

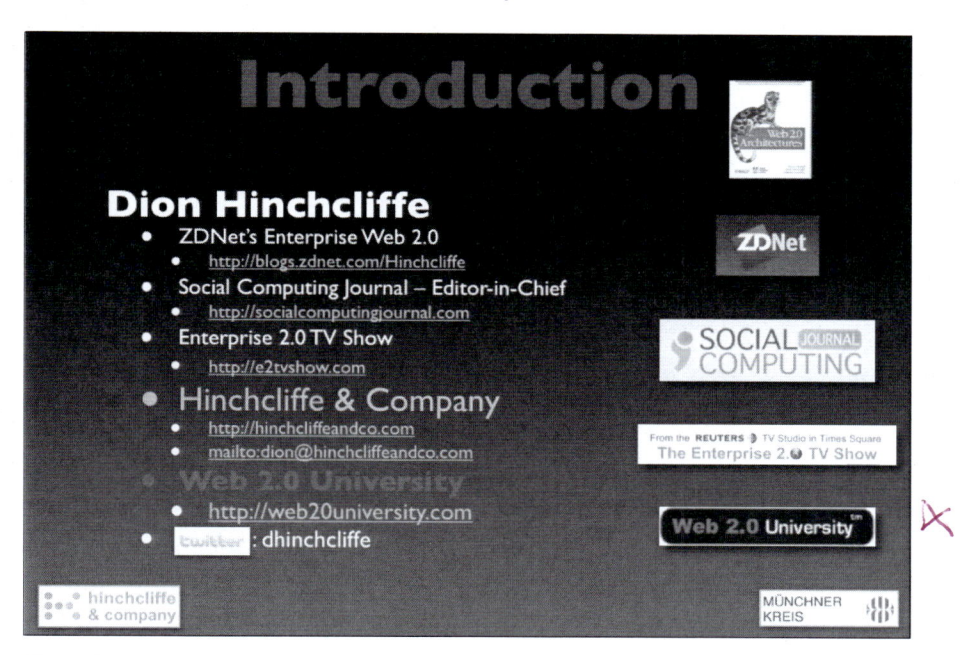

Figure 1

But we see the change now that organizations are talking about this (Fig. 1). I am aware of case study after case study coming out of Germany. On ZDNet over this year we interviewed all the major Enterprises 2.0 software vendors. They said the number 2 download locations for the social tools is here. So, this is very much a story that Germany is driving forward. It is very interesting.

Some of you know me. But if you don't my prospective is one of taking a look at the industry and what is happening but also working with large companies and actually making this happen. So, I blog a lot, I write about in our Web 2.0 architecture's book. It just came out from O'Reilly. What a practical experience. But I think as strategic prospective I can have a front-row seat in the industry. I am trying and help you come along and learn what we were seeing out there right now. We think we are starting to see what it means to us. But there are big changes between business in the 20th century and business today in the 21st century is a very different proposition.

Backstory

- The emergence of new ways of doing old things
- New economic and cultural models
  - Using social Web technologies
- New forms of resilient and sustainable business processes
- Driven by change on the global network and rising bottom up in many organizations today

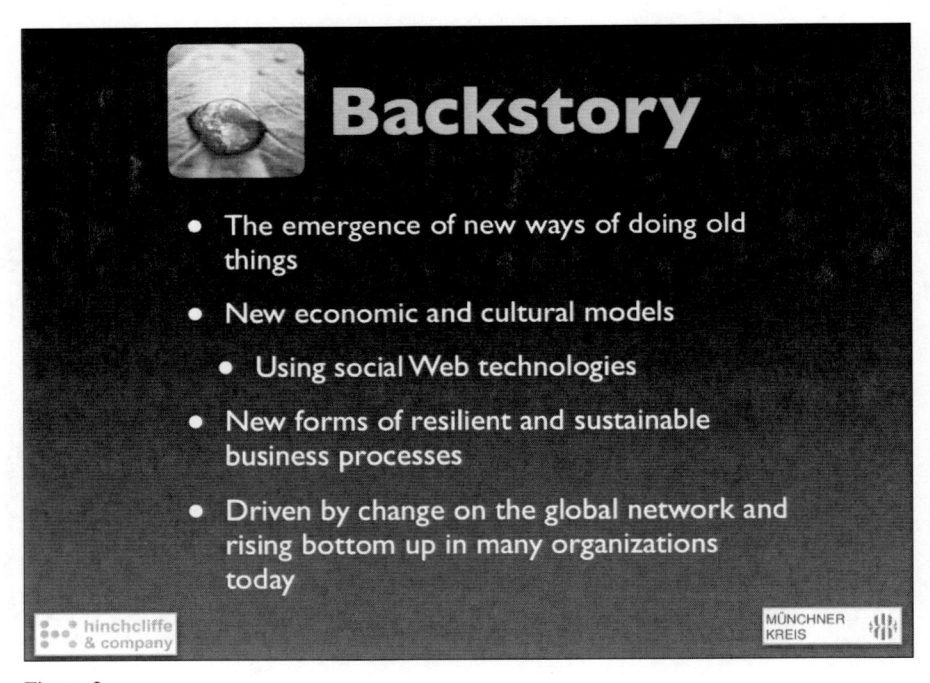

Figure 2

We are seeing the emergence of new ways of doing old things (Fig. 2). Some of the old business models and many of the old rules still apply. But a new competency that we have to add is concept of social business, very much different, where this new economic and cultural models. After being driven by what is happening on the social Web the Internet is driving change. We will see why that is in just a moment. New forms of resilient and sustainable business models. I am trying to explain what those business models might be and even tell you what is happening on the very edge of the network here towards the end of my talk.

3 Enterprise 2.0: How Business is transforming in the 21st Century

It is really driven by this global network that we have a bottom up change that is taking place. We will tell you some stories for example out of government which is in the United States now this year something called 'government 2.0' is a very big deal. Five years after Web 2.0 started we now see even our most conservative and slow changing organizations are adopting these tools on their own from the bottom up.

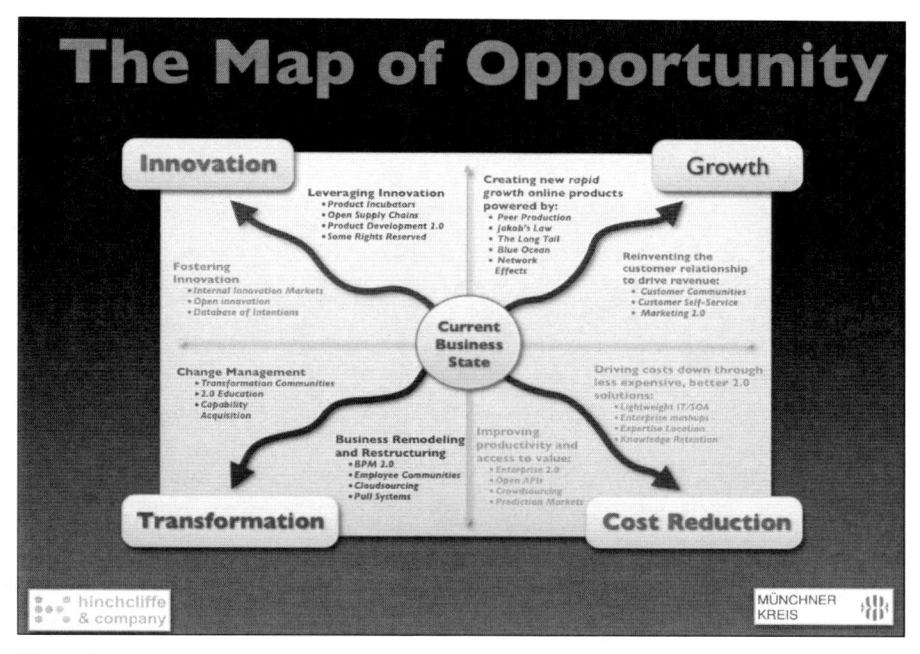

Figure 3

When we look at the current economic situation which seems to be getting better. But we don't know that. We look at things like Enterprise 2.0 in all the related ideas and concepts as a map of opportunity (Fig. 3). There are very good reasons for adopting other than just things like modernizing the work place or that it is trendy. These are not important reasons to change the way we run our businesses. But these are important reasons to look at adopting these tools: growing our businesses, reducing the cost or how we do things. Our transforming to new business models, most large companies, have very low room to grow with their existing products and services. We need to create new markets. They will directly drive innovation which is the last major revenue of opportunity. We see evidence in the case studies today. These types of very open collaborative free form tools can do all of these things here.

The Story of KatrinaList & XM Radio

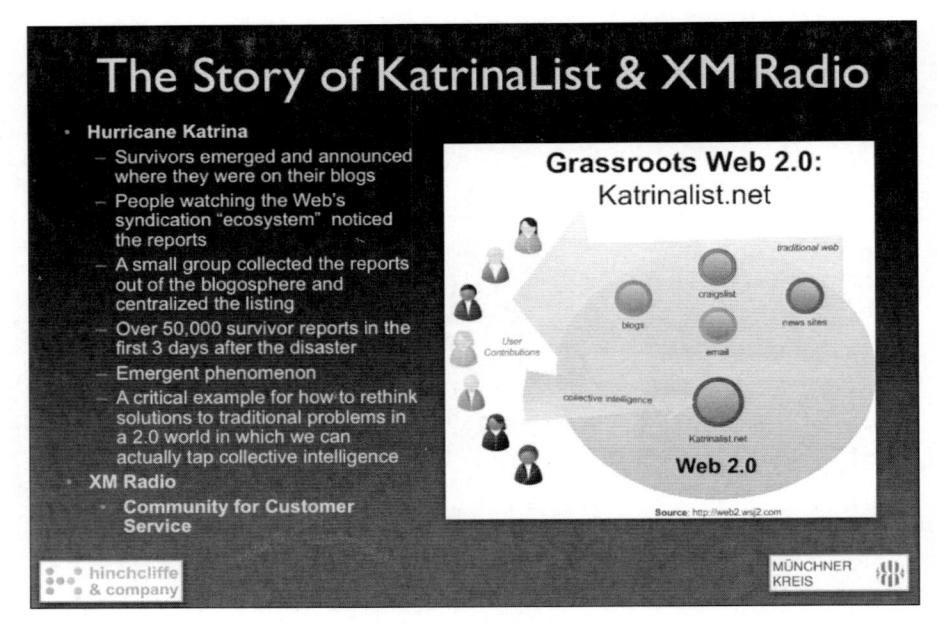

- **Hurricane Katrina**
  - Survivors emerged and announced where they were on their blogs
  - People watching the Web's syndication "ecosystem" noticed the reports
  - A small group collected the reports out of the blogosphere and centralized the listing
  - Over 50,000 survivor reports in the first 3 days after the disaster
  - Emergent phenomenon
  - A critical example for how to rethink solutions to traditional problems in a 2.0 world in which we can actually tap collective intelligence
- **XM Radio**
  - Community for Customer Service

Grassroots Web 2.0: Katrinalist.net

Source: http://web2.wsj2.com

Figure 4

To frame this up, as I like stories let us talk about what is actually happening here. The wake up call came for us in 2005 with stories like KatrinaList (Fig. 4). This was the big hurricane that came through New Orleans. In the immediate aftermath of that disaster people were fleeing the area, they were going to Texas and Baton Rouge. But even back then people were using their own personal channels on the Web and within the first few hours people began to notice in things like on sites looked blog traffic that survivors were turning up and they were going to the blogs and they were typing in: I am okay, I survived and here is one located. That was incredibly valuable information. It was not just a hundred of reports, not just thousands but tens of thousands reported on the internet from what was happening. Within a few days 50.000 reports, within a week they had over 100.000 and eventually a quarter of a million survivor reports. These came not from any pre-planned activity, nobody at the top was driving us. It was something that spontaneously happened. This shows that we have a failure of imagination in what we think is possible because in a traditional IT view of thus a government would have created a very expensive central web side and they would have gone in the air and would have said: please, go and report that you are okay and where you are located. They didn't even do that. But what happened what we don't believe all need to realise that these sorts of things are happening in some of the organisations already today and could happen in a lot of more if we enabled the conditions for these things to happen.

This spontaneous generation of collective intelligence takes place all the time on the internet to a lesser extend of organizations. And we can take advantage of these opportunities and it could happen very quickly. These tools are so free formed. They could be used in very similar fashion for almost any type of business problems. You probably heard of prediction markets and crowdsourcing and things like that. Those are very limited structured an focused attempts. At doing this we need more KatrinaLists inside of organizations. We have them but we don't even know to look for them. This is a very important story.

Another very important story is XM Radio. I am from Washington DC and they are the largest satellite radio provider in the United States. They had a problem that they thought that they could solve using these tools. This customer service was very poor. The devices they built in hardware that receive the signals from satellites and they were complicated to the extend that their customers tended to know more about them than the people in the call center. Because they gave no opportunity for their customers to interact with them on the internet their customers had gone off and created their own online community. A quarter of a million people created their own community elsewhere and didn't even involve the company, essentially cut them out oft he conversation. But they had an idea. They said, if those people know our products much better, if we can't solve it right away, can we arrange to send that person to the community and they will answer the problem? And that's what they did. They immediately began to see better customer service and eventually cut cost by 30%.

Thist is a cost reduction story. And this is now a common pattern. We see this over and over again and if you have been tracking social CRM. That is one oft he hardest trends this year. It is about leveraging this model. Your customers are often the very best ressource that you have to keep your other customers happy. These are all different forms of Enterprise 2.0 and there are many others. But we have to think in completely new ways about our businesses.

The major shifts

- In who creates value (the network does)
- How much control we have over our businesses
- How intellectual property works
- Great increases in transparency and openness
  - Open supply chains, community-based processes and relationships

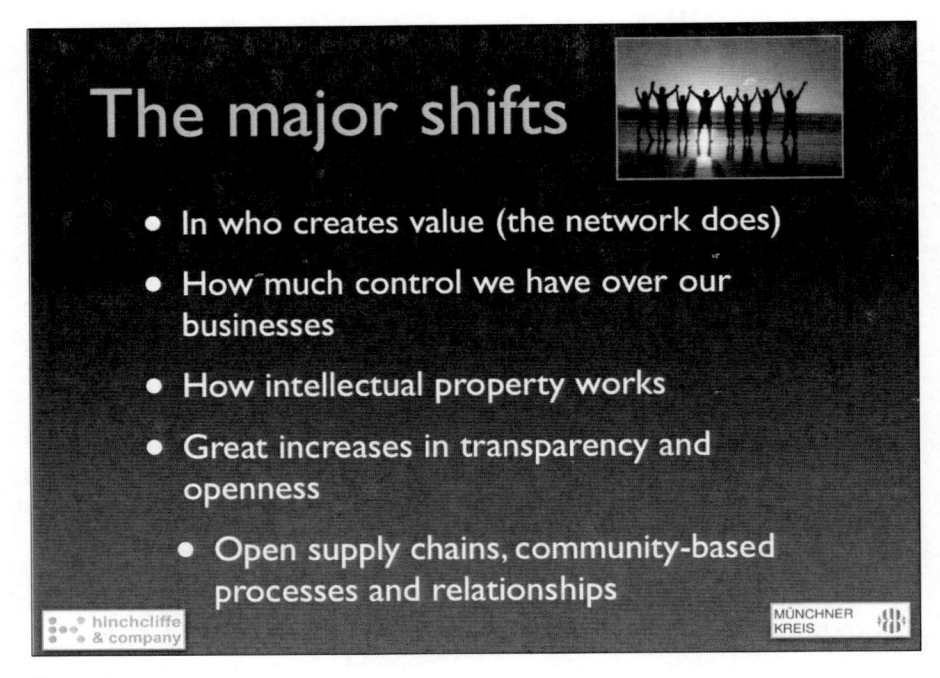

Figure 5

What are major shifts (Fig. 5)? I talked about the 20th century to 21st century and what is changing. So, where does the value come from? It used to be we had to do everything ourselves as businesses. That is not true anymore. We actually started a great cognitive surplus, lots of access capacity. They were not using in our organizations because we don't have an effective way to tap it. Again, the network allows us to get those things like never before. But this impacts how much control we have over our businesses. That social CRM or this XM Radio makes us uncomfortable as business people that we don't have as much control as we used to.

Who wants the intellectual property if a lot of the information, the knowledge is coming from the network and not just us. We are still doing it too but we are now conductors on that network, organising and orchestrating what is happening.

3 Enterprise 2.0: How Business is transforming in the 21st Century   27

Avoiding "cargo cults"

- **Cargo Cult** *n.* A group conducting rituals imitating behavior that they have observed among the holders of desired objects.

hinchcliffe & company   MÜNCHNER KREIS

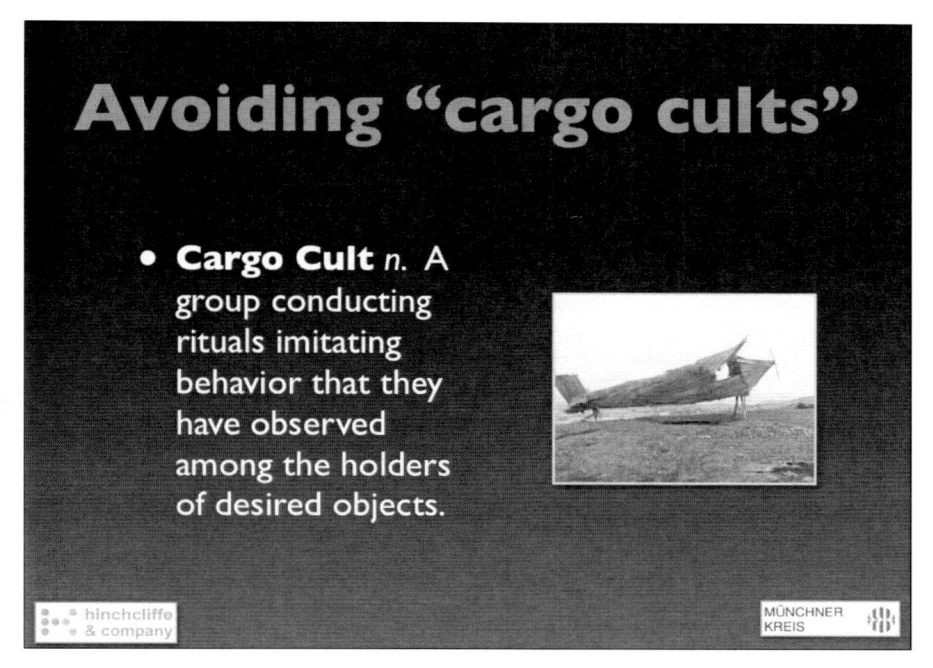

Figure 6

Great increases in transparency will be particulary good for avoiding the things that recently happen in the financial markets (Fig. 6). There wasn't enough transparency. All these tools work because they are so open. Everyone can discover the people and the information they need or created to get their jobs done. In the result there are things like open supply chains. That is very hot topic and opening up each part of your business to the network so that you can partner and make the pieces we used. And community-based processes and relationships. I will tell you some more stories about what exactly that means. It is goes right to the heart if this changes, these shifts.

What you will see is starting a lot of companies say: well, okay, we are starting to do this. But they really mostly pay lab service to it. We have that concept of the cargo cult, replicating what you think is working out without deeply understanding it. And we see this particular in the social media space which is why I like to take the conversation higher and talk like Enterprise 2.0 which has a lot more with the formal rigorous thinking about what these changes really are. You will have to deal with this in your organizations. There will be people who have a understanding of what is happening in the consumer world. That is going to be different. We have to adapt there are very exiting things about social media in the consumer world and that make it work for businesses. That is really were Enterprise 2.0 comes in.

Again, it is an evolution. We are talking about cheaper, better, more innovative ways of working together. And we have a great deal of challenges. The cultural interorganization in particular are going to stand in a way of doing this. We like as business people, I am a business person. I have worked in very large companies most of my life. We like control and hierarchy. We have to give some of that to make this work. That is going to be a big shift for us. It may cause disruption. We will have to spend money, probably not very much. These are not very large projects like CRM or ERP but we have to make an investement in time which is probably the hardest thing to do. That is the biggest cost.

We see a lot of people concerned about risk, especially people who don't participate in social media today. If you don't personally participate you get very worried about what might happen. And even if you do particpate you might still worry. But there is this concern about risk. I see this now as this gets more real in more companies. It is suddenly becoming a bigger issue.

Difficulty and repeatability. Can most companies make this transition without disruption? I don't know. We don't know that yet. The evidence is no, the evidence is not that disruption. In the end like almost all technology adoption it is a people problem. And it is a people problem for the following reason: technology improves exponentially but we, our societies and our cultures and our legal systems improve linearly. So, we have technology improving much faster than we do. This is one of the big challenges that we have today. It is very hard for all of us to keep up with what is happening out there. I do it full-time for a living and it is hard for me.

3 Enterprise 2.0: How Business is transforming in the 21st Century

The network is a big place today

- All your customers
- All your competitors
- All the ideas and innovation
- Only a few proven strategies for long-term competitive advantage

hinchcliffe & company

MÜNCHNER KREIS

Figure 7

How do we do this? How do we get there? These are some of the big questions. Taking the conversation back up to a strategic level, the opportunity though is enormous (Fig. 7). What is beautiful about the network which is the internet or your intranet that it is everything. It is all of your customers. It is all of your competitors. And it is all of the ideas and innovation. And we only know of a few proven ways to tap into that. That is a lot of this what I am trying to explain and exactly what Enterprise 2.0 is, at least what we think it is and explain what those proven business models are. But this frames up the enormous opportunity if we only how to tap into it.

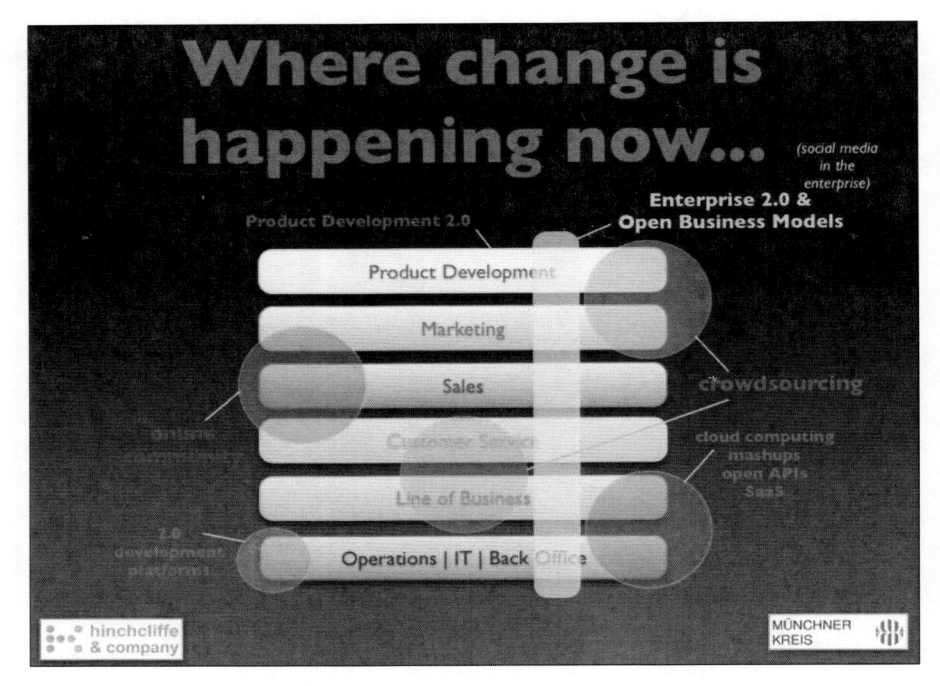

Figure 8

I will give you some example of what I mean what seniour business people are thinking right now about this (Fig. 8). This is our analysis from earlier this year about what is big and where does it apply to our businesses. We have got our business stack here: product development, marketing, sales, customer service, a line of business – that is what we do –, and then a back office operations. We have these things that seem to be aspects of this shift. We have got Enterprise 2.0 and open business models. We have got an extention of that called crowdsourcing. I'll talk about that at the end. We also have IT changes, cloud computing. All of your computing infrastructure is about to be turned into utility. You probably have been tracking software as a service but everything in your IT department may suddenly vanish. It will take us a while to make many of these changes, five years maybe. But this is happening.

May I show up some other things: online communities, new development platforms, product development 2.0. We are going to talk about the biggest and part of the story. The one that cuts through everything that we do in business. That is that yellow line. That is Enterprise 2.0, open collaborative business models.

3   Enterprise 2.0: How Business is transforming in the 21st Century   31

The motive forces of 21st century business that we

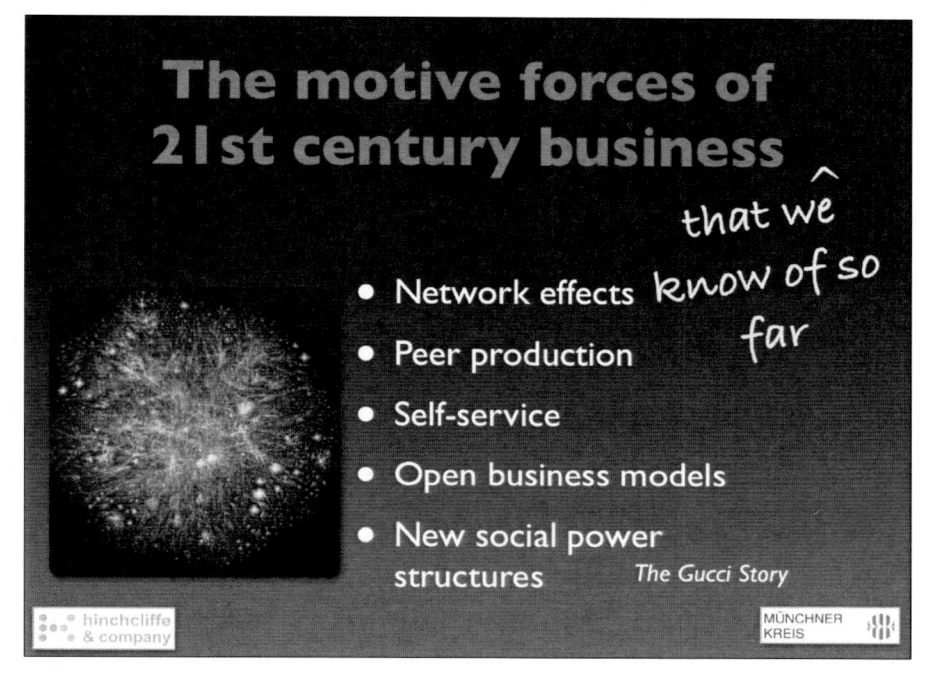

- Network effects know of so far
- Peer production
- Self-service
- Open business models
- New social power structures   *The Gucci Story*

hinchcliffe & company   MÜNCHNER KREIS

Figure 9

In case you didn't get the allusion to was talking before there is a simple fact that no small system can withstand contact with a big system without being fundamentally changed by it (Fig. 9). We have the network in internet and we have our businesses. Once a Microsoft developer came up to me and said, there used to be our biggest customers were enterprises, now our biggest customers are websites. This is the whole content of my website is larger than your enterprise. Most of these models have been proven out at scales that are fought within businesses. They used to be concernable. Can we use these very simple almost toy models? They have some very special aspects to them. Can we really use them in the enterprise? The answer is 'yes'. What makes 21st century business go? I am trying to present evidence for almost all of this for the rest of my talk.

This is what we know of so far. This is what is different about how we create value. The first one is something we haven't optimised for really in the past. We haven't thought about. This is the concept of network effects. I'll explain exactly what that is in a moment.

Peer production: we used to do everything ourselves. We used to centrally produce. But we have now shifted to this model as happened to many industries, entire industries now. The software world has shifted to peer production. This is open source software but anyone on the network can contribute code and build very sophisticated and successful products. The dominant model for software is open source. Peer production is now this shift has taken place already as it happened at the end of the last century and is only now becoming the dominant force. Sourceforge.org alone has 150.000 open source products and anyone of you can change. You don't like it? Fix it! It uses peer production to create a value. It is an amazing change. Now we have seen the very same thing happen to the media business. We are seeing it happen to the financial business now just starting, our peer production mutual funds for example. The founder of Paypal is making major bet on this. Every industry except for a few like manufacturing has only limited impact but it still does as we see.

Self-service: that is again the beauty about the network that we can communicate and actually help our customers for just pennies. We don't have to do with people anymore, we can do it with software.

Open business models; this is the open supply chains are a little tool, but crowdsourcing is definately. And new social power structures. We are talking about an example what very senior business leaders are talking about. We went in work to with the Gucci Group. They are the largest luxury goods provider in the world. They have 13 major luxury brands like Yves Saint Laurent and many others. They are seeing the challenge clearly. They are feeling deeply impacted by this. And the CEO said, come and help me host innovation some of my product developers. Their challenge was their next generation of customers doesn't want to go under their stores and frankly wants to have a digital relationship and not a physical one. They want to have the Gucci experience still but they want online and more. They want control over the brand. They want to tell Gucci what to give them. They even want control over the design of their products. I saw how far ahead he was thinking to move his business ahead. I said: well, do you see a future where he'll let any starving fashion designer submit a product design and your customers will pick which one that you want. He thought it possible and he pointed to his product managers and said: I expect it.

These are new social power structures, new relationships that we have at the market place, enabled by social tours. I can give you many stories just like that. People are looking at how do I take my company and take advantage of the value out there. But I have to give up some control. But I can get some value back.

3 Enterprise 2.0: How Business is transforming in the 21st Century

What is a Network Effect?

- A *network effect* occurs when a good or service has more value the more that other people have it too. - *Wikipedia*
  - Postal Mail
  - Phones
  - E-mail
  - Instant Messaging
  - Web pages
  - Blogs
  - Anything that has an open network structure

Network Effects

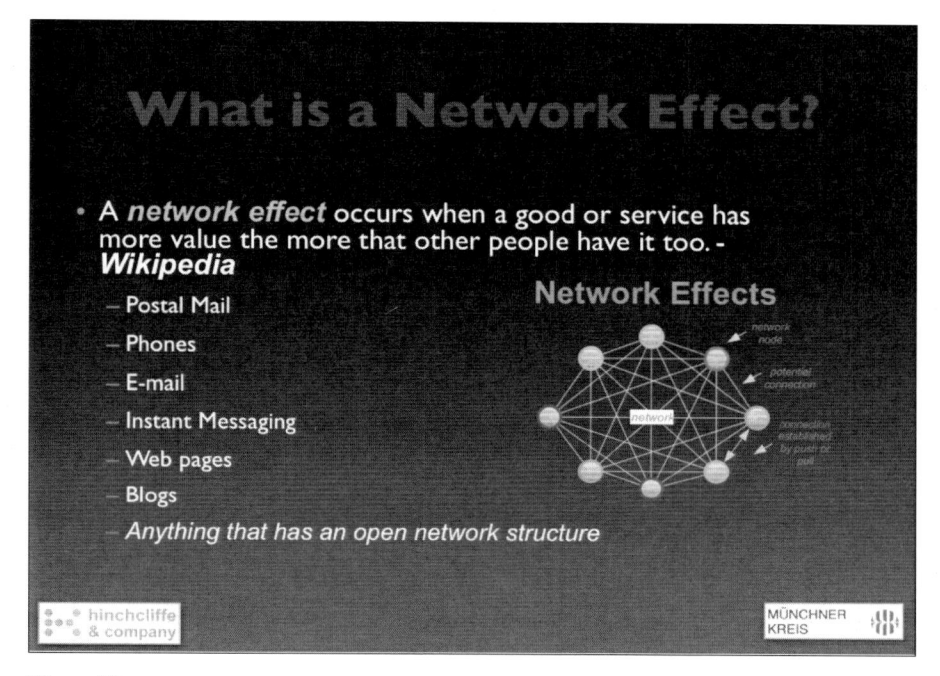

hinchcliffe & company

MÜNCHNER KREIS

Figure 10

I talked about network effects (Fig. 10). And this is really the fundamental business model of the 21st century. It is creating value by having value. It is a virtuous loop if you will. Our service has more value the more the other people have it too. Mobile telephones are a great example of this. We have some people old enough that easily remember when email came out. You remember some point in your life that became incritical for you to have an internet email address. Now, everyone in this room has one. But at some pint a lot of people didn't have it. The same thing probably happended to many of you with facebook. At some point you had to create an account and start creating connections.

These are all examples of network effects because the value of that product became important enough that you simply had to have it. Because so many people were there already so full of data. If you are going to look for a video for example you are most likely to go to YouTube because they have the world's largest source of video which makes sure that everyone contributes their video is there. This is the driver for value in the 21st century.

This also happens to some of the enterprises. I will jump ahead with one great story, a case study we did for AOL. They had a very large Documentum installation, a big document management system. And for regulatory reasons for they had to keep all of their data. Employees spend about one day a month on average in putting compliance data into this very complicated, very rigid highly structured system. I mean it was well designed as we can possibly make it. But the web would do something very different. It would create a wiki that is far easier to use. In fact that is what somebody did. They put MediaWiki which is the open source software that runs Wikipedia under their desk and they said, I can't stand this complicated hard to use application. I will use this very easy to use application. And the data they collected was shared with their department. So, within 30 days it had become adopted by his entire department. Within 60 days every adjacent in the department was using it and keeping all the data. Within 90 days the network effect had built so that it had the most up to date, most current software data and did multimillion dollar in the price system without of that. And this had cost absolutely nothing to do which is what was particularly interesting. But because these new platforms, these new tools have very potent network effects built into them by design they were able to easily push the enterprises out and become the system of record. Of course this became a big problem because it didn't have the needed structure and the company had a decision to make. They had to kill it or they had to support it. Because the data was so good they decided to support it and they made it work. They figured out how to adapt that consumer tool to the enterprise.

So, this is an example of what we are talking about with Enterprise 2.0 and it is a great success story. But it shows you how quickly it can happen. I heard yesterday there were discussion around shadow IT. We see many examples of this kind of shadow IT taking place almost out of sure desparation. These new tools can often be much better.

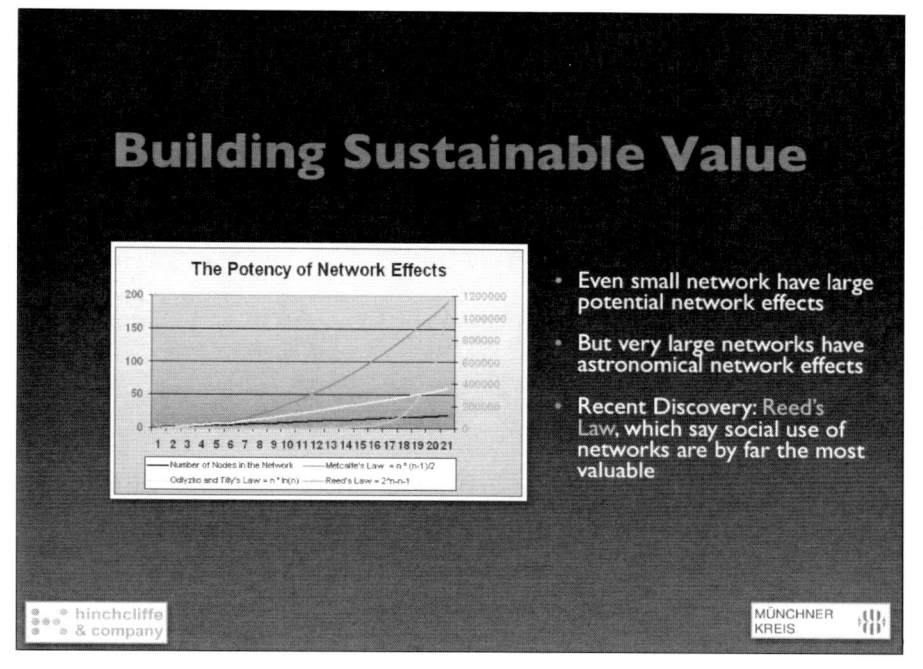

3   Enterprise 2.0: How Business is transforming in the 21st Century   35

Building Sustainable Value

The Potency of Network Effects

- Even small network have large potential network effects
- But very large networks have astronomical network effects
- Recent Discovery: Reed's Law, which say social use of networks are by far the most valuable

hinchcliffe & company   MÜNCHNER KREIS

Figure 11

Network effects really help you get a lot more value out of the network than you normally would have (Fig. 11). And it really goes along with that great piece of research. Research about a name of Reed came upwards. He created Reed's law which basically says that the network's effect of social systems is much higher than non social systems. It explains why the latest round of very big internet companies are all social system. And they grew much faster than the older ones that they replace. So, Google goes very quickly. Facebook only took two years to get to a 150 Million people. We saw the same thing with that AOL example. Very quickly do we see social systems grow and replace an almost remake of organization before we even know that it happens.

This is an interesting story. Jake Nelson, the great internet usability expert, recently did a study of these exact situations. He says, that the strongest results he has seen with Enterprise 2.0 tend to come from someone successfully creating a network effect with a shadow IT application and an organization blessing it. About half of the large companies the large Enterprise 2.0 projects that he surveyed. That is how it happened. It is very interesting. Again it is the KatrinaList example, looking for the opportunities in your organizations. We got to figure out what we are going to do about it.

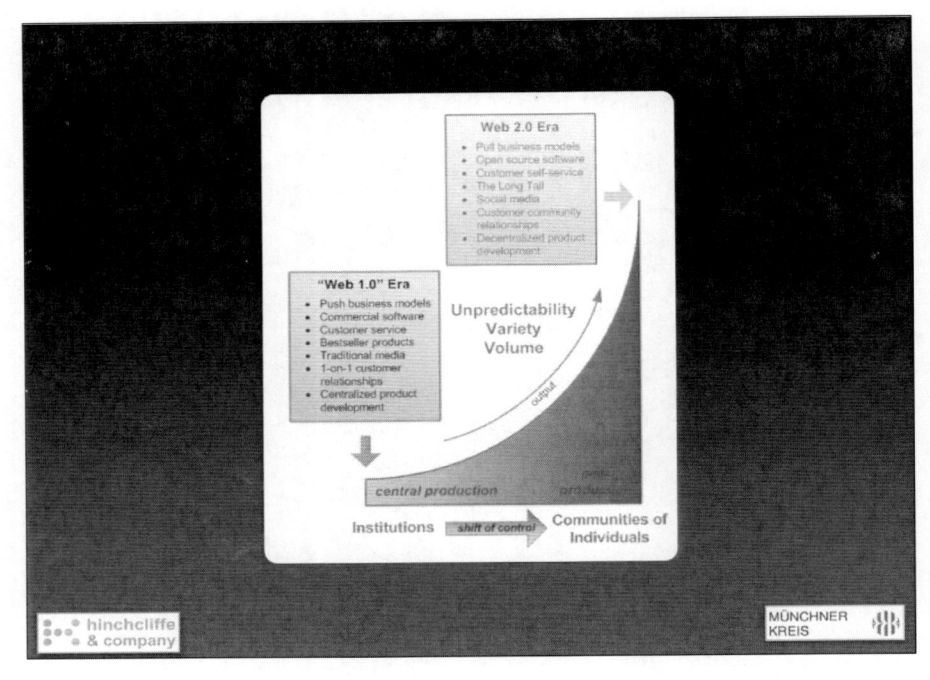

Figure 12

This is another way of thinking about this big shift (Fig. 12). On the left we have the Web 1.0 Era, really the 20th century. And we had central production and institutions did everything. We have this big shift primarily because of the network but also because of changes of ourselves. It is a reinforcing loop. We had this great increase and output on almost everything. You will see this in your organizations with these tolls. We see it on the Web. You get this great increase and variety in environment. You move to peer production to what we call poor business models. There are challenges, you get unpredictability. We don't like that. We don't like unpredictability in our businesses but we are learning to deal with that. A year ago if I gave this presentation I would have said the unpredictabilities are a big problem and we got to figure it out. This is not scary in the internet. You may have heard the phrase: 90% of everything on the internet is junk. That is probably true but it is so large that 10% is a very significant volume of information. But we have to pick through it to find it. We are worried that we would have similar problems. Actually most people use social tools at work for work reasons and they tend to focus on the business part. It is a lot less of junk. The evidence is starting to come in that we don't have as much unpredictabilities we thought.

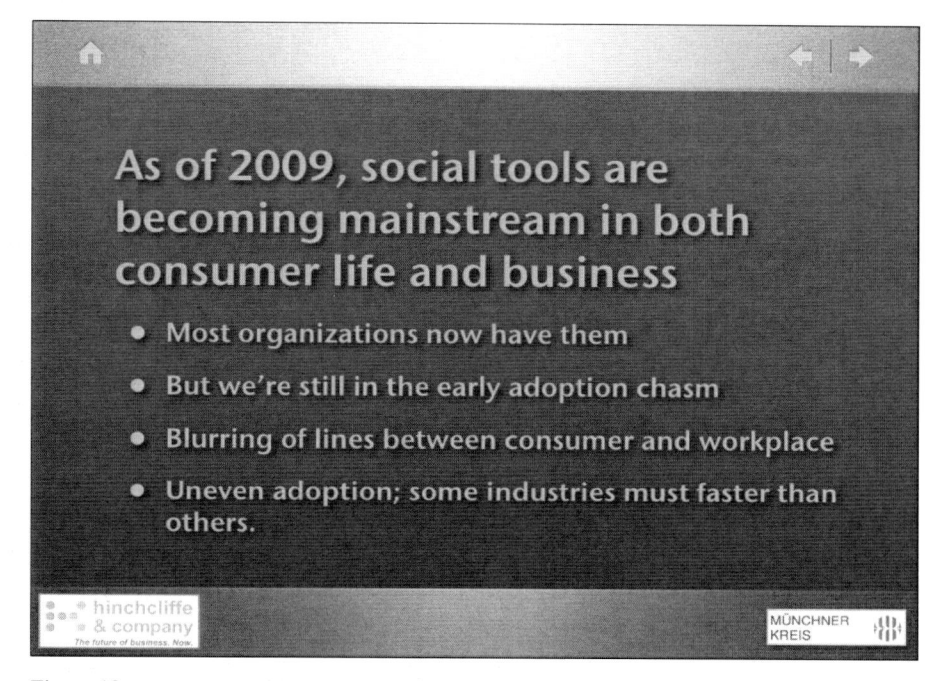

3   Enterprise 2.0: How Business is transforming in the 21st Century

> **As of 2009, social tools are becoming mainstream in both consumer life and business**
> - Most organizations now have them
> - But we're still in the early adoption chasm
> - Blurring of lines between consumer and workplace
> - Uneven adoption; some industries must faster than others.

Figure 13

Let us take a look at the state of Enterprise 2.0 (Fig. 13). I will open your eyes with what we are seeing on the ground with companies that are doing this. What is interesting is as of 2009 social tools have become main stream and now social software is the number 2 used application online beyond email. The only thing that is used more than social tools online is search, 93%. Social networks are about 88% in most developed nations. What is interesting is that most companies have the tools now too, about half of them as this year. That is a big change. But we not really using them still. We have not figured out how to strategically use them. We mostly tactically use them. We only have to look around for those KatrinaLists, for those AOL stories that I told you about. We are not even looking for the most part, but they are still there. Most organizations have the tools. They are using them.

This is blurring the lines interestingly between the consumer and the workplace as well. So, we have uneven adoption. What is very interesting is we seem to see the farer you get away from the technology business the less likely you are to do this. Microsoft tells 30.000 wikis, not 30.000 wiki pages, but 30.000 wiki sites, three years ago. Nokia again is a very big adopter of wikis. Intel, all the years ago. The next layer of companies, primarily media companies and then financial institutions, DRKW. Here in Germany was one of the very first big enterprises to do upon case studies. Because financial institutions are very competitive and they need every edge they can get. As soon as you get further out to health care and manufacturing and insurance which is very conservative the less likely you have people that are comfortable with technology and social tools. It just seems to be the case.

All these trends are getting this gap between our private lives which we have used very advanced IT systems now, if you want them, and our enterprise work place which is falling behind. It is difficult to get new tools out and deal with security and governance and policy and all the things that we have to deal with to make software we think successful in our organizations. Meanwhile the consumer role is blurring away because of that exponential technology improvement. It is creating an untenable situation and something is going to have to change. It looks like it is going to have to be our businesses because real life isn't going to change.

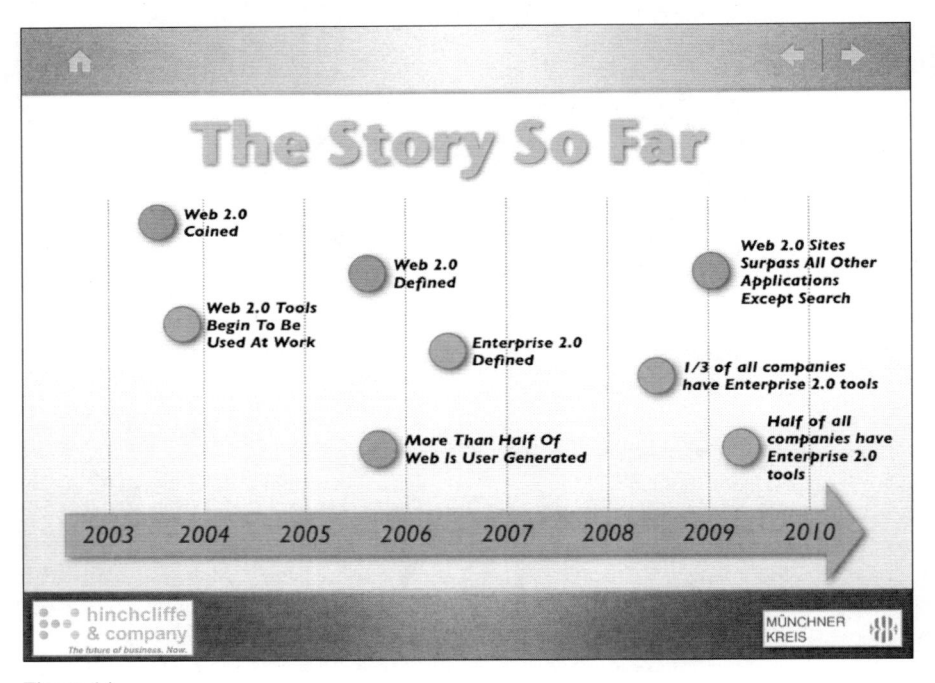

Figure 14

What was the story so far (Fig. 14)? Let us go back 2003 that we noticed something really big was happening. That the internet hadn't gone away after the bust. It was actually more vibrant, more innovative than it ever had been and bigger than ever. Something different was happening. This is when we begin to see that the value is not coming from the middle of the network the big companies. The value is coming from the edge of the network where we are. As you see by the end of 2005 around December more than half of everything on the internet was created by us, by US. That was a huge change. That was one of those big shifts that we are talking about

3 Enterprise 2.0: How Business is transforming in the 21st Century

between central production to peer production. Now we may beyond that and nearly 80 to 90% of everything that is created is now done by typically these tools. That is very interesting. Right away we began to plan these Web 2.0 tools. We didn't even know what Web 2.0 was. Something was happening. We stuck a label on it and we said, now let's figure this out. Of course O'Reilly had a Web 2.0 Summit, got all these leaders together and said: okay, can we find some commonalities, some things that are in common. How does collective intelligence, leveraging network effects, all those principles eventually came out. And you may Andrew McAfee of Harvard. He same the same things happening in the enterprise and said: we have to give it a name because Web 2.0 on the enterprise is different. We do slightly different things. We want the benefits of social media and Web 2.0 tools but it is different. We have to apply security in a different way. We have to do a whole lot of things we wouldn't do the same way as the consumer world. I am going to call that Enterprise 2.0. Web 2.0 consumers, Enterprise 2.0 – similar things, the same tools but adapted to the enterprise.

The changes now as of last year of all companies had these tools somewhere in their organization. Now half do this year, as I said before. At the beginning of this year Web 2.0 of applications surpassed every other type of application except for search which some people would argue is a Web 2.0 application.

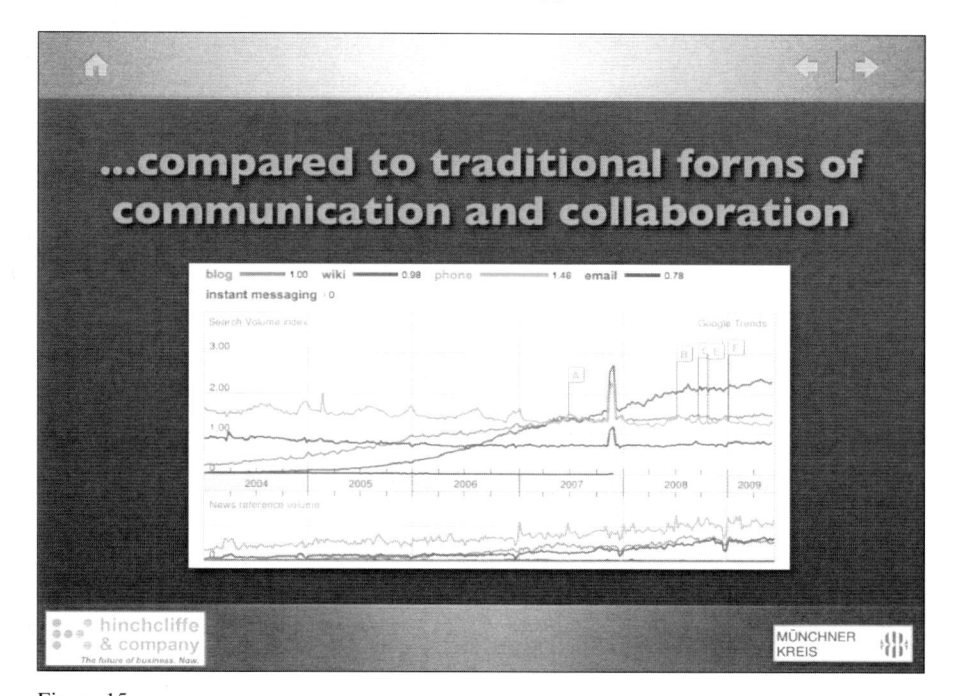

Figure 15

Correspondingly I have some Google Trends graphs here (Fig. 15). I am not going to give you a lot of data. I don't want to tell you more stories again. So, there are a couple of slides here. I would said, that the yellow line is the global interest in traditional knowledge management. Whereas if you look at social media and Enterprise 2.0 social media has eclipsed to knowledge in terms of global interest. Enterprise 2.0 is a term that mostly follows in this room care about but the rest of the world calls it social media. IT is a very important distinction.

Here is the global interest of blogs, wikis and then you can see Twitter in 2009 a big spike up. Compared to traditional forms of communication and collaboration. If you look at things like telephone and email, that is yellow and green, so they have been also eclipsed by blogs and wikis in terms of global interest.

Where are we right now with this? This is the stand where the classic adoption occur. You get the early adopters, you had this big gap. Early adopters tend to be really early. They arrived years ahead of the rest of the market.

Consumer blogs and wikis and social networks are only in the mainstream face as we saw. The Enterprise 2.0 is just now crossing the adoption chasm. We see this year is a lot of interest suddenly, in Germany and elsewhere in the world.

What is interesting now I tracked every piece of data I came about who is doing this and what is happening to them. We currently tracked hundreds of companies, most of them Global 2000 firms. With pilot projects have rolled this out as far as 160.000 people on blogs at least for three years now. Some of these stories are old so as many of these implementations are now not pilots. An interesting small and medium sized businesses slow to adopt. Everyone expected the opposite that big conservative organizations would move slower than small medium companies. It is not happening, very interesting.

I told you the AOL story. Another one I will tell you is Constellation Energy. They are one oft he biggest utility companies in the Mid Atlantic on the East Coast of United States. They wanted to get ahead. They were hearing things like what we were talking about today and they said, they wanted to go ahead before too many things happen from the bottom up. Let's get out and try and give the solutions before they happen to us. They did a survey and the found that 40 of their 65 departments already had wikis, sometimes a long time ago. Now they had a real problem. They had to figure out how they are going to reconcil all this because by not recognizing what would happening in their organizations and responding too late. Now they had a lot of clean up to do. This is the other message: your timing is important.

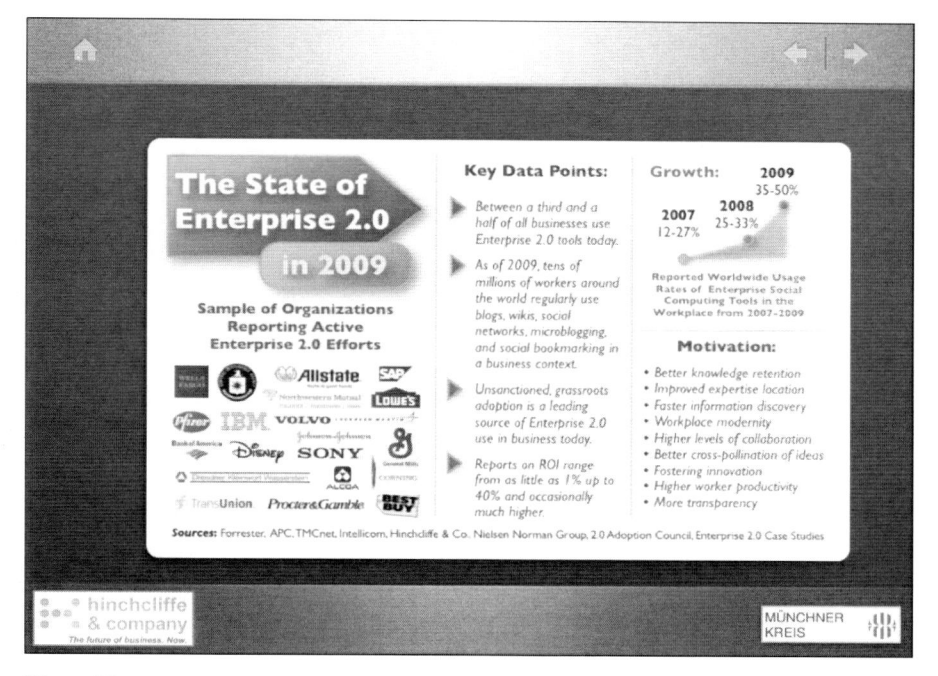

3   Enterprise 2.0: How Business is transforming in the 21st Century   41

Figure 16

Here are some of the big brands that are doing self describe the Enterprise 2.0 (Fig. 16). They are using that turned out label. There are some big as SAP, IBM, Disney, SONY, BEST BUY, Proctor & Gamble, TransUnion. All these have major Enterprise 2.0 projects on the way. It is great information for those of you who are trying to make a business case. I am not doing this alone. All these major companies are trying to use it because they think it is important.

If you go to the 2.0 Adoption Council that is probably the best list right now. It just crossed a hundred major companies that are members and they share their information. If you are a practitioner I really recommend it to you join the 2.0 Adoption Council. The only people that are allowed in there, people from big companies are actually doing this. So it is a great community of support. Many of these companies are members of them.

Early success stories emerging

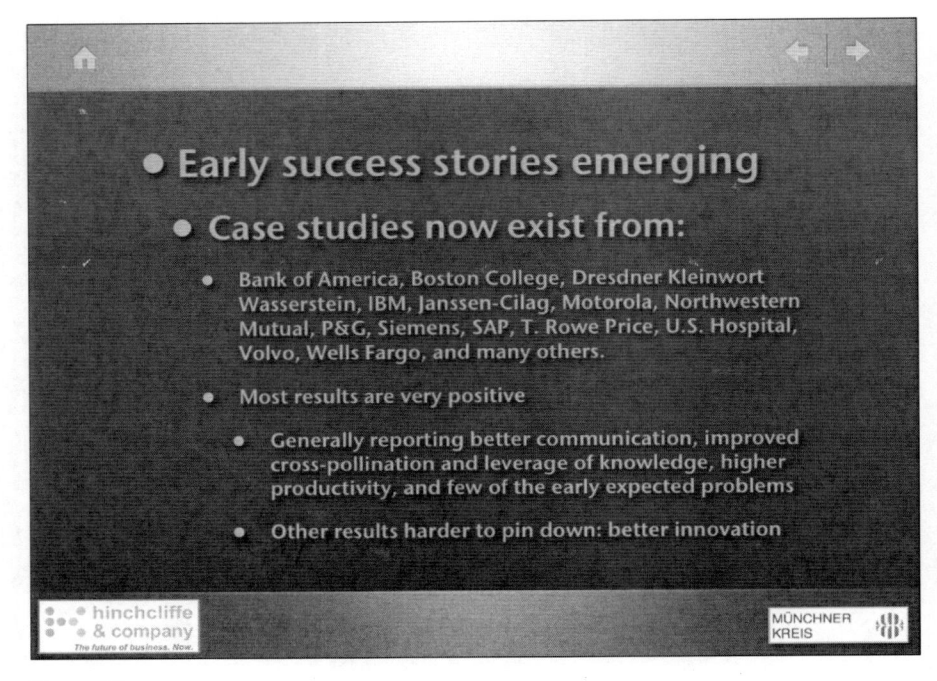

- Case studies now exist from:
  - Bank of America, Boston College, Dresdner Kleinwort Wasserstein, IBM, Janssen-Cilag, Motorola, Northwestern Mutual, P&G, Siemens, SAP, T. Rowe Price, U.S. Hospital, Volvo, Wells Fargo, and many others.
  - Most results are very positive
    - Generally reporting better communication, improved cross-pollination and leverage of knowledge, higher productivity, and few of the early expected problems
  - Other results harder to pin down: better innovation

Figure 17

The motivations are clear why people are doing it. I pull this list of motivations here from all the case studies that I saw (Fig. 17). The primary reason we saw was innovation. Most companies are saying we are doing this to innovate. That may be the case but innovations are extremely hard to measure. The other reasons were better knowledge retention, improved expertise location, faster information discovery – because everything is much more public – modernizing the workplace, improving collaboration between different departments and different silos in your organization, better cross-pollination of ideas, better idea flow, better productivity. Productivity is one of the most consistent reports I see, very surprising. Years ago I thought that with primarily better forms of collaboration we wouldn't get actually measurable productivity improvements. We do see that consistently. And more transparency is the other reason why people do this decided this year's and last year's case studies.

3 Enterprise 2.0: How Business is transforming in the 21st Century

The majority of Global 2000 firms have been buying Web 2.0 tools

Figure 1 In 2008, Business Adoption Of Web 2.0 Tools Is Expected To Grow Strongly

	Buying	Considering only	Not considering	Sample size
Global 2000 (20,000+ employees)	51%	12%	37%	N = 236
Very large (5,000 to 19,999 employees)	40%	16%	44%	N = 257
Large (1,000 to 4,999 employees)	41%	15%	44%	N = 510
Medium-large (500 to 999 employees)	33%	15%	52%	N = 226
Medium-small (100 to 499 employees)	26%	16%	58%	N = 481
Small (six to 99 employees)	20%	13%	68%	N = 519

Base: North American and European IT decision-makers at enterprises and SMBs (percentages may not total 100 because of rounding)
Source: Enterprise And SMB Software Survey, North America And Europe, Q3 2007
Source: Forrester Research, Inc.

hinchcliffe & company
The future of business. Now.

MÜNCHNER KREIS

Figure 18

This is the majority of global 2000 firms have been buying these tools as we talked about (Fig. 18). This shows you the SMBs of big companies at the top. The way you get down to small companies only about 20% are looking at doing this. I suppose we have to get to large companies. And the reason seems to be that we spend more time to thinking about strategically how to improve our businesses. Small companies don't have the resources to think strategically. They get a benefit the large companies seem to be enjoying.

Early success stories are emerging at some of the companies that we talked about. Almost all the results are positive. I have only very little heard a couple of negative stories about this of the hundreds that we were apparently tracking.

- **Lessons learned accumulating into early best practices**
  - A growing increasing body of knowledge on how to create network-based communities in the workplace
  - Top issues this year with Enterprise 2.0:
    - Community management
    - Social media guidelines for workers
    - Change management methods
    - Driving adoption
    - Measurement of outcomes
  - But it's just a beginning, we have years to go

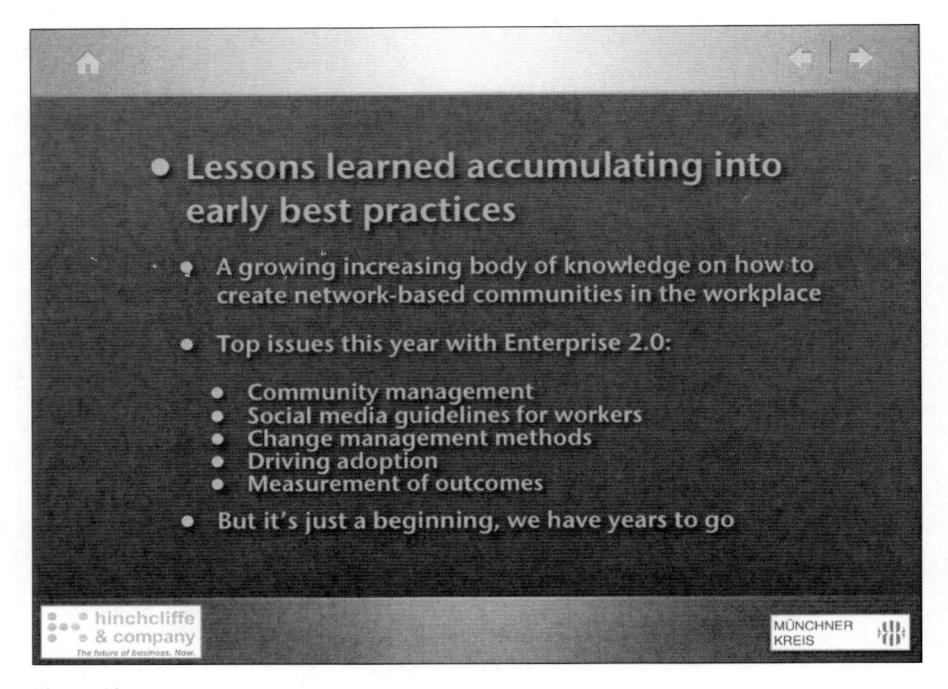

Figure 19

This year we were fairly able to get best practices (Fig. 19). That is what we have been talking a lot lately about what they are. Things like community management, social media guidelines for workers. How do I use this? If I can say something and the whole company and maybe even the whole world might see it how do I have to behave? Change management – your hierarchies will be impacted because a great story I heard from Atlassian. They make the number 1 commercial enterprise wiki in the world. And the CEO came up to me at the Enterprise 2.0 conference on Boston and said: You know what? We have now worked with hundreds and hundreds of large companies. And one of the things that we see very consistently is that those who have the knowledge and share it in these tools become the de facto experts. Someone else might have the title, they might even have the knowledge but the people who actually participate are getting the recognition and the benefits of that because the whole organization can see it. That has profound impact to the way that we run our businesses. This is the most consistent thing they are seeing in terms of what changes happen inside of organizations. You almost get this shadow IT structure about who really knows what and who is really willing to help you inside an organization. And people go, they walk with their feet to work with the people who are mostly willing to participate and to share. That is very interesting.

Driving adoption – we are now learning how to do that. A lot of workers especially in companies that have a lot of older workers they don't have social media literacy. They don't know what a hastag is or they don't know how they can twitter with. Many people who use it don't know how to actually talk to an individual person. All these little things that would only take a few minutes but you have to know them.

Measurement of outcomes – many companies will decide to do something. They don't measure the result afterwards. They already decided that is was a good idea whether or not it really worked out. But we are seeing a lot of companies this time around especially with budgets they are measuring much more closely than they have in the past.

But this is just the beginning, we have years to go in this story and we got a lot more that we liked to talk about. Perhaps you don't know we also run a Web 2.0 universally. It is towards a leading product around strategically helping organizations to understand about thus. Some of the things you have seen here is based on that.

I hope that gives you a sense about what we are seeing in the Enterprise 2.0. With large companies what we are having to face. What we have to start thinking about in the space. All these slides will be available to the conference. We have a lot more data and I have included the slides with a lot more information on it. It can be shared with you after the conference.

4 Was macht uns zu Digital Natives?

Martin Rohrmann
Alcatel-Lucent Deutschland AG, Stuttgart

Sie fragen sich vielleicht, warum ich hüpfend auf die Bühne gekommen bin. Der Grund ist, Digital Natives sind anders! 90% von Ihnen wissen, dass es nicht sonderlich hilfreich ist hüpfend auf die Bühne zu kommen, doch haben Sie es schon mal ausprobiert? Ein Digital Native hinterfragt bestehende Fakten und probiert neue Wege zu finden. Im realen Leben, bei der Arbeit und in den virtuellen Welten, in denen er sich bewegt.

> Digital Natives sind junge Leute, die nach 1980 geboren sind, sie haben einen Zugang zu digitalen Technologien im Allgemeinen und dem Internet im Besonderen und sie verfügen über das nötige Wissen, digitale Technologien vernünftig zu nutzen.
> (Quelle: „DNAdigital Wenn Anzugträger auf Kapuzenpullis treffen")

Alle die nicht in diese Definition passen sind entweder den Technologien aufgeschlossen – DigitalImmigrants – oder abgeneigt – DigitalIgnorants.

Vernunft definiert jeder anders, daher möchte ich Ihnen im Folgenden einige Beispiele geben, was einen Digital Native ausmacht.

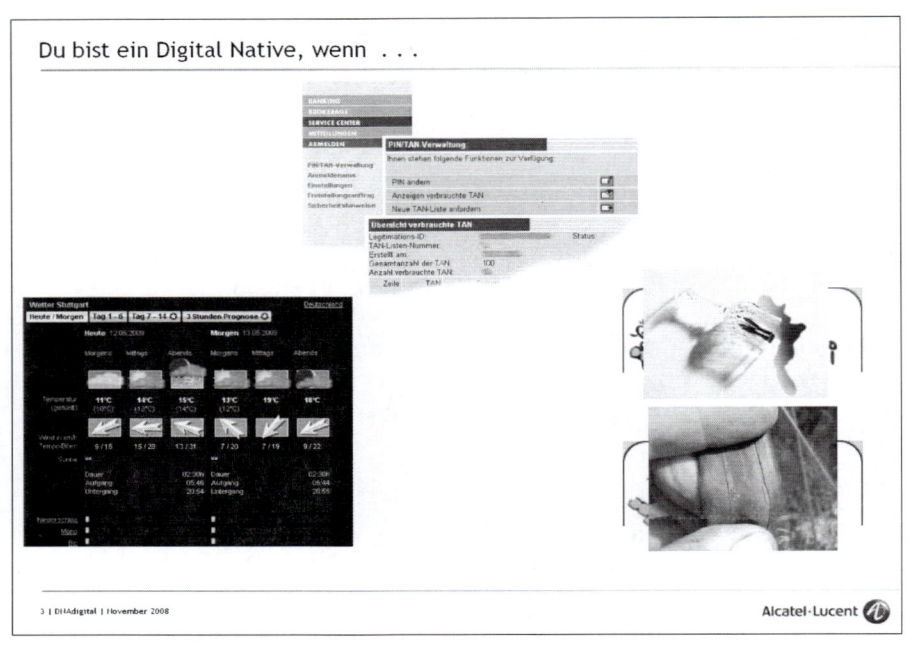

Bild 1

Du bist ein Digital Native (Bild 1), …

- wenn Du nicht weißt, wie Du einen Rotweinfleck aus dem Teppich bekommst oder einen Reifen flickst, schaust Du statt Mutti und Vati anzurufen auf frag-mutti.de oder frag-vati.de nach,
- wenn Du den Überweisungsträger nur noch von Geschichten kennst, da Du Online Banking benutzt,
- wenn Du anstatt aus dem Fenster zu schauen auf wetter.de nach dem Wetter in Deiner Stadt schaust.

4   Was macht uns zu Digital Natives? 49

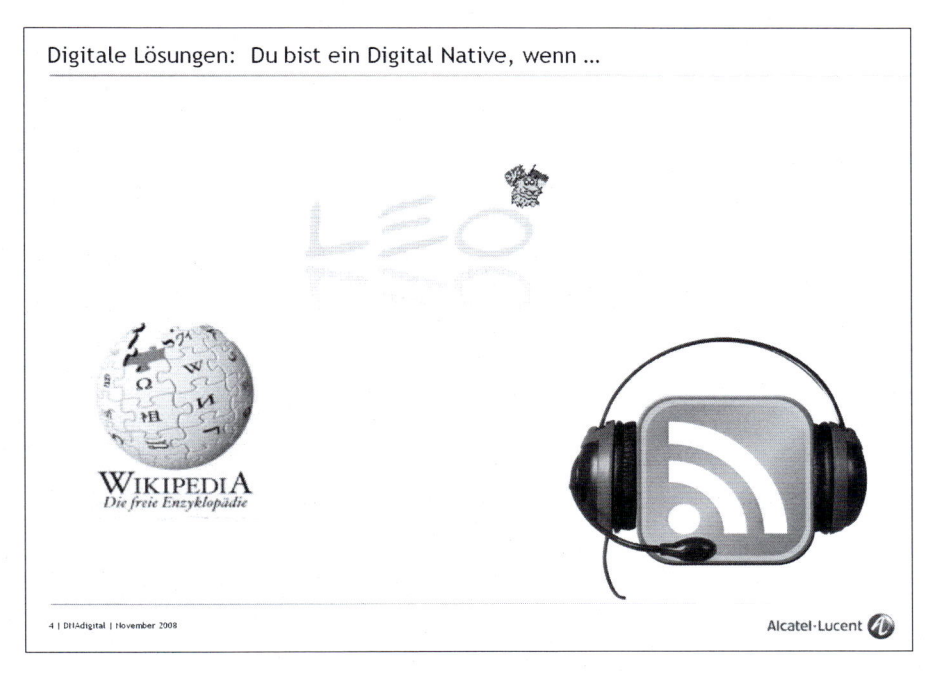

Bild 2

Du bist auch ein Digital Native (Bild 2), …

- wenn Du weißt, dass in Brockhaus, Knaur und Co passende Infos sind, aber Du doch lieber Wikipedia benutzt,
- wenn Du weißt, wie Pons, Oxford und Co funktionieren, aber Du Leo benutzt, weil die Suchfunktion besser ist,
- wenn Du Dir Wissen nicht mehr über Zeitungen und Magazine vermittelst, sondern auf RSS-Feed, Podcasts und Vodcasts zurückgreifst.

Bild 3

Du bist ein Digital Native (Bild 3), ...

- wenn Du von Deinen Kommilitonen nicht erst auf dem 5 Jahre Abschluss Treffen Ihre Lebensgeschichte erfahren willst, sondern mit ihnen über StudiVZ.de Kontakt hältst,
- wenn Du Dich mit Deinen Freunden gerne skurill kleidest, aber die Einzigen, die das sehen dürfen, in der gleichen Gilde sind wie Du.

Bild 4

Diese Beispiele kann man in drei Überschriften zusammenfassen (Bild 4).

Personalisierung

Tools/Applikationen und Funktionen stehen im besonderen Interesse der Digital Natives, diese sind von jedem Native selbst ausgewählt und sofern es geht auf die eigenen Interessen angepasst. Das fängt bei der Startseite im Internet an, geht über Skins von einzelnen Programmen, Charakteren in online Spielen bis hin zu eigenen Themen auf dem Handy, Laptop und Computer.

Mobile digitale Lösungen

Einen Digital Native erkennt man daran, dass er neue digitale Wege für alte Probleme sucht und findet. Informationen, die nur an einem bestimmten Ort gefunden werden, sind für Digital Natives uninteressant und werden mit allen zugänglichen Informationen ersetzt. Für eine Fahrkarte zieht ein Digital Nativ keine Wartenummer am Bahnschalter. Tickets werden online gebucht: von zu Hause am Rechner, um die Ecke im Internetcafe oder in der S-Bahn mit dem Handy.

Vernetzung

Digital Natives sind vernetzt und wenn sie selber nicht weiter kommen, dann haben sie ein Repertoire von Webseiten, wo Lösungen zu finden sind, oder sie kennen jemanden, der eine Lösung kennt. Eine SMS, eine E-Mail oder eine Nachricht über einen Instant Messenger bringt die Lösung zum Problem.

Dies waren jetzt einige Beispiele an denen man Digital Natives erkennen kann. Und wenn man sich umschaut findet man sie überall: in der Familie am Rechner WoW spielen, in der S-Bahn mit dem Handy surfen, auf der Autobahn Podcasts anhören, im Flugzeug chatten und auch in jedem Unternehmen arbeiten.

Wir bei Alcatel-Lucent haben uns gedacht, diese Generation muss es auch bei uns geben. Dazu haben wir potentielle Digital Natives zum letzten IT-Gipfel in Berlin entsandt. Dort fand ein OpenSpace statt, der unseren Vorstand so beeindruckt hat, dass auch wir einen organisiert haben. Für die, die einen OpenSpace nicht kennen: Ein OpenSpace ist eine Methode, um mit vielen Teilnehmern in kurzer Zeit eine Aufbruchstimmung zu erzeugen, diese zu vertiefen und Projekte abzuleiten. Dazu haben wir Digital Natives bei Alcatel-Lucent angeschrieben und eingeladen, mit dem gesamten Vorstand und allen Führungskräften einen OpenSpace zur „Weiterentwicklung von Alcatel-Lucent" zu veranstalten.

Beide Seiten, die Digital Natives und die Digital Immigrants waren von den Ergebnissen und der, ich sag mal, Energie des OpenSpaces so begeistert, dass diese Themen auch jetzt noch, Monate danach, weiter voran getrieben werden. Doch das Beste am Ganzen war und ist, dass wir Digital Natives unsere Kenntnisse und Ideen in die Firma mit einbringen können und als Digital Natives bei Alcatel-Lucent jetzt vernetzt sind.

Wenn ich ein Problem habe kenne ich jemanden, der dieses Problem auch schon gehabt hat und vielleicht gelöst hat. Wir tauschen uns aus über Instant Messenger, Jammer, Twitter oder Blogs (Vernetzung). Dazu gibt es bei uns im Intranet eine Tools Seite, die jeder Mitarbeiter nutzen kann (Digitale Lösungen). Sie ist schnell personalisiert und wenn ich es will kann jeder sehen, woran ich arbeite und in welchen Bereichen ich gut bin (Personalisierung).

Kollegen von mir habe ich diese Seite gezeigt und sie ermutigt, sie zu nutzen. Dann hieß es „Nee was soll ich damit? Warum soll ich all meine Daten da veröffentlichen?" Klar gibt es da Berührungsängste, wer will schon einen Rat annehmen, von einem, der hüpfend auf die Bühne kommt.

5 Enterprise 2.0: Das Wissen der Mitarbeiter mobilisieren Wissensmanagement als Vernetzungs- und Kommunikationsaufgabe

Dr. Josephine Hofmann
Fraunhofer Institut für Arbeitswirtschaft und Organisation, Stuttgart

Herr Holtel hat mich gebeten, Ihnen heute einen Überblick darüber zu geben, inwieweit im Enterprise 2.0 Veränderungen in der Zielsetzung, in der Realisierung und dem erreichbaren Nutzen von Wissensmanagement zu beobachten sind. Mein Beitrag steht unter dem Arbeitstitel: Enterprise 2.0: Das Wissen der Mitarbeiter mobilisieren, Wissensmanagement als Vernetzungs- und Kommunikationsaufgabe und ich möchte Ihnen gerne darstellen, was dieses „alte" Thema Wissensmanagement mit dem Wissensmanagement 2.0 verbindet und was beide unterscheidet. Ich tue dies vor dem Hintergrund meiner Tätigkeit am Fraunhofer Institut IAO in Stuttgart, einem arbeitswissenschaftlichen Institut, in dessen angewandter Forschung die Frage untersucht wird, wie neue Technologien in Arbeitsprozesse integriert werden können, wie sie auf die Menschen wirken und welcher letztliche Nutzen für die Unternehmen realisierbar ist.

Mein Vortrag gliedert sich in folgende Teile: einer kurzen Bestandsaufnahme des bisherigen Status Quo in der Realisierung des Wissensmanagements folgt die ausführlichere Darstellung der maßgeblichen Zielgruppe dieser Bemühungen, die Wissensarbeiter bzw. den Knowledge Worker, deren spezifische Eigenschaften ebenfalls Veränderungen in der Anlage und dem Management von Wissensmanagement erforderlich machen. Ihre Art zu arbeiten, ihre Spezialisierung und die gleichzeitig notwendige Kombination dieses Spezialwissens machen den intensiven Einsatz von Kollaborationstechnologien erforderlich. Direkte Zusammenarbeit wird im Enterprise 2.0 maßgeblich unterstützt durch Möglichkeiten der einfachen Publikation von Wissen bzw. Information, und der sichtbaren Verbindung von Wissensträger und Know-How, das preisgegeben wird. Dies erfordert persönliche Exposition mit verschiedenen Vor- und Nachteilen sowie die Auseinandersetzung mit der Frage, welche Motive bzw. Motivation hier wirksam sein können. Und welche spezifischen direkten Anreize zum Einsatz kommen können, um diese persönliche Beteiligung im Sinne des Unternehmens zu steuern. Der Beitrag schließt mit Überlegungen, welche Führungskultur und Führungsfunktion hierfür notwendig sind und welche Selbstorganisation seitens der Mitarbeiter hier notwendig ist.

Wissensmanagement 1.0

> „Insgesamt wächst die Erkenntnis, dass sich Wissen nicht unabhängig vom Träger benutzen lässt. Der Mensch als Wissensträger wird mittlerweile stärker in seiner sozialen Vernetzung wahrgenommen und sein Wissen als ein Ergebnis von Kommunikation und kontext-spezifischer Erfahrung verstanden"
> (Johnson, Manyika und Yee 2005)

Dieses Zitat us-amerikanischer Kollegen der Unternehmensberatung McKinsey bringt eine Erkenntnis auf den Punkt, die viele Menschen haben, die sich länger mit dem einstmaligen Boomthema Wissensmanagement beschäftigt haben. In den letzten 10 bis 15 Jahren war Wissensmanagement vor allem ein Thema von Datenbanktechnikern, Stabsabteilungen und IT-Verantwortlichen, die sich mit der Explizierung von Wissen, dem „Aus den Köpfen holen" dieser wertvollen Ressource, auseinandergesetzt haben. „Wenn Siemens wüsste was Siemens weiß" – in den ersten Jahren lag der Schwerpunkt der Aktivitäten in der Explizierung von Wissen. Allerdings hat dabei eine strategische Verankerung des Wissensmanagements nur sehr selten stattgefunden: weder wurde der strategische Wertbeitrag tatsächlich nachgewiesen, noch wurden die damit betrauten Personen mit entsprechenden echten Entscheidungsvollmachten, Budgets oder ähnlichem ausgestattet. Allerdings gibt es zunehmend Ansätze, in Wissensbilanzen den Beitrag von Wissen und Wissensmanagement zum gesamten Unternehmenswert sichtbar zu machen. Heute greift die Erkenntnis, dass es vor allem wichtig ist, Menschen als Wissensträger miteinander zu vernetzen und zum Austausch von Wissen zu motivieren.

Man erkennt, dass es unzureichend ist, sich nur auf dieses Herausholen von Wissen in einer technischen Form zu konzentrieren. Es kommt offensichtlich eher darauf an, Menschen miteinander zu vernetzen, Menschen als Wissensträger zu verstehen und sich ihnen als eine Managementaufgabe zu widmen. Das wäre ein gutes Zwischenfazit für die Situation des Wissensmanagements 1.0, wobei nicht verschwiegen werden soll, dass neuere Arbeiten auf dem Gebiet der semantischen Suche ganz neue und faszinierende Möglichkeiten der Erschließung, der Kontextualisierung und Verwertung von Wissensbeständen anbieten.

Zielgruppe Wissensarbeiter

> „Mein wichtigstes Kapital hat Füße. Jeden Abend verlässt es das Unternehmen und ich kann nur hoffen, dass es morgen wiederkommt"
> (H.Bertschinger)

Wenn wir auf das Thema Vernetzung von Menschen zurückkommen, muss man sich auch bewusst machen, dass wir es zunehmend mit einer Gruppe von Mitarbeitern zu tun haben, die als Knowledge Worker bzw. Wissensarbeiter die Unternehmen zunehmend bestimmen. Sie werden in den meisten Unternehmen zahlenmäßig immer wichtiger werden, vor allem in Bezug auf ihren Wertschöpfungsbeitrag. Das oben genannte Zitat von Herrn Bertschinger, dem CEO eines Schweizer Unternehmens, bringt schön zum Ausdruck, dass man sich hier offensichtlich auch um die Personen bemühen muss und diese in ihrem Wissen, ihrer Leistungskraft und Motivation für das Unternehmen entsprechend binden und wirksam „in Wert" setzen sollte, um das bestmögliche mit ihnen zu erreichen. Wenn wir uns hier in diesem Plenum die Wissensarbeiter ansehen, sind sie alle hier ganz typische Vertreter dieser Gruppe. Es sind Menschen, die informations- und wissensintensiv arbeiten, aber die vor allem auch dadurch geprägt sind, dass sie einen hohen Anspruch an Sinnhaftigkeit, an Werteorientierung in ihrer Arbeit haben. Das ist eine Herausforderung, die zu einer anderen Auseinandersetzung mit dieser Personengruppe zwingt und zudem erforderlich macht, diese in ihrer Kommunikation und Kollaboration untereinander zu unterstützen. Wenn man sich Statistiken anschaut, wobei es zugegebenermaßen schwierig ist, diese Statistiken zu finden, weil die eindeutige Zuordnung nicht einfach ist, sieht man durchaus, dass es eine wachsende und immer stärker werdende Gruppe von Menschen ist, mit der wir es hier zu tun haben. Peter Drucker, ein bekannter Managementwissenschaftler, der sich seit den 70er Jahren des letzten Jahrhunderts mit Wissensarbeitern beschäftigt, fasst dies folgendermaßen zusammen: Wissensarbeiter sind Menschen, die wirklich alles mitbringen. Sie bringen das wichtigste Arbeitsmittel selber mit und besitzen dieses: nämlich ihren Kopf und ihr Wissen, und mit diesem Fakt müssen Unternehmen in Zukunft umgehen. In Abwandlung der Marxschen Forderung könnte man heute sagen: Der Wissensarbeiter ist im Besitz der Produktionsmittel. Er trägt diese im Wesentlichen in seinem Kopf, mit seinen Erfahrungen, Talenten, Neigungen und Motivationen bei sich. Die im Zeitalter der Industrialisierung übliche Trennung zwischen dem Träger der menschlichen Arbeit und dem Besitzer der „sonstigen Produktionsmittel" wird zunehmend aufgehoben. Das verschiebt auch innerbetriebliche Machtverhältnisse.

Das Mantra der Collaboration

In der Beschreibung des Übergangs von „1.0" nach „2.0" wurde schon gesagt, dass es ganz stark um das Thema Vernetzung und Aktivierung von Menschen geht. Fokussiert wird primär darauf, Menschen miteinander zu verbinden, in Kontakt, in die Zusammenarbeit, in die Kollaboration zu bringen. Darüber haben wir hier in dieser Veranstaltung schon viel gesprochen und darauf muss ich nicht mehr detailliert eingehen. Es geht auch darum, Menschen kommunikationsfähig zu machen, die Suche nach weiteren interessanten Personen zu vereinfachen, interessante andere Wissensträger zu identifizieren und durchaus zufällige Begegnungen zu ermöglichen, was mit Social Networks gut unterstützt werden kann. Damit werden die Voraussetzungen geschaffen, die kollektive Intelligenz zu aktivieren und auf das Wissen auch von Lieferanten und Kunden zuzugreifen.

Wie wir auch an unserem Institut und an vielen Projekten mittlerweile beobachten, ist das Thema von eCollaboration ein ganz wesentliches. Was heißt eCollaboration? Je nachdem wie Sie es definieren, können Sie sagen, dass alles dazugehört, was die Unterstützung direkter Kommunikation und Zusammenarbeit zwischen räumlich verteilt befindlichen Menschen angeht. Ob das Audiovideokonferenzen sind, Webconferencing, andere Möglichkeiten, sich direkt zusammenzuschalten und Arbeitsdokumente gemeinsam zu bearbeiten. Es ist ein Technologietrend, der spürbar auch anbieterseitig in den Markt getragen wird.

Wir beobachten, dass eCollaboration-Technologien zunehmend Eingang in Unternehmen finden. Und wir beobachten natürlich auch, dass viele Unternehmen ganz typische Phasen und Konjunkturen des Einsatzes solcher Technologien haben, die von email bis zum High-End-Videokonferenzraum reichen können. Dass Extreme auftreten können: von 24stündiger Erreichbarkeit bis hin zum email-freien Freitag. Diese zunehmende Verdichtung von Kommunikation und Arbeit, von Kontakten und Ansprechbarkeitspunkten, ist durchaus etwas, was wir als Arbeitswissenschaftler kritisch betrachten. Es gab vor wenigen Monaten einen sehr schönen Artikel in der „Zeit" mit dem Titel „Der Fluch der Unterbrechung". Der Redakteur hat in einigen ausgewählten Unternehmen beobachtet, wie ein typischer Arbeitsalltag von einem Wissensarbeiter aussieht. Sie haben nachgemessen und zugesehen, wie oft er unterbrochen wird, weil er ständig irgendwelche Informationsanwendungen nutzt, kontaktiert wird, kommuniziert und ansprechbar ist. Als Arbeitswissenschaftlerin, die vor 1980 geboren worden ist, können Sie da durchaus ins Grübeln kommen, wenn Sie sich an grundsätzliche Prinzipien erinnern, die da heißen: Rüstzeit minimieren, damit man konzentriert arbeiten kann. Das sind schon alles Punkte, die nicht ganz falsch sind.

Ich erlaube mir hier eine ganz kurze Sequenz aus diesem Artikel zu zitieren, weil er einfach sehr schön zum Ausdruck bringt, was das bedeutet:

> *„Bei jeder Unterbrechung wendet sich der Büroarbeiter im Durchschnitt mindestens zwei anderen Aufgaben zu bevor er zur ursprünglichen Tätigkeit zurückkehrt, etwa 25 Minuten später. ....Nach so vielen Ablenkungen dauert es natürlich, bis er sich wieder in die alte Aufgabe hineingedacht hat. Bis der moderne Held der Arbeit wieder die Konzentration erreicht hat, die er vor der Unterbrechung hatte, vergehen rund acht Minuten. Bleiben noch drei Minuten effektive Arbeitszeit bis zur nächsten Unterbrechung. Es ist wie einen Schritt vor und vier Schritte zurück".*

Interessant ist, dass es durchaus Menschen gibt, die das offensichtlich brauchen. Vielleicht sind es diese hier schon so oft zitierten Digital Natives oder andere, die sich an diese Arbeitsform gewöhnt haben. Hier ein schönes Zitat eines Managers:

> *„Ich bin anhängig von Unterbrechungen. Wenn ich nicht unterbrochen werde, weiß ich nicht, was ich als nächstes tun soll".*

5 Enterprise 2.0

Es gibt offensichtlich auch Menschen, die sich durch diese stetige Abfolge von Unterbrechungen quasi fremdgesteuert durch den Tag triggern lassen. Es ist meines Erachtens schwierig zu sagen, was da richtig oder falsch ist, da persönlicher Arbeitsstil und Prägung letztlich entscheidend sind. Wir beobachten aber auch, dass Unternehmen mittlerweile durchaus dazu übergehen, statt dem Casual Friday einen Email-Free-Friday zu machen, d.h. am Freitag sollen die Leute, die in einem Büro sitzen, bitte keine Emails zur Kommunikation untereinander senden, sondern persönlich miteinander reden. Auch das kann eine Strategie sein, diese ständige Kommunikationsbereitschaft und die Erwartungshaltung „always on" in den Griff zu bekommen bzw. bewusster zu gestalten.

Quality time

Wie immer in solchen Themen gibt es keinen Trend ohne den dazu passenden Gegentrend. Hier könnte diese Funktion durch die sogenannte „Quality time" erfüllt werden. Dieser Begriff umschreibt die neue Wertigkeit von direkter, persönlich verbrachter Zeit, die auch sehr hoch geschätzt wird. Ursprünglich aus dem Privatleben kommend, wird er mittlerweile auch stark ins Büro- und Arbeitsleben übertragen. Der Begriff steht für die neue Wertigkeit direkter Kommunikation und persönlichem Kontakt. Auf der folgenden Abbildung sehen Sie zum Beispiel ein neues Konzept von einem sogenannten Co-Working-Haus in Berlin. Die Idee ist, die verschiedensten Knowledgeworker, die bis jetzt immer bei Starbucks sitzen müssen um Online zu gehen und ein Büro um sich zu haben, sich hier für wenig Geld und manchmal nur für wenige Tage einmieten, um eine neue Form von direkter Zusammenarbeit und Bürogemeinschaft aufzubauen. Was heißt das? Beide Dinge, virtuelle Präsenz und eCollaboration auf der einen und direkte Begegnung und räumliche Nähe anderseits, werden kombiniert und gegenseitig ergänzt. Das ist auch ein ganz wichtiges Thema.

Quality time als Gegentrend?

„Facebook ist gut, aber sich von Angesicht zu Angesicht zu treffen, ist genauso wichtig" (Financial Times Deutschland 2009)

„Quality time" wird als Zeit angesehen, die ausschließlich der Festigung der menschlichen Beziehungen dient

Mit der zunehmenden Verbreitung und Leistungsfähigkeit virtueller Begegnungsmöglichkeiten wächst umgekehrt die Wertschätzung persönlicher Treffen

Prinzipien der temporären Verbindung und zufälligen Begegnung werden auch in die Realwelt übertragen

„Wir sind die Fortsetzung des Internets in der realen Welt"
(Betreiber eines Co-Working-Hauses)

© Fraunhofer IAO, IAT Universität Stuttgart

Fraunhofer IAO

Treibstoff Exposition

Über das Thema Exposition oder Selbstdarstellung hatten wir am heutigen Vormittag schon gesprochen. Mich hat als Stichwort eine Schlagzeile beschäftigt, die kürzlich in der Financial Times zu lesen war: „Soziales Petzwerk." Es handelte sich um den Fall einer schweizerischen Versicherungsangestellten, die sich zwar krank gemeldet hatte, an dem Tag aber fleißig in Facebook oder irgendwo anders unterwegs war. Jemand aus der Firma hat das mitbekommen, und das war Grund für eine fristlose Kündigung. Krank ist krank, und dann sollte man so etwas nicht machen. Wir sehen: Exposition kann auch sehr negative Folgen haben. Sensibilität ist notwendig im Umgang mit den eigenen Dateien.

Warum sollte ich mich beteiligen? Das ist eine spannende Frage, mit der wir uns auch sehr viel beschäftigen. Für uns als Institut ist es interessant, sich aus einer steuerungs- und managementorientierten Sicht damit auseinanderzusetzen, warum Menschen gemeinsam mit anderen Wissen aufbauen oder teilen sollten, ansprechbar sind, sich als Experte zur Verfügung stellen. Klare Anreize gerade im monetären Bereich stellen naheliegende Lösungen dar. Wenn es geldlich belohnt wird, so die Vermutung, hat auch das Management verstanden, dass dies wichtig ist und dies damit auch strukturell implementiert werden kann. Wir müssen aber auch selber feststellen, dass hier mit Geld oder anderen monetären Anreizen offensichtlich nur relativ wenig zu erreichen ist. Im konkreten Fall eines von uns beratenen Bildungsdienstleisters wurden wir mit der klaren Aussage konfrontiert: „Wir haben dies unseren Mitarbeitern angeboten. Die Mitarbeiter haben es abgelehnt". Mit folgender Begründung: Entweder stimmt die Stimmung und die Zusammenarbeit zwischen den Beteiligten und diese lassen sich gern mitreißen in dieser gemeinsamen Kultur des Wissensteilens. Sonst funktioniert es sowieso nicht. Und das ist eigentlich auch etwas, was durch eine größere Untersuchung bestätigt worden ist, die wir am Fraunhofer Institut gemacht haben, um zu verifizieren, wo dieses Wissensmanagement 2.0 tatsächlich gut funktioniert. Sie sehen hier die Faktoren, die wir identifiziert haben, auf der folgenden Folie.

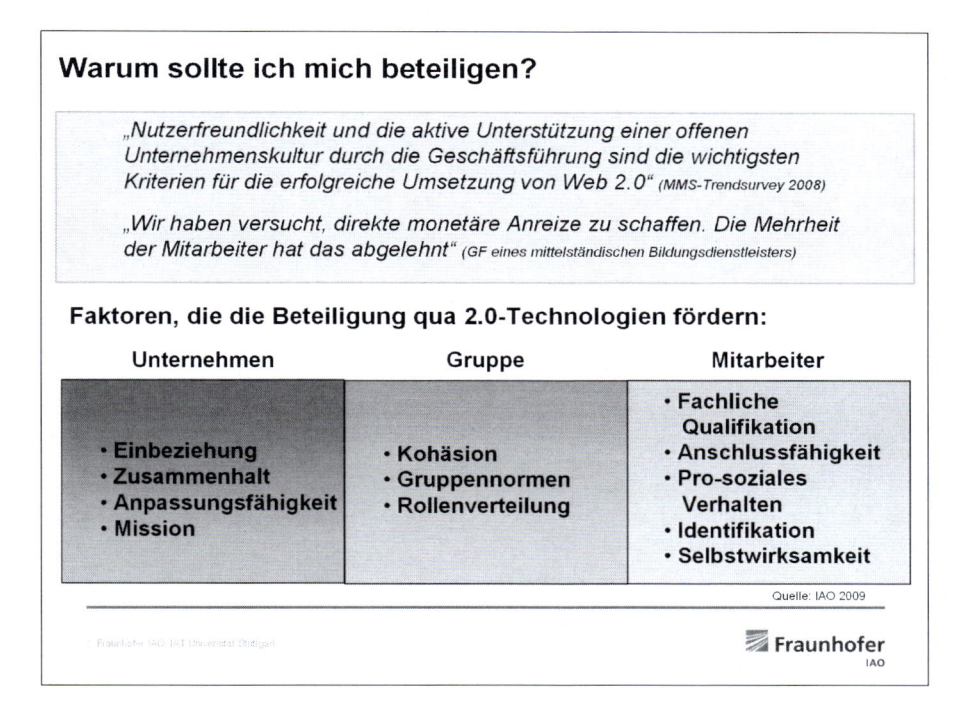

Warum sollte ich mich beteiligen?

„Nutzerfreundlichkeit und die aktive Unterstützung einer offenen Unternehmenskultur durch die Geschäftsführung sind die wichtigsten Kriterien für die erfolgreiche Umsetzung von Web 2.0" (MMS-Trendsurvey 2008)

„Wir haben versucht, direkte monetäre Anreize zu schaffen. Die Mehrheit der Mitarbeiter hat das abgelehnt" (GF eines mittelständischen Bildungsdienstleisters)

Faktoren, die die Beteiligung qua 2.0-Technologien fördern:

Unternehmen	Gruppe	Mitarbeiter
• Einbeziehung • Zusammenhalt • Anpassungsfähigkeit • Mission	• Kohäsion • Gruppennormen • Rollenverteilung	• Fachliche Qualifikation • Anschlussfähigkeit • Pro-soziales Verhalten • Identifikation • Selbstwirksamkeit

Quelle: IAO 2009

Fraunhofer IAO

Die wichtigsten waren gruppen-/teamorientierte Faktoren, die förderlich auf den Einsatz von Wissensmanagement 2.0-Anwendungen wirken: das Gefühl von Menschen, dass sie in der Gruppe dazu gehören, dass sie offen miteinander umgehen, Wissen teilen und entsprechende Rollen innehaben. Es ist etwas, was offensichtlich wesentlich stärker wirkt als jeder monetäre oder sonstige Anreiz. Das ist für uns auch eine interessante Erkenntnis, vor allem auch deshalb, weil sich so ein Grundgefühl nicht über Nacht produzieren lässt, sondern durch einen langfristigen Change- und Kulturentwicklungsprozess implementiert werden muss, wenn es nicht sowieso schon vorhanden ist und auch entsprechend gestärkt werden muss.

Führung 2.0

Was heißt das in Zukunft für die Führung? Ich habe mir erlaubt ein für mich sehr schönes Zitat aus dem Buch von Herrn Buhse und Herrn Stamer herauszunehmen. Die beiden Autoren haben sich mit dem Thema Führung im Enteprise 2.0 auseinandergesetzt, mit der Rolle der Führungskraft, wenn diese nicht mehr diejenige ist, die das Monopol auf Information hat, diese kanalisiert und weitergibt. Das funktioniert offensichtlich nicht. Aber trotzdem haben natürlich Führungskräfte und die Führung eines Unternehmens insgesamt ganz maßgebliche Funktionen. Sie haben Geschäftsziele zu definieren, strategische Ausrichtungen festzulegen und Rahmenbedingungen zu setzen. Gerade dieses Spannungsfeld ist in dem Zitat von Buhse und Stamer wunderbar beschrieben, wenn es heißt

> „...es gilt Freiräume zu schaffen, um Selbstorganisation zu ermöglichen. Andererseits gilt es zu führen, um schnell und effizient unternehmerische Ziele zu erreichen...Die Lösung dieses Paradox sehen wir jeden Tag in der Bundesliga. Sie liegt in unserer Vorstellung von Führung: der Trainer steht am Spielfeldrand, er stellt die Mannschaft auf, er stellt die Rahmenbedingungen, aber spielen müssen die Spieler".

Das ist ein sehr schönes Bild für ein Verständnis von Führung in solchen neuen 2.0 Strukturen, weil es intuitiv klar ist, dass sich Hierarchien in dieser Form nicht mehr unbedingt realisieren lassen, vor allem im Sinne hierarchisierter Informationskanäle, sondern ein „CEO 2.0" in Zukunft ein verändertes Aufgabenbild hat.

Ich habe aus der gleichen Publikation ein Zitat von Dr. Niemeier, der viele Jahre Geschäftsführer der T-Systems Tochter MMS in Dresden war. Er hat die Anforderung an den CEO 2.0 für sich so definiert: Er muss selbst ständig aufnahme- und lernbereit bleiben. Er muss Mitarbeiter anerkennen und ermutigen. Aber er hat auch eine steuernde und monitoringseitige Funktion, was neue Entwicklungen angeht.

Ich komme hier zu einem vorläufigen Fazit. Es ist ein sehr spannendes Thema, mit dem wir uns hier auseinandersetzen. Ein Thema mit Facetten, die zeigen, dass man sich ganzheitlich, umfänglich mit Menschen beschäftigen muss, nicht nur mit Technik und extrahiertem Wissen. Man muss sich immer darüber im Klaren sein, dass man es mit der langfristigen Führung und Motivation von Menschen zu tun hat und nicht primär mit Technologiethemen. Peter Drucker, ein Österreicher, der in Amerika gelebt und gelehrt hat, bringt das sehr schön zum Ausdruck. Ich schließe mit einem letzten Zitat von ihm:

> "You can't manage knowledge. Knowledge is between two ears, and only between two ears".

Verwendete Literatur

Bertschinger, Alfred (2008): Entmystifizierung der Produktivität. Vom Kernbegriff Produktivität zur Wissensproduktivität. White Paper des Schweizerischen Produktivitäts-instituts AG, abgerufen am 3.7.2009 unter http://www.ipch.ch/downloads/artikel

Buhse, Willms, Reinhard, Ulrike (Hrsg.): DNAdigital: Wenn Anzugträger auf Kapuzepullis treffen. Die Kunst, aufeinander zuzugehen, Neckarhausen 2008

Buhse, Willms, Stamer, Sören: Entsprise 2.0 – Unternehmen als soziale Netzwerke, in: Buhse, Willms, Stamer, Sören (Hrsg.): Die Kunst loszulassen. Enterprise 2.0, Berlin 2008, S. 243–248

Drucker P.F. (1999) Management Challenges for the 21st Century, Butterworth-Heinemann, Oxford

Schütz, P.: Top-Unternehmen vernetzen ihre Wissensträger, in: Handelsblatt vom 31.02.2002

Stehr, Christoph, im Gespräch mit Meyer, Ingrid: „Motivationsprobleme kennen wir nicht", in: Personalführung 12/2008, S. 99–105

6 Podiumsinterview: Wie unterscheiden sich Digitale Eingeborene von Digitalen Immigranten?

Moderation: Stefan Holtel
Vodafone Group R&D, München

Teilnehmer:
Ludwig Paßen, Generali Deutschland Informatik Services GmbH, Aachen, („Digitaler Immigrant")
Cedric May, Generation Y, Osterrönfeld („Digitaler Eingeborener")

Herr Holtel:
Ich begrüße auf dem Podium zwei Gäste, die sich schon optisch unterscheiden: Der eine trägt Anzug, der andere T-Shirt. Wir haben heute einen so genannten „Digitalen Immigranten" und einen „Digitalen Eingeborenen" zu uns eingeladen. Beide werden Ihnen einen Eindruck geben, was das konkret bedeutet. Ich werde im folgenden Fragen stellen, die konkrete Probleme aus dem Arbeitsalltag der beiden aufgreifen. Im Laufe des Interviews bekommen Sie so einen Eindruck, wie sich diese beiden Generationen voneinander unterscheiden und vielleicht auch, wo sie sich vielleicht ähnlicher sind als gedacht.

Zu meiner Linken sitzt Cedric May, geboren 1989; nach der Definition von Prensky ganz klar ein Digitaler Eingeborener. Ludwig Paßen zu meiner Rechten ist 1951 geboren. Ich möchte, dass jeder sich kurz vorstellt und erläutert, in welchem Unternehmen bzw. in welcher Arbeitssituation er sich gerade befindet.

Herr Paßen:
Mein Name ist Ludwig Paßen. Ich arbeite in der Generali Informatik Services, einer IT Service Gesellschaft für die Generali Gruppe. Wir stellen IT- und Kommunikations-Services bereit für Versicherungen und andere Firmen der Generali-Gruppe und betreiben zu dem Zweck ein großes Rechenzentrum in Aachen mit entsprechenden Netzinfrastrukturen. Meine Aufgabe umfasst im Wesentlichen das Design von Netz-Infrastrukturen insbesondere auch für das internationale Netz der Generali Gruppe. Darüber hinaus bin ich Projektleiter Innovationsprozess. In diesem Umfeld gibt es logischerweise verschiedenste Berührungspunkte zu Web 2.0. Ich habe eine DV-technische Ausbildung als mathematischer Assistent. Zu meiner Zeit war ich wahrscheinlich auch Digital Native.

Herr May:
Ich komme vom anderen Ende von Deutschland, aus dem Norden und komme hierher durch DNAdigital. Das ist unser Projekt im Rahmen des IT-Gipfels gewesen, mit dem wir versuchen, einen konstruktiven Dialog zwischen Entscheidern aus Wirtschaft und Politik und der Internetgeneration zu schaffen, also zum Beispiel mir. Beruflich betreibe ich einen Lebensmittellieferdienst in unserer Region. Ursprünglich komme ich aus Köln und habe eine Ausbildung zum informationstechnischen Assistenten gemacht.

Herr Holtel:
Ich habe einmal in Wikipedia recherchiert, was eigentlich einen Digitalen Eingeborenen ausmacht: Der Begriff „Digitaler Eingeborener" und sein Antipol, der „Digitale Immigrant" wurden 2001 von Marc Prensky geprägt. Demnach sind Digitale Eingeborene Personen einer Generation, die mit digitalen Medien und dem Internet von Kindesbeinen an aufgewachsen und sozialisiert worden sind. Er bezeichnet damit Menschen, die ab 1980 und aufwärts geboren wurden. Sie beherrschen das zeitgleiche Bearbeiten vieler Aufgaben und lieben den schnellen Wechsel. Sie wünschen den direkten Zugriff auf Information und ziehen Grafik dem Text vor, wenn es um Informationsaufnahme geht. Sie vernetzen sich über soziale Plattformen und – auch interessant – „Sie gedeihen bei sofortiger und häufiger Belohnung". Im Unterschied dazu definiert Prensky den „Digitalen Immigranten": dieser ist nicht mit digitalen Werkzeugen groß geworden, sondern musste sie in seiner Umwelt als Erwachsener adaptieren. Prensky nennt beispielsweise „anstatt eine Email zu lesen druckt er sie aus, um die Email auf dem Papier zu lesen". Er liebt es, Leute von Angesicht zu Angesicht zu treffen anstatt ihnen einen Link zu schicken. Er überarbeitet Texte, in dem er sie ausdruckt. Er arbeitet Aufgaben hintereinander ab, lässt z.B. kein Radio oder Fernsehen laufen, wenn er sich auf eine Aufgabe konzentriert. Geboren wurde er vor ca. 1970.

Das Interviewformat ist einfach: Ich stelle eine Frage an den Einen und wir erwarten eine Antwort in zwei bis drei Sätzen. Dann folgt eine gleiche oder ähnliche Frage an den Anderen und vice versa. Die erste Frage geht an Herrn Paßen: Was sind denn die drei meist genutzten Kommunikationsmittel, mit denen Sie Ihren Arbeitsalltag bestreiten?

Herr Paßen:
Email, Internet, Telefon.

Herr May:
Ich würde sagen, es kommt als erstes Email. Dann kommt Instant Messaging und dann Telefon.

6 Podiumsinterview

Herr Holtel:
Wenn Sie sich mit Kollegen organisieren müssen – es geht nicht um das intensive Bearbeiten eines Dokuments – mit welchem Arbeitsmittel machen Sie das?

Herr May:
Dazu nutzen wir in der Regel Skype.

Herr Paßen:
Wenn die Entfernung größer ist Email, wenn der Partner in der Nähe meines Büros sitzt, gehe ich hin.

Herr Holtel:
Noch einmal nachgehakt: Welche Rolle spielt zeitgleiche bzw. zeitversetzte Kommunikation?

Herr May:
Das kommt darauf an, ob das Ganze jetzt wirklich zeitnah geschehen muss oder nicht. Wenn wir ein komplexeres Thema haben, das wir versuchen irgendwie zu lösen, kann das auch gerne einmal Tage dauern über Email.

Herr Holtel:
Wie entscheiden Sie, welches Werkzeug Sie für Kommunikation und Kollaboration verwenden?

Herr May:
Das mache ich spontan davon abhängig, wann wer wo online ist. Also, wenn jemand online ist, nutze ich Skype. Und wenn jemand nicht online ist, dann schreibe ich demjenigen eine Email.

Herr Holtel:
Welcher der Kollaborationspartner entscheidet, welches Werkzeug genutzt wird? Oder ergibt sich das einfach aus der Tatsache, wer beginnt?

Herr May:
Das springt hin und her.

Herr Holtel:
Herr Paßen, was sagen Sie?

Herr Paßen:
Das hängt unter anderem von der Effizienzabschätzung ab. Wenn die Zusammenarbeit sich auf eine Information oder ein Dokument bezieht, auf das absehbar später noch mal zugegriffen werden muss, dann würde ich Email einsetzen für den Informationsaustausch, wenn es sich eher um eine Spontanfrage handelt, wo ich auch

eine Interaktion erwarte, wo ich tatsächlich einen Dialog brauche, dann wäre es eher Telefon. Instant Messaging haben wir derzeit nicht. Sonst würde ich Instant Messaging nehmen. Aber die Frage ist echt eine Effizienzabschätzung und für mich auch eine Frage, wie gering der Störfaktor für mich oder auch für den anderen Kommunikationspartner ist. Insofern hat Email einen großen Stellenwert, da Email Selbststeuerung und Prävention vor Störfaktoren unterstützt. Ich kann eine Email abschicken, wann ich will und der andere Partner kann mir antworten, wann es für ihn möglich ist.

Herr Holtel:
Wie schnell sollte ein Kommunikationspartner auf eine Email von Ihnen reagieren?

Herr Paßen:
Meine Hoffnung ist immer, dass mein Partner aus dem Text die Wichtigkeit abschätzen kann oder wenn es nötig ist, mache ich im Text die Wichtigkeit auch geeignet deutlich. Ich erwarte, dass eine Antwort ungefähr in dem Zeitraum kommt, wie ich selber die Wichtigkeit einstufe, aber das funktioniert natürlich nicht immer. Ich erwarte nicht jedes Mal, dass ich eine Antwort in drei Stunden, einem Tag oder so bekomme. Das hängt vom Thema ab. Wenn für den Empfänger erkennbar ist, dass die Rückinformation für mich nur Sinn macht, wenn die Antwort in einem Tag kommt, dann erwarte ich die Antwort in einem Tag.

Herr Holtel:
Herr May, wie sieht das bei Ihnen aus? Welche Erfahrungen haben Sie mit dem Warten auf eine Antwort oder Reaktion?

Herr May:
Bei Emails ist das maximal ein Tag, aber deutlich weniger mit den Leuten, mit denen ich häufig schreibe.

Herr Holtel:
Also ihr konkretes Netzwerk?

Herr May:
Genau. Die Leute, die ich kenne, die in meinem Netzwerk sind, antworten in der Regel innerhalb von ein paar Minuten, da die meisten schon ihr iPhone oder etwas Ähnliches nutzen. Ansonsten ist es maximal ein Tag, wenn es um geschäftliche Emails geht.

Herr Holtel:
Mit wie vielen Personen stehen Sie üblicherweise in regelmäßigem Austausch über Projekte oder Aufgaben, die zu mehreren bewältigt werden?

Herr May:
In der Regel sind das bei mir 30 bis 40 unterschiedliche Leute in einer Woche, mit denen ich online schreibe.

Herr Holtel:
Schreiben heißt: mit mehrfachem hin und her?

Herr May:
Im Regalfall ist das Instant Messaging.

Herr Holtel:
Herr Paßen, wo liegt Ihre Einschätzung für eine Woche Kommunikation?

Herr Paßen:
Schwer zu sagen. Ich arbeite in verschiedenen Communities, die sich auf verschiedene Projekte beziehen. Ich schätze mal, pro Projekt 10 bis 15. Das ist aber sehr unterschiedlich in der Frequenz.

Herr Holtel:
Im Schnitt über eine Woche gemittelt: haben Sie ein Gefühl dafür?

Herr Paßen:
In Summe über alles würde ich sagen: zwanzig.

Herr Holtel:
Kommen wir zu einem anderen Thema! Persönliche Profile sind in sozialen Netzwerken meist öffentlich verfügbar. Es stellt sich also die Frage welche Informationen über Ihre Personen eigentlich im Internet abrufbar sind. Meine Frage an die Gäste deshalb: Wissen Sie, was über sie wo geschrieben steht?

Herr Paßen:
Ich weiß nicht, wo was gespeichert ist. Ich weiß aber, was googelbar ist. Da ich sehr wenig ins Internet stelle, kommen beim Googeln wenig Treffer, und ganz wenige, die ich nicht beabsichtigt habe.

Herr Holtel:
Haben Sie eine Idee, wie viele Treffer es von Google für Ihren Namen gibt?

Herr Paßen:
Ich weiß es nicht aktuell, aber es ist nicht besonders viel.

Herr May:
Da gibt es so gut wie gar nichts zu finden. Ich habe versucht per Google irgendetwas rauszufinden, selbst die ersten zwei Treffer sind irgendwas ganz anderes und ansonsten gab es nicht viel zu erfahren.

Herr Holtel:
Herr Paßen, haben Sie auch versucht, Cedric May mal zu googlen?

Herr Paßen:
Habe ich nicht. Ich hätte es getan, wenn ich stark interessiert gewesen wäre. Ich wollte es spontan auf mich zukommen lassen.

Herr Holtel:
Wissen Sie, wie viele Treffer über Sie im Internet zu finden sind?

Herr May:
Ja, klar. Ich habe ganz viele unterschiedliche Profile und ich versuche sogar, die irgendwo zu optimieren, so dass mein Bild, was ich im Internet hinterlasse möglichst gut ist. Ich glaube, das versuchen die meisten Leute, die sich darüber bewusst sind. Ich bin sehr freizügig, was die Informationen angeht und denke immer wieder darüber nach, was ich eigentlich nicht veröffentlichen würde. Wir gehen jetzt zum 1. Dezember sogar soweit, dass wir den Kontostand von unserem Unternehmen täglich aktualisieren und veröffentlichen. Ich versuche irgendwo an die Grenzen zu gehen und versuche herauszufinden, wo das Maximum an Informationen ist, die ich herausgeben kann. Es sind deutlich uninteressantere Informationen über mich im Web als der Kontostand.

Herr Holtel:
Wie viele Treffer sind es?

Herr May:
Die mich persönlich betreffen? Keine Ahnung. Das dürften bestimmt so an die 1.000 sein. Aber das liegt daran, dass es viele Unterseiten aus Foren sind.

Herr Holtel:
Herr Paßen, wie wäre für Sie, wenn Sie 1000 Treffer hätten? Würden Sie versuchen, das einzuschränken oder in Ihrem Sinne zu ändern?

Herr Paßen:
Das hängt von der Kosten-Nutzen Betrachtung ab. Man sollte von vornherein eine entsprechende eigene Policy haben, was stelle ich rein und was nicht. Denn das umzukehren dürfte eher schwierig sein. Wenn das Treffer sind, die Sinn machen, sowohl für mich als auch möglicherweise für andere, warum nicht? Es hängt davon ab, welcher Bedarf aus meiner Sicht besteht, googlefähige Informationen im Internet zu hinterlassen. Und den Bedarf habe ich bislang relativ gering gesehen.

Herr Holtel:
Eine andere Frage. Wenn Sie beide einen normalen Arbeitstag annehmen, wie viele Sprachtelefonate führen Sie?

Herr Paßen:
Ich behaupte immer, ich telefoniere fast gar nicht. Manche Kollegen behaupten mitunter das Gegenteil. Die Telefonnutzung ist von Wellenbewegungen geprägt. Es gibt Phasen, wo ich sehr konzentriert an irgendwelchen Themen arbeite, wo ich bewusst Telefonate sehr stark einschränke, um nicht gestört zu sein. Und wo ich das nicht einschränken kann, gibt es auch mehr telefonische Kommunikation, auch häufig Telefonkonferenzen. Ich würde es jetzt nicht auf eine Zahl bringen können, die repräsentativ ist für bestimmte Arbeitstage. Eigentlich würde ich eher sagen, dass in Summe Email-Kommunikation mehr Information transportiert als Telefonkommunikation bei mir.

Herr Holtel:
Wie ist es bei Ihnen?

Herr May:
Also, heute hatte ich ein Telefonat, gestern hatte ich acht und vorgestern waren es neun. Das hält sich so in dem Rahmen. Also, effektiv deutlich weniger als Emails.

Herr Holtel:
Das heißt aber auch, jede Kommunikation läuft über das Gerät vor Ihnen?

Herr May:
Ja, klar.

Herr Holtel:
Also, jede Kommunikation läuft über das iPhone. Herr Paßen: Wie viel Telefone nutzen Sie, um zu telefonieren? Besitzen Sie mehrere oder lassen Sie auf ein Gerät umleiten?

Herr Paßen:
Klar, ein Festnetztelefon habe ich noch, ansonsten Blackberry. Und das war's. Also, ich hab zum Beispiel kein privates Mobile.

Herr Holtel:
Kommen wir zur nächsten Frage: Welche Plattform nutzen Sie, Herr May, um mit jemandem gleichzeitig an einem Dokument zu arbeiten?

Herr May:
Ein konkretes Beispiel zu Plattformen?

Herr Holtel:
Ein konkretes Beispiel von Plattform bzw. von Funktionalität, die für eine solche Plattform relevant wäre?

Herr May:
Bestes Beispiel ist Google Wave, das momentan prominent ist. Von der Funktionalität sollte es das sein. Es sollte noch um einiges einfacher werden, damit man auch die Leute, die nicht tagtäglich im Internet sind, mit einbinden kann, die aber das nötige Fachwissen haben, was für den Text wichtig ist. Das gibt es ja häufig, dass man irgendwelche Leute versucht einzubinden, aber die einem hinterher den Text noch mal als Email oder Post zuschicken.

Herr Holtel:
Und wenn dieses Dokument jetzt Information enthält, die nicht für jeden sichtbar sein sollte? Würden Sie trotzdem auf Google Wave oder Google Docs arbeiten?

Herr May:
Das ist ja nicht für jeden sichtbar. Es ist ja nur für eine kleine Gruppe von Leuten sichtbar, für die man das freigibt.

Herr Holtel:
Es gibt Möglichkeiten, mit einfachen Mitteln unerlaubt den Zugriff auf Google Docs zu erlangen.

Herr May:
Man kann Google Wave auch firmenintern nutzen. Aber das wäre mir eigentlich auch relativ egal, weil alle Informationen, die wir bis jetzt gesammelt haben für unser Unternehmen, haben wir in Wikis erarbeitet und die Wikis sind öffentlich zugänglich. Das ist total genial. Wenn ich irgend jemanden treffe und dem meine Webseite in die Hand drücke und am nächsten Tag lese ich von dem was in meinem Wiki, wo ich eigentlich versucht habe, meine Geschäftsidee reinzupacken und der hat noch einen Kommentar dazu geschrieben oder eine Veränderung der Idee, dann freue ich mich oder ich mache es rückgängig.

Herr Holtel:
Vielen Dank.

Herr Paßen, mit welchem Werkzeug arbeiten Sie bzw. mit welcher Plattform? Für diesen konkreten Fall.

Herr Paßen:
Ich arbeite oft mit WEBEX. Dies ist ein externer Collaboration-Dienst, wo sowohl Kommunikationspartner innerhalb unseres Firmennetzes als auch externe Partner einbezogen werden können, insofern ein effektives Hilfsmittel für die Zusammenarbeit in gemischten Teams, wenn ein Präsenzmeeting nicht notwendig oder möglich ist.

Herr Holtel:
Für bekannten Kontakte? Müssen die dort registriert sein?

Herr Paßen:
Die müssen vorher nicht registriert sein. Das ist ein großer Nutzungsvorteil. Ich als Initiator brauche allerdings einen Account, initiiere die Session und veranlasse, dass den gewünschten Kommunikationspartnern eine Einladung mit den Zugangsdaten zugeschickt wird, das wird vom WEBEX-Dienst entsprechend unterstützt. Die Partner loggen sich dann mit den Zugangsdaten ein und die Session kann beginnen.

Herr Holtel:
Ist das ein Werkzeug, das Ihr Unternehmens im Produktportfolio führt?

Herr Paßen:
Es ist eingeschränkt eingeführt. Ich persönlich nutze es sehr intensiv, weil es eben in der Projektarbeit extrem hilfreich ist.

Herr Holtel:
Eine weitere Frage zum Arbeiten mit sozialen Kontakten. Herr May, wie bekommen Sie Antworten auf Fragen, die Sie selbst nicht beantworten können? Und wie schnell geht das?

Herr May:
Ich versuche das mal zu verallgemeinern. Was einen Digital Native ausmacht, ist die Fähigkeit, Informationen oder diese Informationsflut, die wir im Internet haben, zu abstrahieren und zu Gedanken zu sammeln, die für einen wertvoll sind. Wenn es um Informationen geht, versuche ich natürlich die üblichen Quellen zu benutzen, die es gibt: Spezialseiten, Wikipedia, Allgemeinwissen und so was und versuche dann, einen gemeinsamen Nenner zu finden, um Informationen zu verifizieren, ob sie auch wirklich so sind wie sie dastehen.

Herr Holtel:
Das heißt, das Wissen ist auf jeden Fall dokumentiert und kodifiziert im Netz?

Herr May:
Ja, die meisten Sachen stehen drin und die anderen Sachen versuche ich über Kontakte, die ich beispielsweise über XING knüpfe, abzudecken, indem ich schaue, ob ich irgendjemanden finde, der in dem Bereich spezialisiert ist.

Herr Paßen:
Zunächst, was den Digital Native ausmacht, das Abstraktionsvermögen von großen Informationsmengen beruht nicht auf einer Genmutation, die ab 1980 eingetreten ist. Das ist sicherlich eine allgemeine Basisfähigkeit, um überhaupt noch durch diesen Wissensdschungel zu navigieren. Ich persönlich starte normalerweise, wenn

ich irgendwas nicht weiß, mit dem Google Search. Wenn ich konkret weiß, dass ich den Artikel in Wikipedia finden kann, suche ich zuerst in Wikipedia. In der Regel mache ich aber zuerst den Google Search.

Herr May:
Noch mal zu dem Abstraktionsvermögen. Ich habe immer wieder festgestellt, dass ältere Leute, wenn sie Wikipedia lesen, den kompletten Text lesen. Und ich kenne wenige Leute aus meinem Alter, die den kompletten Wikipediatext lesen würden.

Herr Holtel:
Was machen die?

Herr May:
Die wissen halt, wo sie nachschauen müssen. Sie navigieren relativ schnell zu bestimmten Punkten und lassen andere Sachen außen vor. Das ist nicht grundsätzlich so. Deshalb finde ich auch diesen Digital Native Begriff nicht unbedingt praktisch, aber das ist wirklich eine Kompetenz, die man haben sollte.

Herr Holtel:
Wo lernt man denn diese Kompetenz?

Herr May:
Die lernt man im Umgang mit den ganzen Sachen, wenn es mal schiefgegangen ist oder man zu lange für eine Information gebraucht hat.

Herr Holtel:
Haben Sie in Ihrer Ausbildung oder in Ihrer Vergangenheit Kompetenzen gelernt, die dem entsprechen, was Herr May gerade beschrieben hat? Hat das im Lehrplan gestanden oder haben Sie sich dank Ihrer Berufserfahrung solches Methodenwissen angeeignet?

Herr Paßen:
Die Entwicklung in der IT war ja eigentlich schon immer so, dass die Geschwindigkeit an Informationszuwachs immer zugenommen hat, d.h. der Umsatz an Wissen seit Erfindung der Digitaltechnik war immer schon beeindruckend groß mit der Folge, dass schon immer die Notwendigkeit da war – wenn man schritthalten wollte – geeignet durch die entsprechenden Informationsmengen so zu navigieren, dass man eben nicht von vorn nach hinten durchliest, sondern sich optisch oder unterstützt durch Search-Tools auf bestimmte Begriffe fokussiert, quasi intuitiv, um dann jeweils einen Textabschnitt auf der Suche nach der gewünschten Information zu lesen usw. Das ist eine Sache, die man wahrscheinlich nicht in einer Lehrveranstaltung lernen kann, sondern man muss irgendwo durch die Notwendigkeit getrieben sein und sich eine solche Navigationstechnik aneignen, um so das jeweils Wichtige schnell zu erfassen und das Unwichtige völlig außen vorzulassen.

Herr Holtel:
Also, identisch eigentlich in der Art und Weise wie selektiert wird?

Herr Paßen:
Aus meiner Sicht ja.

Herr Holtel:
Ich zitierte gerade Marc Prensky mit der Aussage „Emails werden ausgedruckt, um sie zu lesen". Ist es für Sie ein Unterschied, ob Sie am Bildschirm lesen oder von bedrucktem Papier?

Herr Paßen:
Ja, im Buch finde ich es langsamer. Alles das, was ich nicht durch einen Search unterstützt bekomme, ist für mich weniger effizient in aller Regel. Wenn ich also irgendwas suche und ich hätte die Variante eBook oder ein gedrucktes Buch zu nehmen, nehme ich normalerweise eher ein eBook, weil ich dort eben nicht mich optisch durch die Seiten scannen muss auf der Suche nach bestimmten Informationen, sondern mittels Searchtool mich fokussieren kann auf den Inhalt, der für mich zu dem Zeitpunkt wichtig ist.

Herr Holtel:
Welche Rolle spielt Wissen für Sie, das in Büchern kodifiziert ist? Kaufen Sie weiter Bücher oder gibt es Onlinedokumente, die Sie bei Bedarf ausdrucken?

Herr Paßen:
Bücher und Zeitschriften spielen keine große Rolle, im Vordergrund stehen mehr und mehr nicht gedruckte Medien, was natürlich mit Innovationsgeschwindigkeit des Wissens zu tun hat, was aber auch damit zu tun hat, wie schnell ich eine Information finde oder wie viel Platz ich brauche, um die zu speichern.

Herr Holtel:
Herr May, wie ist das bei Ihnen?

Herr May:
Genauso, ich habe keine Bücher zuhause außer die schön aussehen im Regal. Ansonsten gebe ich meine Bücher weiter, die ich einmal gelesen habe. Alle Informationen, die ich sonst benötige, finde ich im Internet.

Herr Holtel:
Herr Paßen, nehmen wir einmal an, Sie müssten jetzt mit Herrn May zusammen in einem Projekt arbeiten: Wie organisieren Sie sich? Auf welcher Ebene würden Sie sich treffen, wie würden Sie sich organisieren, den kleinsten gemeinsamen Nenner finden?

Herr Paßen:
Ich denke, da sind die Rahmenbedingungen wichtig, die man beachten muss. Die eine Rahmenbedingung ist: In welche Organisationsstruktur ist das Projekt eingebettet? Die Fragestellung wäre also z.B., ob er in unserer Organisationsstruktur mitarbeitet für eine Projekt oder ich in seiner. Die zweite Frage wäre: Was für eine Art von Problem ist das? Wenn das Problem sich eignet, eher chaotisch gelöst zu werden oder eher strukturiert gelöst zu werden, dann ist die Problemlösungsmethodik, die eingesetzten Tools und Projektorganisation jeweils eine andere. Diese entsprechend den Rahmenbedingungen differenzierte Herangehensweise an eine Problemlösung unterscheidet m.E. auch deutlich den Digital Immigrant vom Digital Native. Insofern fühle ich mich inzwischen auch durchaus wohl mit der Rolle des Digital Immigrants. Ob ich bei einem gemeinsamen Projekt mit einem Digital Native WEB 2.0-Technologien, community-orientierte Collaboration o.ä. immer als dominierende Tools einsetzen würde hängt von der Art des Problems ab, Web 2.0 Tools passen nicht zu jedem Problem.

Herr Holtel:
Zum Schluss die gleiche Frage an Sie, Herr May.

Herr May:
Vielleicht ein ganz spannendes anderes Beispiel. Wir haben das bei der Telekom so gehabt, dass wir gesagt haben: „Wenn ich bei der Telekom anfangen würde, dann haben wir unsere Aufgabe von DNAdigital erfüllt". Damit meine ich im Prinzip, dass meine Ansicht komplett anders ist als die des Beamtendaseins, was man noch in vielen Teilen der Wirtschaft findet. Wir haben dann überlegt, was dieses Denken eigentlich ausmacht, und das ist zum Beispiel die Projektarbeit oder dass man nicht eingeschränkt wird bei der Nutzung von Social Media Tools. Die meisten Unternehmen versuchen, das zu unterbinden oder sie sagen, sie nutzen Social Media, machen das aber nur als Marketinggeschichte, d.h. man kriegt eine White List von Informationen, die man rausgeben darf als offizieller Mitarbeiter von irgendwem. Solche Sachen sind für mich No Goes, um überhaupt erst gar nicht anzufangen, weil ich dann nicht hinter der Idee stehen kann.

Herr Holtel:
Ich danke den beiden Gästen, Ludwig Paßen und Cedric May, für das interessante Kreuzverhör.

7 Enterprise 2.0 – Chance oder Risiko? Warum Enterprise 2.0 gerade für KMU eine strategische Chance ist[1]

Dr. Sabine Pfeiffer
Institut für sozialwissenschaftliche Forschung, München

Dieses Szenario erzählt die Geschichte des Maschinenbaubetriebs MaBau & Co. Stellen Sie sich vor: Mit dem Betriebsratsvorsitzenden Stefan Kampfgeist und der CIO (Chief Information Officer) Judith Binar treffen wir uns im Videochatroom des Unternehmens – an einem heißen Sommernachmittag im Jahr 2012. Die beiden erzählen, wie sich ihr Unternehmen seit 2008 geändert hat. Oder besser: wie aus einem Maschinenbaubetrieb in diesen paar Jahren ein Enterprise 2.0 geworden ist. Die Geschichte und das Unternehmen sind frei erfunden. Nicht aber alle erwähnten technischen Begriffe und IT-Anwendungen. Die gibt es heute schon. Und die könnte ein Maschinenbauunternehmen auch heute schon genauso nutzen, wie es in dieser fiktiven Geschichte erzählt wird.

Just another hype – oder eine echte Option für Unternehmen?

Web 2.0 und Enterprise 2.0 sind in aller Munde. Ein Vergleich der Suchintensität zu beiden Begriffen in Google seit 2004 zeigt eine ähnliche Tendenz im Verlauf, allerdings deutliche Unterschiede bei den absoluten Suchanfragen.

---

[1] Dieser Beitrag entstand im Rahmen des Projekts „Smarte Innovation" (www.smarte-innovation.de). Es wird im Rahmen des Forschungs- und Entwicklungsprogramms „Arbeiten – Lernen – Kompetenzen entwickeln. Innovationsfähigkeit in einer modernen Arbeitswelt" aus Mitteln des Bundesministeriums für Bildung und Forschung und aus dem Europäischem Sozialfonds der Europäischen Union gefördert. Betreut wird das Projekt vom Projektträger im DLR Arbeitsgestaltung und Dienstleistungen.

Google Suchverläufe

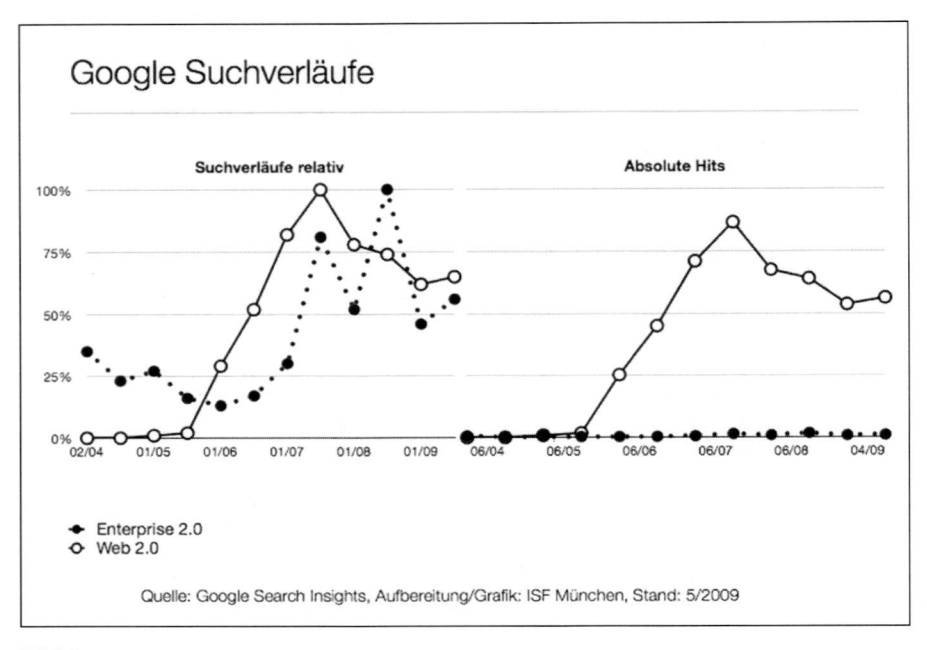

[Diagramm: Suchverläufe relativ und Absolute Hits für Enterprise 2.0 und Web 2.0, 02/04 bis 04/09]

Quelle: Google Search Insights, Aufbereitung/Grafik: ISF München, Stand: 5/2009

Bild 1

Umfragen in Unternehmen zeigen einen zunehmenden Trend in Richtung Enterprise 2.0 (McKinsey 2008); gerade in Deutschland finden sich vergleichsweise viele „early adopters" (EIU 2007) und weit über 85% der vom BITKOM (2008) befragten Unternehmen gehen von einer steigenden Bedeutung von Web 2.0 im Unternehmen aus (Bild 1). Gleichzeitig sehen nur 10% der Unternehmen darin einen Investitionsschwerpunkt und verorten die höchste Relevanz bei Web-2.0-Technologien im Wissensmanagement und der sozialen Vernetzung (Bitkom 2008). Dabei bietet Enterprise 2.0 viel mehr als das. Das wirkliche Potenzial wird noch gar nicht ausreichend erkannt, und genau das soll die nachfolgende fiktive Geschichte konkretisieren.

Dabei geht es im Kern um drei Argumente: *Erstens* ist die Vision eines Enterprise 2.0 viel mehr als die Installation eines Blogs im Unternehmen. Wollen *Zweitens* Unternehmen das volle Potenzial von Enterprise 2.0 nutzen, kommen sie nicht umhin, ihre IT-Strategien völlig umzukrempeln. *Drittens* schließlich zeigt unsere fiktive Geschichte, dass genau dies insbesondere für kleine und mittlere Unternehmen (KMU) erhebliche Chancen beinhalten kann. Kostenreduktion und Produktivitätsgewinne ebenso wie erhöhte Kundenbindung, neuartige Unternehmenskultur oder ein schlankes Wissensmanagement. Dies alles aber geht nur auf Basis einer umfassenden IT-Strategie, die ich WORC nenne, denn sie umfasst neben den bekannten Web-2.0-Technologien auch OpenSource, Rich Internet Applications und Cloud Computing.

7 Enterprise 2.0 – Chance oder Risiko?

Enterprise 2.0 ist ohne eine weitreichende Partizipation der Beschäftigten nicht zu haben, das zeigen selbst aktuelle Untersuchungen aus der klassischen Beratungslandschaft: Bei bisherigen Umsetzungen von Enterprise 2.0 mangelt es häufig an einer ausreichenden Partizipation der Nutzer/-innen und an einer umfassenden Integration der verwendeten Tools in die Arbeitsprozesse – nur dort, wo beides gelingt, zeigt sich auch eine hohe Zufriedenheit mit Web 2.0-Technologien (McKinsey 2008). Partizipation, Transparenz und Loslassen (Buhse, Stamer 2008) sind dabei die notwendigen Leitplanken in Bezug auf Unternehmenskultur und Führungsstil – ein Enterprise 2.0 ist auch ein gelebtes „Digital Habitat" (Wenger u.a. 2009). Die nachfolgende Geschichte will auch deutlich machen, dass Enterprise 2.0 Chancen eröffnet für eine Work Based Usability (Pfeiffer u.a. 2008) – d.h. eine Gestaltung der verwendeten IT-Arbeitsmittel, die sich auch an den ganz konkreten Arbeitserfordernissen orientiert, anstatt lediglich Geschäftsprozesse abzubilden. Aber zunächst ein Sprung ins Jahr 2012 und zu unserer Geschichte.

Bild 2

Wie aus der MaBau GmbH ein Enterprise 2.0 wurde – eine fiktive aber mögliche Geschichte

Stellen Sie sich vor, es ist Sommer 2012 (Bild 2). In einem Chatroom treffen wir den Betriebsrat Stefan Kampfgeist und die IT-Leiterin Judith Binar. Die beiden erzählen uns von ihrem Unternehmen: der MaBau GmbH – einem typischen Maschinenbauer: mittelständisch, familiengeführt, innovationsgetrieben, exportorientiert. Sie erzählen uns, wie aus der MaBau GmbH ein Enterprise 2.0 wurde.

Im Jahr 2008 war die MaBau & Co. ein ganz typischer deutscher Maschinenbauer: mit ca. 500 MitarbeiterInnen entwickelte und fertigte das Unternehmen Automatisierungs- und Handlingstechnik für Einsatzgebiete in hightech-automatisierten Bereichen, insbesondere für die chemische Industrie und die Papierherstellung. Mit kundenspezifischen Sonderlösungen und vielen patentierten Eigenentwicklungen war es gelungen, auch im globalisierten Markt von 2008 in einer spezifischen Nische mit zu den Weltmarktführern zu zählen – „hidden champions" nannte man solche Unternehmen damals gerne. Der deutsche Maschinenbau war trotz angespannter weltwirtschaftlicher Lage im Jahr 2008 (damals begann die so genannte Kreditkrise im amerikanischen Bankengeschäft, Sie erinnern sich) wiederholt Exportweltmeister. Und auch die MaBau & Co stand mit Umsatzentwicklungen von jährlich zwischen um die 20% gut da.

Eigentlich also ging es der MaBau & Co damals ganz gut. Einerseits. Andererseits: die Kosten explodierten, insbesondere die Energiekosten. Wie viele andere Unternehmen auch, hatte deshalb auch die MaBau & Co bereits seit drei Jahren eine Produktionsstätte in Polen aufgebaut. Weil es nahe zu liegen schien, auf der Seite der Lohnkosten einzusparen. Und weil in der Zeit scheinbar alle im Verlagern von Arbeitsplätzen die Lösung sahen. Was die großen Konzerne vorgelebt hatten, machte nun auch die MaBau & Co nach. Die erwartete Ersparnis war dann natürlich gar nicht so hoch wie gedacht – viele neue Kosten entstanden durch die räumliche Trennung, die kulturellen Unterschiede, die nach und nach ansteigenden Lohnkosten am neuen Standort, durch Qualitätsprobleme vor allem zu Beginn usw. Vor allem: die hohen Energiekosten erwiesen sich natürlich als ein globales Problem, das nicht an nationalen Grenzen Halt macht. Und mit dem neuen Standort stiegen auch die IT-Kosten erneut an. Trotz der guten Ausgangslage der MaBau & Co in 2008 wurde immer klarer: die nächsten Jahre muss mit geringeren Kosten noch mehr geleistet werden. Und zwar mehr Innovation, mehr Dienstleistung, mehr Kundennähe. Also mehr Qualität auf allen Ebenen – mit reiner (Lohn-)Kosteneinsparung war dem nicht zu begegnen. Es musst eine neue, kreative Lösung her.

Damals hat alles angefangen, so der Betriebsrat: „Da traf uns die Finanzkrise. Und es sollten also wieder mal dort Kosten gespart werden, wo immer die Daumenschrauben angesetzt werden: bei den Kollegen in Montage und Produktion." Der Betriebsrat hat damals den ersten Blog im Unternehmen installiert – denn alle sollten mitreden, wo es Einsparpotenzial gab.

7 Enterprise 2.0 – Chance oder Risiko?

> **Wie alles anfing...**
>
> Wir wollten damals, dass alle Ideen über mögliche Kosteneinsparungen auf den Tisch kommen und haben daher als BR einen ersten Blog im Unternehmen dafür gestartet.
>
> Das war Anfang 2009. Da traf uns die Finanzkrise. Und es sollten wieder dort Kosten gespart werden, wo immer die Daumenschrauben angesetzt werden: bei den Kollegen in Montage und Produktion...
>
> Und in diesem Blog fragte irgendjemand auf einmal: Was hat uns eigentlich der ganze IT-Kram in den letzten Jahren gekostet? Und was hat uns das gebracht?
>
> Und: Die Kosten waren immens: die ERP-Einführung 2002, der Netzwerkumstieg 2006...

Bild 3

In diesem Blog (Bild 3) fragte irgendjemand auf einmal: Was hat uns eigentlich der ganze IT-Kram in den letzten Jahren gekostet? Und was hat er uns gebracht? Judith Binar sagt dazu: „Da waren wir von der IT ganz kleinlaut". Der Betriebsrat erinnert sich: „Immer wurde nur der Cent herumgedreht, wenn es um den Lohn der Kolleginnen und Kollegen in Produktion, Montage und Inbetriebnahme ging. Aber was kostet uns eigentlich die ganze IT? Und was hat sie uns gebracht?" Auf einmal standen all diese Fragen im Raum: Wie viel geben wir eigentlich insgesamt aus pro Arbeitsplatz für unser ERP-System? Für die vielen Einzelplatzlizenzen für Betriebssystem und Softwareanwendungen? Für die Netzwerklösung, die Serversicherheit und Datenredundanz? Für Hardware und Software insgesamt? Für Installationen, Updates und Support? So genau konnte das keiner beziffern – weder das Controlling, noch die IT-Abteilung. Aber eines wurde schnell klar: vor allem die Investition in das ERP-System Anfang 2002 hatte immense Summen verschlungen, und ebenso der lange hinausgezögerte Sprung von einer Netzwerkgeneration in die nächste in 2006. Irgendwie war immer klar, man muss das alles mitmachen: Die Kommunikation mit Abnehmern und Kunden und sogar mit der eigenen Hausbank schien ohne das ERP-System gar nicht mehr möglich. Und wenn die eine Netzwerkgeneration vom Hersteller nicht mehr gepflegt wird, dann muss eben der Schritt auf das neue System irgendwann passieren. Ein endloser Strudel an Investitionen in immer neue Software und Hardware und Treiber usw. usf. „Ab dem Moment, wo wir uns das genauer mal angeschaut haben, war auf einmal klar: wir investierten viel Geld und viel Zeit und Energie in die IT. Und wir wussten nicht mal so ganz genau wie viel". So die IT-Verantwortliche im Rückblick.

Kaum standen die IT-Kosten auf dem Prüfstand, zeigten sich auf einmal auch Ungewissheiten über den Nutzen all dieser Investitionen. Auf einmal fingen alle im Unternehmen an zu diskutieren: was bringt das alles? Und die IT wurde auf einmal mit ganz anderen Fragen bombardiert: „Hat sich denn unsere Produktivität erhöht und haben sich unsere Durchlaufzeiten verkürzt, seit wir das neue ERP-System im Einsatz haben? Ist unsere Kundenbindung und -zufriedenheit wirklich besser geworden, weil wir ein CRM-Modul angeschafft haben? Sind unsere Innovationszyklen schneller oder der Service beim Kunden qualitativ besser, weil wir jetzt Kennzahlen auswerten können, wie lange ein Supportanruf durchschnittlich dauert? Da waren wir alle skeptisch." So erinnert sich Judith Binar an diese Zeit. Sie war damals noch relativ neu in der IT-Abteilung und sah: diese Fragen sind berechtigt, aber der damalige IT-Leiter schien immer nur die gleiche Antwort zu haben: „Der sagte immer: Wir kaufen doch den Standard den alle haben, wir haben uns sogar den Mercedes unter den ERP-Systemen geleistet. Wenn das nichts bringt, kann das nicht an der Software liegen." Aus seiner Sicht waren eigentlich immer die Nutzer schuld: die Fachabteilungen, weil sie im Customizingprozess nicht klar genug spezifiziert hatten, was sie brauchen. Oder die Nutzer der Systeme, weil die sich mal wieder nicht auf Neues einlassen wollen. „Da müssen wir halt die mal wieder schulen, bis sie es begriffen haben".

Auf einmal war alles auf dem Prüfstand, jeder machte im Blog seinem Unmut Luft: „Mit unserem PPS konnten wir die Feinsteuerung in der Produktion noch nie wirklich hinkriegen!" beschwerten sich Produktion und Montage. Auch die Controlling-Abteilung war genervt: „Ohne Excel geht mit unserem superteuren ERP doch gar nix!". Einen direkten Datenzugriff beim Kunden vor Ort vermissten Service und Vertrieb. Und die Entwicklung beschwerte sich: „Wir sind doch nur noch am Dateneinpflegen. Bei unserer eigentlichen Arbeit aber hilft uns das alles herzlich wenig!".

7 Enterprise 2.0 – Chance oder Risiko?

> Mit unserem PPS konnten wir die Feinsteuerung in der Produktion noch nie wirklich hinkriegen...
> ...beschwerten sich Produktion und Montage
>
> Ohne Excel geht mit unserem teuren ERP gar nix!
> ...sagte genervt das Controlling.
>
> **Auf einmal war alles auf dem Prüfstand.**
> **Und jeder machte im Blog seinem Unmut Luft.**
>
> Was wir wirklich bräuchten wäre Datenzugriff beim Kunden vor Ort...
> ...forderten Service und Vertrieb.
>
> Wir sind doch nur noch am Dateneinpflegen. Bei unserer Arbeit hilft uns das alles herzlich wenig
> ...jammerten Entwicklung und Applikation.

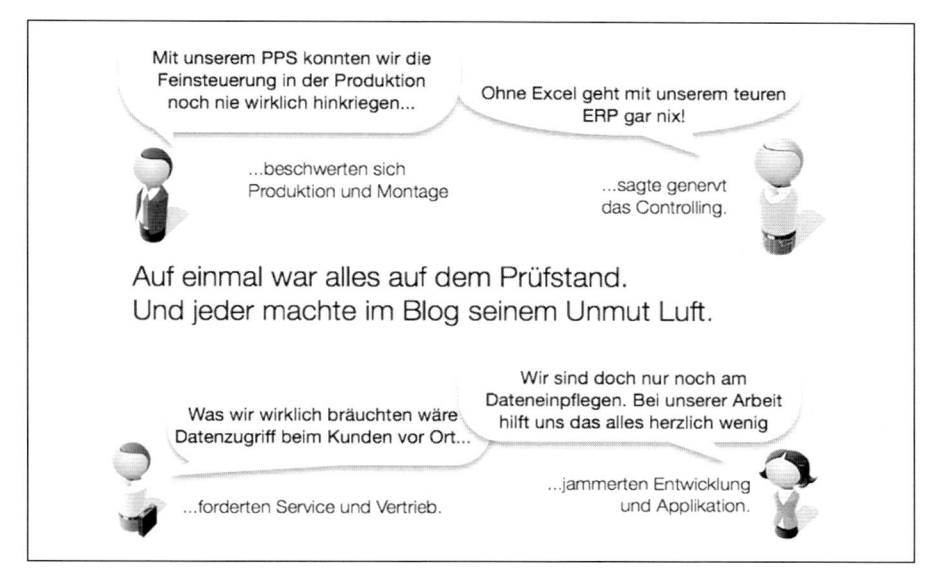

Bild 4

Es war wie in dem alten Märchen: kaum war der Geist aus der Flasche, war er nicht mehr hinein zu bekommen (Bild 4). Nun auf einmal rückte auch die Produktion raus und es wurde sichtbar wie viel das ERP-System nicht leistete. „Die Feinsteuerung der Aufträge in der Produktion hat damit noch nie sauber geklappt" sagten die einen. „Unser externes Kanban lief immer schon neben dem System weiter" erzählten die anderen. Und der Kollege im Wareneingang konnte ganze Anekdoten dazu erzählen, was real ab- und wieder aufgeladen oder im Materiallager hin- und herbewegt wird – nur damit bestimmte Buchungsvorgänge im System wieder auf den Stand gebracht wurden. Und auch aus der Entwicklung wurden auf einmal Stimmen laut. Hier stand an, ein PLM-System anzuschaffen, d.h. eine Softwarelösung, die völlige Datendurchgängigkeit zu jedem Produkt über dessen Lebenszyklus hinweg versprach. Das aber ging nur mit einer ziemlich starken Standardisierung der Innovationsprozesse. Und mit neuen großen Investitionen. Und so richtig sicher war sich in der Entwicklung keiner, ob das ein wirklicher Gewinn wäre.

Hin und Her gingen die Diskussionen und es gab die unterschiedlichsten Meinungen. Neue Frontlinien taten sich auf zwischen „hab ich doch immer schon gesagt, bringt doch nix das neumodische Zeugs" und „wenn wir die besten Standards kaufen und es trotzdem nicht klappt, liegt's an unseren Leute".

> **Wir haben doch genau das Gleiche gemacht, wie alle anderen!**
>
> Wir haben doch extra den Mercedes unter den ERP-Systemen gekauft. Und wir haben massenhaft in IT und in das Consulting investiert.
>
> ...wunderte er sich.
>
> **Und der Chef verstand die Welt nicht mehr!**

Bild 5

Der Firmenchef hatte den Blog zunächst eine ganze Weile nicht ernst genommen (Bild 5). Bis er sich schließlich den aufgelaufenen IT-Ärger ansah, erinnert sich Stefan Kampfgeist. „Ich versteh die Welt nicht mehr!" wunderte sich der Chef, „wir haben doch immer viel in die IT investiert, das Neueste gekauft. Wir haben uns sogar den Mercedes unter den ERP-Systemen geleistet! Wir haben doch getan, was alle machen!" Getan, was alle machen – das war der magische Satz, erzählt die IT-Leiterin. Auf einmal wurde uns klar: vielleicht war genau das der Fehler? Vielleicht hätten wir IT-mäßig auch alles ganz anders machen können.

7 Enterprise 2.0 – Chance oder Risiko?

Wir haben doch genau das Gleiche gemacht, wie alle anderen!

Damals wurde auf einmal allen klar, dass genau das unser Problem war!

Das ist es!

Genau!

Eben!

...erzählen Kampfgeist und Binar im Rückblick.

Bild 6

Nach und nach machten die Diskussionen im Blog immer deutlicher (Bild 6): Die Welt verändert sich. Auch und gerade die IT-Welt. Vielleicht ist die Zeit der großen und teuren Standardlösungen vorbei? Vielleicht können sich jetzt auch spezifische Lösungen für kleinere Unternehmen rechnen? Vielleicht müssen wir den Einsatz von IT im Unternehmen ganz anders denken? „Genau das haben wir dann getan", resümiert Stefan Kampfgeist.

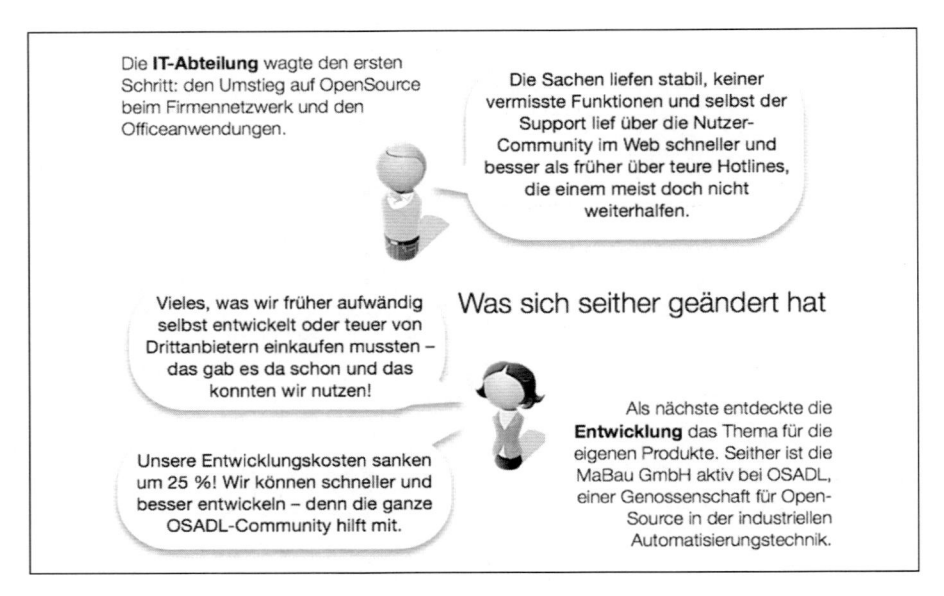

Bild 7

Die **IT-Abteilung** wagte den ersten Schritt: den Umstieg auf OpenSource beim Firmennetzwerk und den Officeanwendungen.

Die Sachen liefen stabil, keiner vermisste Funktionen und selbst der Support lief über die Nutzer-Community im Web schneller und besser als früher über teure Hotlines, die einem meist doch nicht weiterhalfen.

Vieles, was wir früher aufwändig selbst entwickelt oder teuer von Drittanbietern einkaufen mussten – das gab es da schon und das konnten wir nutzen!

Was sich seither geändert hat

Unsere Entwicklungskosten sanken um 25 %! Wir können schneller und besser entwickeln – denn die ganze OSADL-Community hilft mit.

Als nächste entdeckte die **Entwicklung** das Thema für die eigenen Produkte. Seither ist die MaBau GmbH aktiv bei OSADL, einer Genossenschaft für Open-Source in der industriellen Automatisierungstechnik.

Was sich seither verändert hat … … in der Entwicklung

Nachdem die MaBau & Co ihr Netzwerk und auch einige Software wie Textverarbeitung usw. auf OpenSource-Produkte umgestellt hatte, wuchs so langsam das Vertrauen in die ganze Angelegenheit (Bild 7): Die Sachen liefen stabil, kaum einer vermisste Funktionalitäten und selbst der Support lief über die Nutzer-Community im Web schneller und besser als früher über teure Hotlines, die einem meistens doch nicht weiterhalfen. Irgendwann lag es einfach nahe, dass sich die Denke auch bezogen auf eigene Produkte veränderte. Der große Wendepunkt kam, als der Entwicklungsleiter der MaBau OSADL entdeckte. Das heißt „Open Source Automation Development Lab" und wurde schon 2005 von vielen bekannten Unternehmen der Maschinenbau- und der Automatisierungsbranche als Genossenschaft gegründet. OSADL entwickelt OpenSource-Software, die industriellen Automatisierungsstandards genügt. Zum Beispiel wurde das OpenSource Betriebssystem Linux um Echtzeitfähigkeit erweitert („power control"), automatisierungsspezifische Zertifizierungen eingeführt und Standards für Software-Schnittstellen entwickelt. Kollege Kampfgeist erzählt: „Das war unglaublich! Vieles, das wir früher für die Steuerung unserer Anlagen aufwändig selbst entwickelt oder uns teuer von Drittanbietern einkaufen mussten – das gab es da schon und das konnten wir nutzen!" Die MaBau ist dann auch bald selbst der Genossenschaft beigetreten und hat mittlerweile einiges an Entwicklungen eingebracht, an einem Projekt im Bereich „Embedded Linux" wirkt die MaBau sogar federführend mit. „Das beste aber ist", so die IT-Leiterin Binar, „wir konnten nicht nur unsere Entwicklungskosten im Bereich Steuerung um 20%

senken. Wir sind viel schneller geworden: wir können uns flexibler auf Kundenwünsche einstellen und viel direkter Fehler beheben – denn da hilft ja nun die ganze OSADL-Community mit. Und unsere Kunden danken es uns, denn: die Innovationszyklen unserer Steuerungstechnik haben sich extrem verkürzt und wir können einen qualitativ besseren Service bieten. Wir haben ja jetzt viel mehr IT-Sachverstand im Rücken als früher." Dazu kommt, dass OSADL dem für den Maschinenbau extrem schwierigen Problem der Abkündigung von Elektronikkomponenten über Virtualisierung eine echte Lösung anbietet.

… beim ERP-System, in Service und Produktion

Für das Controlling war die Umstellung ein Riesenschritt. Das frühere komplexe ERP-System mit seinen vielen Modulen, war immer so etwas wie das „Baby" der Controllingabteilung. Schließlich war die Basis des Controllings jahrelang das unübersehbare Meer an Kennzahlen, die das System ausspuckte. Und obwohl das ERP-System immer Schwächen gehabt hatte (ein Großteil der benötigten Auswertungen war nur über den Umweg vieler zusätzlicher Exceldateien möglich): Lange war im Controlling das Leben ohne das alte ERP-System nicht vorstellbar.

Was sich seither geändert hat

Die automatisierte **Rechnungsstellung** der Service-Einsätze war der nächste Schritt, das **Projektmanagement** größerer Kundenprojekte ein weiterer.

Aus dem alten Kennzahlen-Sammel-System ist ein echtes Arbeitsunterstützungssystem geworden.

Das ging alles dezentral, Anwendung für Anwendung und immer eng an den Bedürfnissen der Nutzer entlang.

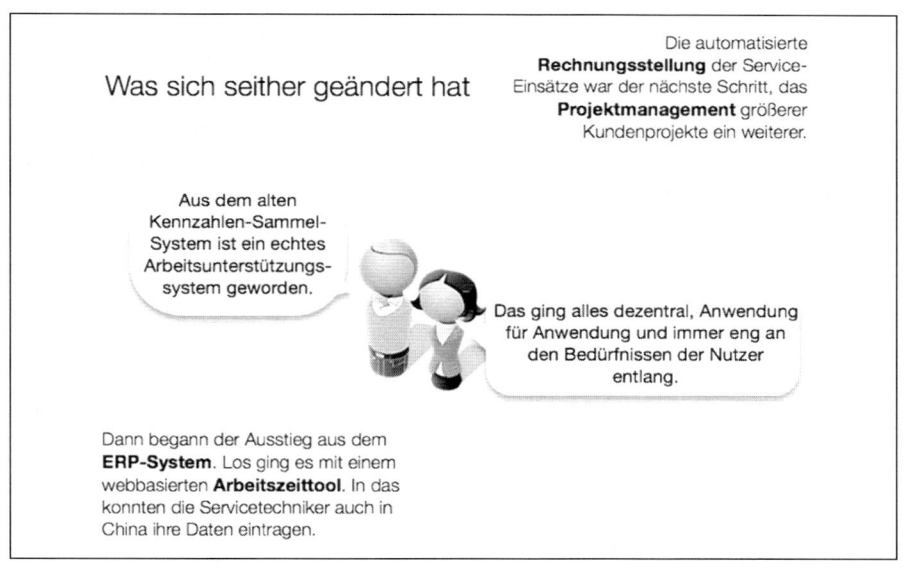

Dann begann der Ausstieg aus dem **ERP-System**. Los ging es mit einem webbasierten **Arbeitszeittool**. In das konnten die Servicetechniker auch in China ihre Daten eintragen.

Bild 8

Die Umstellung des gesamten ERP-Systems auf eine relationale, webbasierte Datenbank war das größte Projekt im Umstellungsprozess der MaBau & Co in Richtung einer Enterprise 2.0. Trotzdem: der lange und oft steinige Weg hat sich gelohnt (Bild 8). Nicht nur, weil die MaBau & Co sich nun unabhängig gemacht hat von einem ERP-Hersteller und immense Kosten spart an den früheren Aufwänden für Lizenzen, Customizing und Releasewechsel. Sondern vor allem weil das alte ERP-System einen Standard nahe legte, der ganz oft gar nicht gepasst hat zu den Prozessen im Unternehmen.

Den Einstieg machte ab 2009 das webbasierte Arbeitszeittool MabBauTIME – seither können z.B. auch die ServicekollegInnen, die gerade zur Inbetriebnahme in China sind, nun am Monatsende zeitnah ihre Arbeitszeit auf Projekte schreiben. Die Basis war eine relationale Datenbanklösung, realisiert mit OpenSource-Tools wie mySQL und PHP. Und das wurde dann nach und nach erweitert: die automatisierte Rechnungsstellung der Serviceeinsätze war der nächste Schritt, das Projektcontrolling größerer Kundenprojekte ein weiterer usw. Anders als bei der zentralen, hierarchischen Top-Down-Struktur eines ERP-Systems, konnte das nun dezentral, Anwendung für Anwendung und eng an den Bedürfnissen der Nutzer entwickelt werden. Aus dem Kennzahlen-Sammel-System wurde damit nach und nach ein System – MaBauPROCESS, das an den einzelnen Arbeitsplätzen auch den wirklichen Workflow unterstützte. Es gibt nun weniger Kennzahlen als früher – mit denen aber können nun alle etwas anfangen.

Bild 9

„Aus einem Kennzahlen-Sammel-System wurde damit nach und nach ein System, das an den einzelnen Arbeitsplätzen den wirklichen Workflow unterstützt" freut sich Stefan Kampfgeist (Bild 9): „Vor allem die Produktion hat davon profitiert, dass sie sich dezentral und ‚von unten' eine Produktions-Feinsteuerung stricken kann, die diesen Namen auch verdient." Dass dort nun alles viel besser als früher ineinander greift, hat auch damit zu tun, dass Gruppensprecher/innen und Mitarbeiter/-innen aus Arbeitsvorbereitung und Lager mit ihren mobilen, WLAN-fähigen Geräten auf das System zugreifen können, wo immer sie sich auch gerade in der Produktion aufhalten. Mit den ganzen OpenSource-Tools sind solche webbasierten Datenbanklösungen ohne große IT-Aufwände umzusetzen, betont die IT-Leiterin: „Was wir an teuren Software- und teils auch an Hardware sparen konnten, das haben wir investiert in die Mitgestaltung durch die Nutzer. Die haben nun endlich Software, die ihnen in ihrer Arbeit wirklich hilft und nur die Funktionen anbietet, die wirklich gebraucht werden!". Anders als bei dem zentralen, hierarchischen ERP-System konnte das alles nun dezentral, Anwendung für Anwendung und immer eng an den Bedürfnissen der Nutzer entwickelt werden.

… in der Personalabteilung und der Unternehmenskommunikation

Aus Sicht der Personalabteilung haben sich vor allem die Art der Information und der Austausch mit den Beschäftigten geändert. Im Perso-Blog werden alle aktuellen Informationen zum Beispiel zu Änderungen des Krankenkassenbeitrags oder zur Betriebsrente aktuell veröffentlicht. Vor allem kann jeder öffentlich Fragen dazu stellen – heute sind die Mitarbeiter/-innen ganz anders auf dem Laufenden als früher und das über die Sachen, die sie ja eigentlich am meisten betreffen. Das ist das eine. Das andere: so etwas wie eine Skill-Datenbank braucht die MaBau & Co nicht. Seit jede/r firmenintern ihren/seinen eigenen Blog unterhält ist viel sichtbarer als früher: Wer kann was? Wer weiß was? Wo finde ich welches Wissen? Wer hat welche Qualifikation? Das nützt allen, aber der Personalabteilung natürlich besonders. Ein Nebeneffekt der MaBau 2.0: Schon 2008, als die Umstellung losging, gab es einen Fachkräftemangel. Als kleines, für viele unbekanntes Unternehmen auf dem platten Land ist es seither nicht gerade einfach, junge Ingenieurinnen und Ingenieure zu gewinnen. Gerade die gehören aber einer Generation an, die nicht nur mit dem Internet sondern auch mit YouTube, Flickr und Twitter aufgewachsen sind – den Digital Natives. „Denen können wir jetzt zeigen, dass wir auch als traditioneller Maschinenbauer auf der Höhe der Zeit sind" freut sich Klaus Kampfgeist. „Weil alles webbasiert läuft, kann sich jeder aussuchen, mit welchen Endgeräten er arbeiten will: ob mit dem iPhone, dem Blackberry oder dem Palm. Was immer Leute heute ‚cool' und angesagt finden, geht. Es muss ja nur webfähig sein, alles andere ist egal geworden."

> **Personalabteilung** und **Betriebsrat** sind über Blogs im laufenden Kontakt mit den Mitarbeitern. Keiner braucht mehr eine Skill-Datenbank, denn jede Frage wird von dem beantwortet, der sich auskennt.
>
> Übrigens: Als MaBau 2.0 sind wir auch als Maschinenbauer für die „Digital Natives" ein attraktiver, „hipper" Arbeitgeber.
>
> Blogs und Wikis sind die Basis unserer gesamten Firmenkommunikation – nach Innen und nach außen.
>
> **Was sich seither geändert hat**
>
> Das war eine Kulturrevolution! Heute hat die Hälfte unserer Mitarbeiter einen eigenen Blog.
>
> Kunden und Service helfen sich im **Support-Wiki** – Produktion und Service kommentieren neue Entwicklungsideen im **Innovationsblog**, – die Apple-User-Group verabredet sich auf ein Feierabendbier und und und...

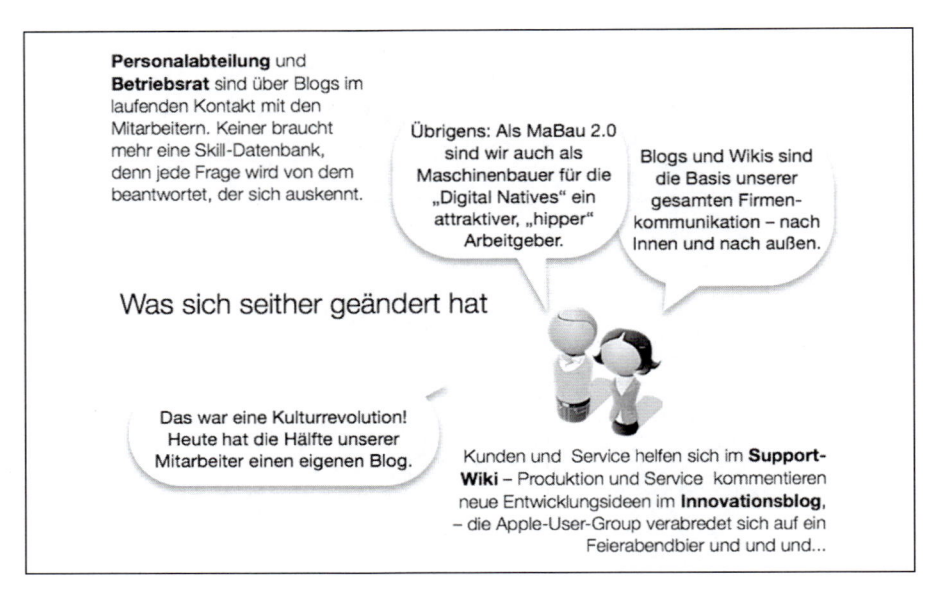

Bild 10

Es hat sich sehr viel verändert seit 2008, vor allem die Unternehmenskultur, erinnert sich Stefan Kampfgeist (Bild 10): „Unser erster Blog war fast eine Kulturrevolution! Auch für uns vom Betriebsrat." Mittlerweile gibt es bei der MaBau Blogs und Wikis zu allen möglichen Themen. Am meisten gebracht hat dem Unternehmen dabei wohl das Entwicklungs-Wiki: Hier können zu jedem MaBau-Produkt von jedem direkt Kommentare abgegeben werden. Sieht ein Service-Techniker bei der Inbetriebnahme einer neuen Maschine vor Ort Verbesserungspotenzial, kann er das sofort und ohne großen Aufwand mit seinem Laptop in das Wiki eintragen. Eine Technikerin, die gerade in der Support-Hotline Dienst hat, ergänzt aus ihren Erfahrungen und das Feedback des zuständigen Entwicklungsingenieurs lässt auch nicht lange auf sich warten. Schnelle, situative und direkte Klärungen sind heute an der Tagesordnung. Es ist ganz normal geworden, dass alle sich einbringen – unabhängig von Funktion und Position. Wer etwas zu sagen hat, sagt das auch. Ähnlich hat es sich mit den Blogs entwickelt, heute – im Jahr 2012 – haben über die Hälfte der Beschäftigten bei der MaBau einen eigenen Blog! Und da finden sich ganz unterschiedliche Themen: von Ideen für die Nutzung der neuen MaBau-Maschinengeneration über die Apple-User-Group bis zur Diskussion über ein neues Produkt eines Wettbewerbers. Dabei mischen sich private Interessen und Firmenspezifisches.

Ist bei all den Veränderungen auf dem Weg zur MaBau 2.0 nicht der Aufwand in der IT-Abteilung explodiert? Frau Binar lacht: „Weniger Arbeit haben wir nicht gerade, aber auch nicht viel mehr." Der Schulungsaufwand z.B. ist viel geringer geworden, weil die User sich in den Wikis gegenseitig helfen und weil sie von Anfang alles mit-

7 Enterprise 2.0 – Chance oder Risiko?

gestaltet haben. „Da braucht kaum mehr jemand Nachhilfe", so die IT-Leiterin. Dabei können die Webapplikationen der MaBau in 2012 richtig viel – es sind komplette interaktive Anwendungen, wie sie sich die meisten 2008 noch nicht einmal hatten vorstellen können. „Aber die zu entwickeln ist eben viel einfacher geworden", so die IT-Leiterin, „mit Entwicklungs-Frameworks und OpenSource basierten Libraries und Datenbanken können wir 98 % der Anforderungen an unsere IT abdecken. Open-Source bedeutet nicht nur weniger Kosten, sondern vor allem auch viel mehr Unterstützung durch die Entwickler-Community im Netz." Das bedeutet, dass sich die IT-Abteilung jetzt viel besser um die Alltagstauglichkeit der Anwendungen und die Bedürfnisse aus der Praxis kümmern kann. Dadurch hat sich auch das Selbstverständnis der IT gewandelt: Statt wie früher Herrschaftswissen zu pflegen, geht es jetzt um die Zufriedenheit der Beschäftigten. „Es ist unglaublich", freut sich Judith Binar, „heute haben wir zufriedene Nutzer und ungestresste ITler – das war vor 2009 noch ganz anders!"

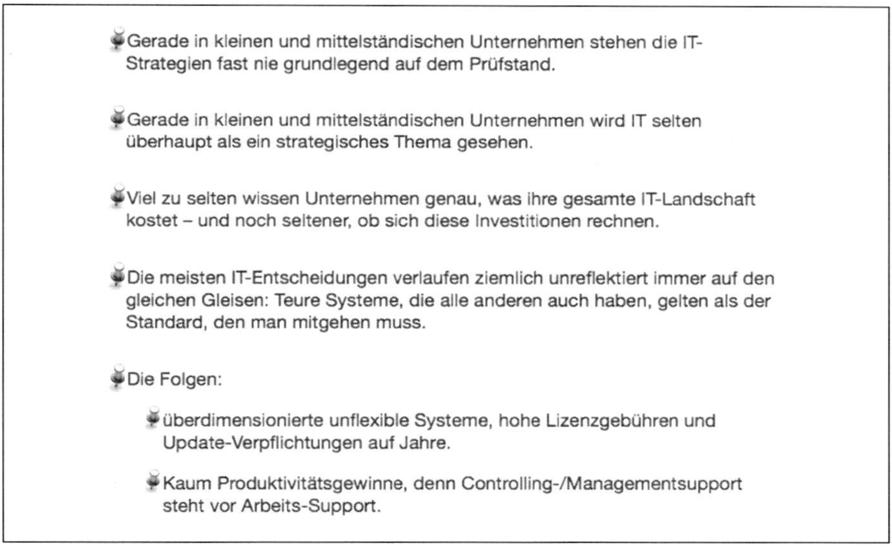

- Gerade in kleinen und mittelständischen Unternehmen stehen die IT-Strategien fast nie grundlegend auf dem Prüfstand.

- Gerade in kleinen und mittelständischen Unternehmen wird IT selten überhaupt als ein strategisches Thema gesehen.

- Viel zu selten wissen Unternehmen genau, was ihre gesamte IT-Landschaft kostet – und noch seltener, ob sich diese Investitionen rechnen.

- Die meisten IT-Entscheidungen verlaufen ziemlich unreflektiert immer auf den gleichen Gleisen: Teure Systeme, die alle anderen auch haben, gelten als der Standard, den man mitgehen muss.

- Die Folgen:
  - überdimensionierte unflexible Systeme, hohe Lizenzgebühren und Update-Verpflichtungen auf Jahre.
  - Kaum Produktivitätsgewinne, denn Controlling-/Managementsupport steht vor Arbeits-Support.

Bild 11

Ein Enterprise 2.0 braucht WORC als IT-Strategie

Diese fiktive Geschichte der MaBau GmbH zeigt, wie viel echtes Potenzial in dem scheinbaren Modewort „Enterprise 2.0" stecken kann (Bild 11). Was bei der MaBau GmbH passiert ist, ist aber nicht eine Entdeckung von Web 2.0. Die Geschichte der MaBau erzählt viel mehr – es ist die Geschichte eines Unternehmens auf dem Weg zu einer komplett neuen IT-Strategie. Viele KMU sehen IT gar nicht als eine strategische Frage. Fast nie stehen daher die IT-Strategien auf dem Prüfstand. Viel zu selten wird reflektiert: Wer entscheidet eigentlich die IT-Strategie im Unternehmen? Und nach welchen Kriterien? Erschreckend wenig wissen viele Unternehmen über die genauen Kosten ihrer IT-Landschaft – und noch seltener, ob diese Investitionen sich rechnen und zum Beispiel die Produktivität erhöht haben. Die meisten IT-Entscheidungen verlaufen daher überwiegend ziemlich unreflektiert immer auf den gleichen Gleisen: Teure Systeme, die alle anderen auch haben, gelten als der Standard, den man mitgehen muss. Nur dann fühlt man sich auf der sicheren Seite. Viel Investition, keine Experimente – das ist das übliche Verfahren. Damit aber kauft man sich eine IT ein, die schon von ihrer grundlegenden Architektur her zu starr und sehr hierarchisch ist und damit schwer an dynamisch veränderte Unternehmenserfordernisse angepasst werden kann (Pfeiffer 2003). Dadurch belasten sich Unternehmen viel zu oft mit viel zu teurer Software, die sie für Jahre mit Update-Pflichten und Lizenzgebühren knebelt. Und allzu oft passt sich dann das Unternehmen an die Software an – statt umgekehrt (Pfeiffer 2004).

> Es geht um einen Paradigmenwechsel der IT-Strategie. Die neue Strategie **WORC** besteht aus den Elementen:
>
> **Web 2.0**
> Blogs, Wikis & Co. als Basis für eine dezentrale und dynamische Art des Wissensmanagements und der Kommunikation – nach innen und außen.
>
> **Open-Source**
> Reduziert die Entwicklungskosten, verkürzt die Innovationszyklen, erweitert das Entwicklerteam und verbessert die Produktqualität.
>
> **Rich Internet Applications**
> RIAs machen unabhängig von teuren Lizenzen, aufwändiger Server-Hardware und proprietären Betriebssystemen.
>
> **Cloud Computing.**
> Damit „geht alles überall". Unabhängig von Endgerät, Betriebssystem und Ort: Alle Daten sind immer und überall zugänglich und für alle aktuell.

Bild 12

Viele denken: Unternehmen + Blog = Enterprise 2.0. Aber unsere Geschichte zeigt weit mehr (Bild 12): Nicht nur, wie ein mittleres Unternehmen der Investitionsgüterindustrie für sich das Bloggen entdeckt, sondern wie es seine IT-Strategie völlig neu ausrichtet. Und dabei sind vier Elemente zentral, die zusammen eine neuartige und vor allem für kleinere Unternehmen zukunftsfähige Entwicklungsstrategie darstellen. Diese nenne ich WORC, denn sie setzt sich zusammen aus:

- Web2.0,
- Open-Source,
- Rich Internet Applications und
- Cloud Computing.

Was meist mit Web 2.0 gemeint ist – also Mitmachtechniken wie Blogs und Wikis – wird im Rahmen dieser WORC-Strategie zur Basis für eine neue, dezentrale und dynamische Art des Wissensmanagements und der Kommunikation – nach innen und nach außen. Das Potenzial von Open-Source-Software reduziert – vor allem für die eigene Entwicklung z.B. der Steuerungssoftware und der Automatisierungstechnik – die Entwicklungskosten, verkürzt die Innovationszyklen und verbessert die Servicequalität. Rich Internet Applications machen unabhängig von teuren Lizenzen, aufwändiger Server-Hardware und proprietären Betriebssystemen. Die Entwicklung von Anwendungen nach ganz spezifischen Bedürfnissen wird bezahlbar – teurer IT-Standard „von der Stange" ist von gestern. Und mit Cloud Computing schließlich „geht alles überall". Egal, welches Endgerät, egal, welches Betriebssystem, egal, wo auf der Welt: Alle Unternehmensdaten sind immer und überall zugänglich und über Synchronisations- und Push-Funktionen immer für alle aktuell. Cloud Computing rechnet sich wirtschaftlich übrigens besonders für KMU (McKinsey 2008).

Technik verändert unsere Welt. Aber sie verändert diese nicht einseitig wie etwa eine Naturgewalt. Es ist der Mensch und im Unternehmen sind es Interessenlagen und -gegensätze, die über Anschaffung und Nutzung von Technik entscheiden. Ob die IT uns zu mehr Ökonomisierung oder zu mehr Selbstbestimmung und „Common Goods" führt, zu einer Wissensökonomie oder auch zu einer Wissensgesellschaft – das entscheidet nicht die IT, sondern die sozialen Akteure (Rolf 2007). Allerdings sind auch soziale Entscheidungen nicht völlig unabhängig von den realen Setzungen der jeweils verwendeten Technik (Pfeiffer 2005). Und diese Feststellungen gelten umso mehr für die Weichenstellungen betrieblicher IT-Strategien.

Vergessen wird nicht: der Computer ist nicht nur ein Arbeitsmittel unter vielen, sondern heute das entscheidende und am häufigsten verwendete Arbeitsmittel an praktisch allen Arbeitsplätzen (vgl. BIBB/BAuA 2009). Gleichzeitig ist er ein Arbeitsmittel, das kaum zufriedene Nutzer vor sich hat: allein bei gängiger Bürosoftware geht an jedem Arbeitsplatz pro Woche zwei Arbeitsstunden verloren durch schlechte Usability und Ineffizienz der Funktionalität (Global Graphics 2009). Der Weg der MaBau GmbH zeigt, dass Enterprise 2.0 auch eine Chance sein kann, IT wieder mehr zu einem Arbeits-Support-Mittel zu machen. Also zu einem Mittel, das von der Funktionalität und der Usability her bei der Arbeit hilft, statt selbst Arbeit zu machen. Enterprise 2.0 bietet damit auch völlig neue Chancen für eine „Work Based Usability" und für die Gestaltung einer Informatisierung „von unten" (Pfeiffer u.a. 2008).

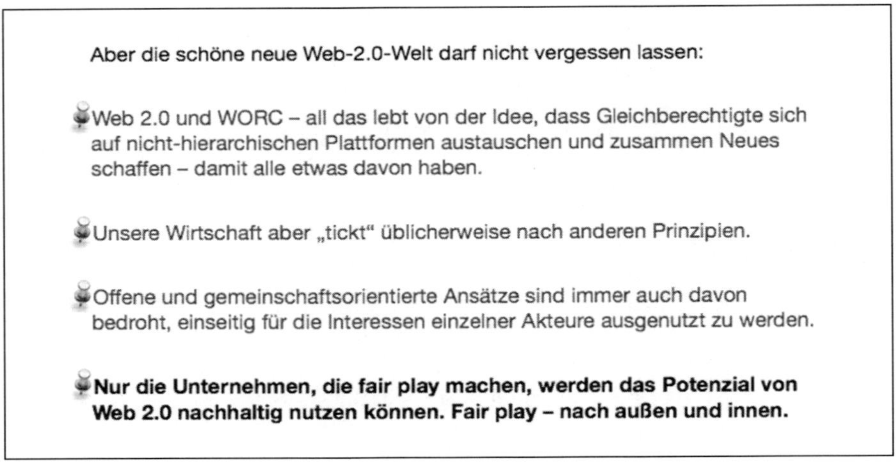

> **Aber die schöne neue Web-2.0-Welt darf nicht vergessen lassen:**
>
> - Web 2.0 und WORC – all das lebt von der Idee, dass Gleichberechtigte sich auf nicht-hierarchischen Plattformen austauschen und zusammen Neues schaffen – damit alle etwas davon haben.
>
> - Unsere Wirtschaft aber „tickt" üblicherweise nach anderen Prinzipien.
>
> - Offene und gemeinschaftsorientierte Ansätze sind immer auch davon bedroht, einseitig für die Interessen einzelner Akteure ausgenutzt zu werden.
>
> - **Nur die Unternehmen, die fair play machen, werden das Potenzial von Web 2.0 nachhaltig nutzen können. Fair play – nach außen und innen.**

Bild 13

Eines darf die schöne neue Web-2.0-Welt aber nicht vergessen lassen (Bild 13): Internet, Open-Source, Web-Communities – all das lebt letztlich von der Idee, dass Gleichberechtigte sich auf nicht-hierarchischen Plattformen austauschen und zusammen Neues schaffen – und zwar so, dass wiederum alle etwas davon haben. Unsere Wirtschaft hingegen „tickt" nach anderen Prinzipien. Deswegen sind diese offenen und gemeinschaftsorientierten Ansätze auch immer davon bedroht, einseitig für die Interessen einzelner Akteure ausgenutzt zu werden. Ein Weblog im Unternehmen hebt die realen Interessenunterschiede und Hierarchien nicht auf. Aber es macht sichtbar, was anders sein könnte – anders als bei den heute üblichen hierarchischen IT-Systemen, wo über Anschaffung und Nutzung letztlich nur Geschäftsführung und IT-Experten (und teure Consultants) über die Köpfe der Beschäftigten hinweg entscheiden. Und ein Enterprise 2.0 erfordert Neues, nicht nur in der IT-Strategie, sondern in der Unternehmens- und Führungskultur: echte Transparenz und Partizipation im Unternehmen und ein „Loslassen" (Buhse, Stamer 2008) des alten Führungsstil – nur wenn auch aus dem CEO ein CEO 2.0 wird (BITKOM 2008a), erschließt sich das wirkliche Potenzial von Enterprise 2.0. Und wenn Sie sich fragen: Wo, wie und mit wem können wir in unserem Unternehmen dem Weg der MaBau GmbH zum Enterprise 2.0 folgen? Wo finde ich die nötigen Experten? Dann ist die Antwort: fangen Sie bei Ihren Mitarbeitern an. Suchen Sie Ihre Digital Natives im Unternehmen – ich bin sicher, die gibt es auch bei Ihnen. Sie brauchen für diesen Weg nicht mehr zwingend teure Experten von außen, sie brauchen ein paar „technology stewards" (Wenger u.a. 2009) in ihrem Haus (fangen Sie doch einfach bei den Digital Natives unter Ihren Mitarbeitern an) und den kollektiven Willen aller, alte und ausgetretene Pfade zu verlassen. Wenn Sie diese Schritte partizipativ mit allen gemeinsam gehen, machen Sie nicht nur aus Ihrem Unternehmen ein Enterprise 2.0 – sondern entwickeln „ganz nebenbei" Ihre Unternehmenskultur zu einer zukunftsfähigen und innovativen „community of practice" (Wenger u.a. 2009).

Literatur

BIBB/BAuA (2009): BIBB/BAuA-Erwerbstätigenbefragung 2006 – Arbeit und Beruf im Wandel, Erwerb und Verwertung beruflicher Qualifikationen.

Bitkom (2008): Enterprise 2.0. Analyse zu Stand und Perspektiven in der deutschen Wirtschaft. Berlin.

Bitkom (2008a): „Enterprise 2.0 – auf der Suche nach dem CEO 2.0. Positionspapier. Berlin.

Buhse, Willem; Stamer, Sören (Hg.) (2008): Enterprise 2.0: Die Kunst, loszulassen, Berlin: Rhombos-Verlag.

EIU (2007): Serious business – Web 2.0 goes corporate. A report from the Economist Intelligence Unit. London, New York.

Global Graphics (2009): Satisfied with the Software – Germany. Cambridge, UK.

McKinsey (2008): Building the Web 2.0 Enterprise: McKinsey Global Survey Results. New York: McKinsey.

Pfeiffer, S. (2005): Arbeitsforschung: Gute Arbeit – Gute Technik. In: WSI-Mitteilungen, Heft 11, 58 Jg., S. 645-650.

Pfeiffer, S. (2004): Arbeitsvermögen – Ein Schlüssel zur Analyse (reflexiver) Informatisierung, Wiesbaden.

Pfeiffer, S. (2003): SAP R/3 & Co – Integrierte Betriebswirtschaftliche Systeme als stille Helferlein des Lego-Kapitalismus. In: FIfF-Kommunikation. Mitteilungsblatt des Forum InformatikerInnen für Frieden und gesellschaftliche Verantwortung (FIfF) e.V., Heft 3, 20. Jg., Bremen, S. 9-13.

Pfeiffer, S.; Ritter, T.; Treske, E. (2008): Work Based Usability – Produktionsmitarbeiter gestalten ERP-Systeme „von unten". Eine Handreichung, ISF München, München.

Rolf, A. (2007): Mikropolis 2010. Menschen, Computer, Internet in der globalen Gesellschaft. Marburg: Metropolis.

Wenger, Etienne; White, Nancy; Smith, John, D. (2009) Digital Habitats; Stewarding Technology for Communities. Portland, OR: Cpsquare.

8 Enterprise 2.0 und Recht – Risiken vermeiden und Chancen nutzen

Dr. Carsten Ulbricht
Rechtsanwalt Kanzlei Diem & Partner, Stuttgart

In meinem nachfolgenden Vortrag „Enterprise 2.0 und Recht – Risiken vermeiden und Chancen nutzen" möchte ich mich aus Sicht des anwaltlichen Beraters mit den wichtigsten rechtlichen Implikationen beschäftigen, die bei der Integration von Enterprise 2.0 Tools im Unternehmen beachtet werden sollten.

Immer mehr Unternehmen beschäftigen sich damit, die Tools des Web 2.0 auch im Unternehmensalltag nutzbar zu machen und entsprechende Anwendungen ins eigene Intranet zu integrieren. Neben Mitarbeiter- & Projektblogs, Wikis oder Social Networks, können auch Empfehlungs- oder Bewertungsfunktionalitäten, Social Bookmarking Anwendungen oder RSS-Reader im unternehmensinternen Intranet wertvolle Dienste leisten.

Der oft auch als Enterprise 2.0 bezeichnete Einsatz von Werkzeugen des Web 2.0 im Unternehmen wird beispielsweise von Wikipedia wie folgt definiert: „Enterprise 2.0 bezeichnet den Einsatz von Sozialer Software zur Projektkoordination, zum Wissensmanagement und zur Innen- und Außenkommunikation in Unternehmen. Diese Werkzeuge fördern den freien Wissensaustausch unter den Mitarbeitern, sie erfordern ihn aber auch, um sinnvoll zu funktionieren."

Bereits diese Definition zeigt deutlich, dass gerade beim Einsatz der genannten Funktionalitäten im Unternehmen einige rechtliche Implikationen zu beachten sind. Neben urheberrechtlichen Gesichtspunkten haben die Unternehmen insbesondere auch arbeits- und datenschutzrechtliche Regelungen im Auge zu behalten. Neben projektspezifischen Punkten ist ein rechtlich abgesichertes Konzept – nicht zuletzt um auch internen Bedenken Einzelner entgegenzuwirken – ein wesentlicher Erfolgsfaktor für die Integration von Enterprise 2.0 Lösungen im Unternehmen.

Den nachfolgenden Ausführungen zu weiteren Einzelheiten sei jedoch gleich vorausgeschickt, dass Unternehmen vor dem Einsatz solcher innovativer und effizienzsteigernder Werkzeuge und den jeweiligen kollaborative Möglichkeiten keinesfalls aufgrund (oft eher unspezifischer) rechtlicher Hindernisse zurückschrecken sollten.

Auch wenn in diesem Bereich einiges noch nicht abschließend geklärt ist, sind etwaige rechtliche Risiken bei Beachtung der wesentlichen Grundsätze, mit denen ich mich nachfolgend auseinandersetzen möchte, absolut kontrollierbar. Rechtlichen Einwänden, die bisweilen von einzelnen Mitarbeitern oder oft auch seitens des Betriebsrates geäußert werden, kann mit entsprechenden Regelungen und Sicherheitsvorkehrungen Sorge getragen werden und oft können vorherige Bedenken durch Aufklärung und entsprechende Erfahrungswerte ausgeräumt werden.

Zudem werden mittlere und größere Unternehmen früher oder später nicht umhin kommen, sich mit den neuen Tools zu beschäftigen (vielleicht sogar als besondere Chance in der derzeitigen Wirtschaftskrise). Berichte verschiedener Intranetverantwortlicher größerer Unternehmen (wie z.B. IBM oder der Deutschen Bank) zeigen, dass in vielen Unternehmen an der Integration von Enterprise 2.0 Anwendungen gearbeitet wird bzw. diese schon mehr oder weniger erfolgreich im Unternehmen eingesetzt werden. Aufgrund verschiedener Analysen kann man sagen, dass zahlreiche Unternehmen in Amerika offensichtlich schon deutlich weiter sind.

Der Vortrag gliedert sich in die folgenden Abschnitte (Bild 1):

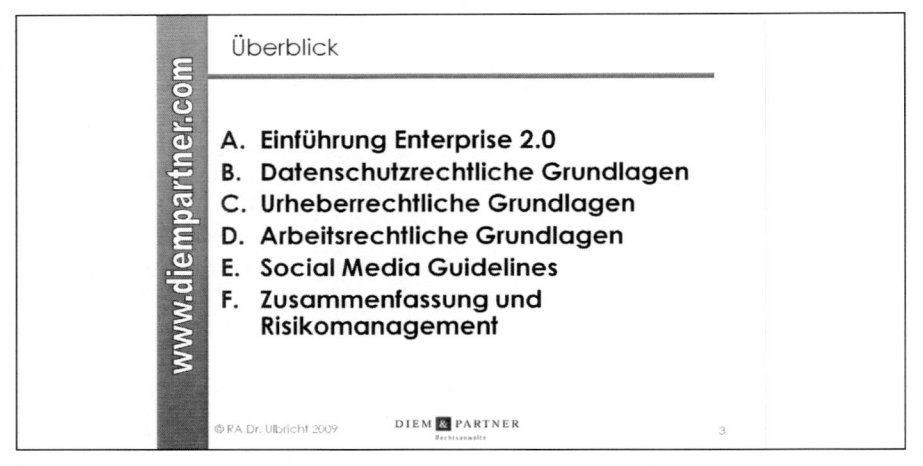

> **Überblick**
>
> A. **Einführung Enterprise 2.0**
> B. **Datenschutzrechtliche Grundlagen**
> C. **Urheberrechtliche Grundlagen**
> D. **Arbeitsrechtliche Grundlagen**
> E. **Social Media Guidelines**
> F. **Zusammenfassung und Risikomanagement**
>
> www.diempartner.com
> © RA Dr. Ulbricht 2009   DIEM & PARTNER

Bild 1

Einführung Enterprise 2.0

In aller Regel geht es bei diesem Thema um die Einführung so genannter Social Software im Unternehmen. Enterprise 2.0 bezeichnet dann – wie oben bereits ausgeführt – den Einsatz von sozialer Software zur Projektkoordination, zum Wissensmanagement und zur Innen- und Außenkommunikation in Unternehmen (Bild 2).

8 Enterprise 2.0 und Recht – Risiken vermeiden und Chancen nutzen

```
A.  Einführung
────────────────────────────────────
Enterprise 2.0 ist

1. Social Software im Unternehmen

2. Umgang des Unternehmens mit Phänomen Web 2.0
```

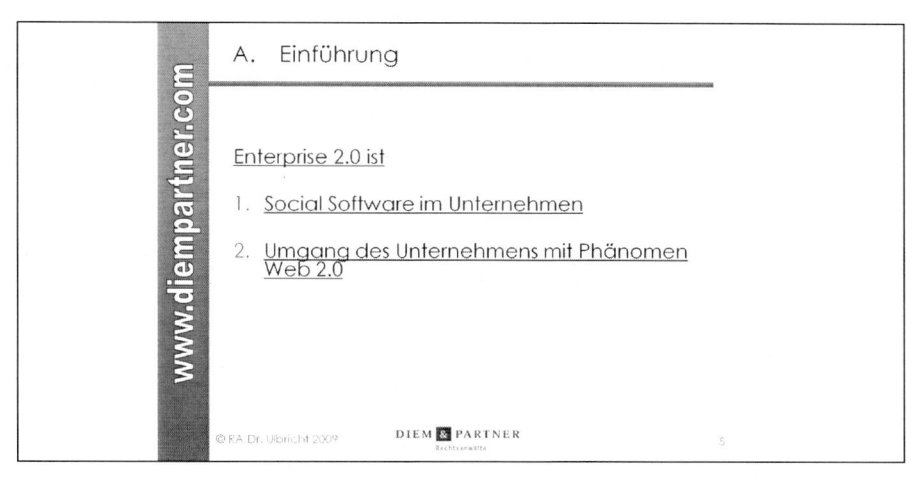

Bild 2

Unter Sozialer Software (englisch Social Software) wird allgemein die Software verstanden, die der menschlichen Kommunikation und der Zusammenarbeit dient (Bild 3). Dieses Schlagwort wird mit neuen Anwendungen wie Wikis und Blogs genutzt. Werkzeuge wie Mitarbeiter- und Projektboxes, Wikis, Social Networks, Empfehlungsverfahren, Social Bookmarking, RSS-Readers werden als Intranetlösung zunehmend von Unternehmen zur Projektkoordination, zum Wissensmanagement bzw. zur Innen- und Außenkommunikation eingesetzt.

```
A.  Einführung
────────────────────────────────────
• Mitarbeiter- & Projektblogs
• Wikis
• Social Networks
• Empfehlungsverfahren
• Social Bookmarking
• RSS-Readers
• Blogs und Podcasts im Marketing
```

Bild 3

Der nachfolgende Vortrag möchte sich insbesondere mit den rechtlichen Themen auseinandersetzen, die bei der Einführung von solchen Web 2.0 Lösungen von Relevanz sind (Bild 4). Diese Rechte der Arbeitnehmer werden regelmäßig tangiert, wenn Unternehmen sich dazu entschließen, entsprechende Enterprise 2.0 Lösungen als Intranet-Anwendungen einzuführen.

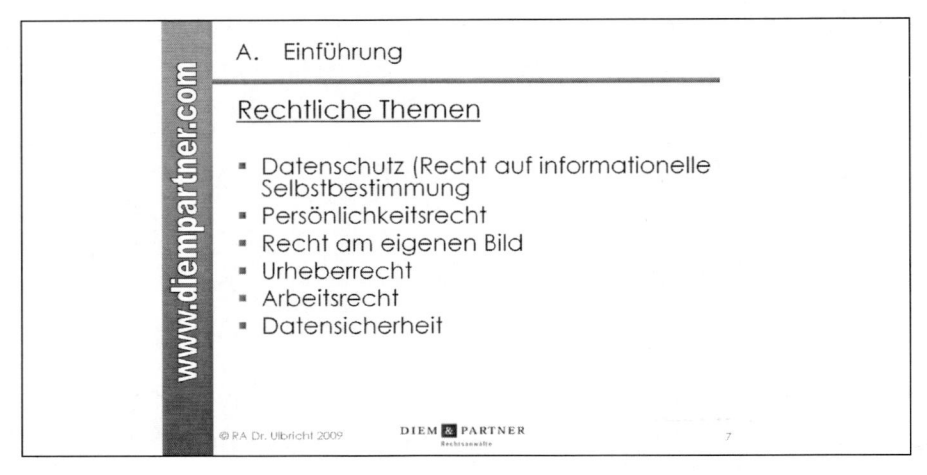

```
A. Einführung

Rechtliche Themen

 ▪ Datenschutz (Recht auf informationelle
   Selbstbestimmung
 ▪ Persönlichkeitsrecht
 ▪ Recht am eigenen Bild
 ▪ Urheberrecht
 ▪ Arbeitsrecht
 ▪ Datensicherheit
```

Bild 4

Nachfolgend möchte ich auf die genannten Themenbereiche im Einzelnen eingehen:

Datenschutz

Nicht zuletzt aufgrund verschiedener Datenschutzskandale gerät das Thema Datenschutz und -sicherheit immer mehr in den Fokus der Öffentlichkeit. Die Digitalisierung sorgt dafür, dass alle Arten von Daten aggregiert, weitergeleitet und entsprechend ausgewertet werden (können). Auch die so genannten Social Networks im Internet bzw. unsichere Datennetze sorgen regelmäßig für Gesprächsstoff (Bild 5).

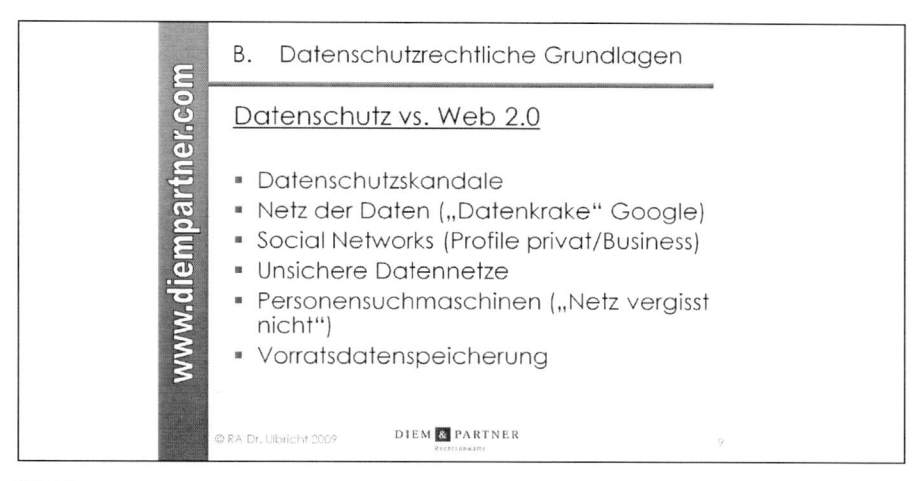

8 Enterprise 2.0 und Recht – Risiken vermeiden und Chancen nutzen

> **B. Datenschutzrechtliche Grundlagen**
>
> **Datenschutz vs. Web 2.0**
>
> - Datenschutzskandale
> - Netz der Daten („Datenkrake" Google)
> - Social Networks (Profile privat/Business)
> - Unsichere Datennetze
> - Personensuchmaschinen („Netz vergisst nicht")
> - Vorratsdatenspeicherung

Bild 5

Vor diesem Hintergrund sollte auch dem Thema Datenschutz bei der Einführung von Enterprise 2.0 Werkzeugen ein besonderer Augenmerk gewidmet werden, um insbesondere den Schutz der Daten der eigenen Arbeitnehmer aber auch etwaiger Kundendaten zu gewährleisten. Ausdrückliche gesetzliche Regelungen zum Arbeitnehmerdatenschutz fehlen bisher (Bild 6). Entsprechende Gesetzesvorhaben haben für den Bereich des Enterprise 2.0 bisher keine konkreten Ergebnisse mit sich gebracht.

> **B. Datenschutzrechtliche Grundlagen**
>
> **Datenschutz**
>
> - Regeln zum Arbeitnehmerdatenschutz fehlen
> → Allgemeine Regeln
> - Schutz personenbezogener Daten vor Mißbrauch
> - Recht auf informationelle Selbstbestimmung

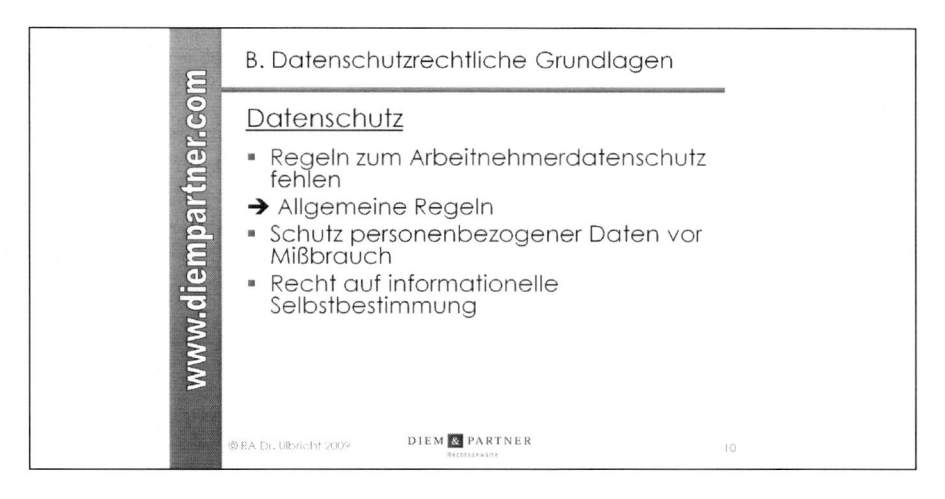

Bild 6

Insoweit ist auf die allgemeinen Regeln Bezug zu nehmen. Diese sehen den Schutz personenbezogener Daten vor Missbrauch und die Gewährleistung des Rechts auf informationelle Selbstbestimmung vor. Danach soll grundsätzlich jede natürliche Person selbst darüber entscheiden können, was mit den eigenen personenbezogenen Daten geschieht. Die wesentlichen Regelungen zu dementsprechenden Fragen finden sich im Bundesdatenschutzgesetz (BDSG), in den Landesdatenschutzgesetzen (LDSG) und im Telemediengesetz (TMG).

Schutz personenbezogener Daten

Das Bundesdatenschutzgesetz regelt insbesondere die Erhebung, Speicherung und Nutzung („insgesamt Datenverwendung") von personenbezogenen Daten (Bild 7). Das entscheidende „keyword" in diesem Zusammenhang ist das der personenbezogenen Daten. Darunter werden jegliche Informationen verstanden, die einer bestimmten oder bestimmbaren natürlichen Person (gegebenenfalls mit Hilfe Dritter) zugeordnet werden können. Dazu gehören nicht nur Namen, Adressen, E-Mailadressen, sondern jede Art von Informationen, für die ein Bezug zu einer bestimmten natürlichen Person hergestellt werden kann. Dazu können also auch Interessen, Hobbys usw. gehören.

Im Gegensatz zu der Datenverwendung personenbezogener Daten ist der Umgang mit anonymen Daten grundsätzlich nicht beschränkt. Die Verwendung sensibler Daten der Arbeitnehmer im Arbeitsverhältnis ist grundsätzlich zulässig, wenn sie entweder ausdrücklich gesetzlich erlaubt ist oder eben eine entsprechende Einwilligung der betroffenen natürlichen Person vorliegt (§ 4 Abs. 1 BDSG).

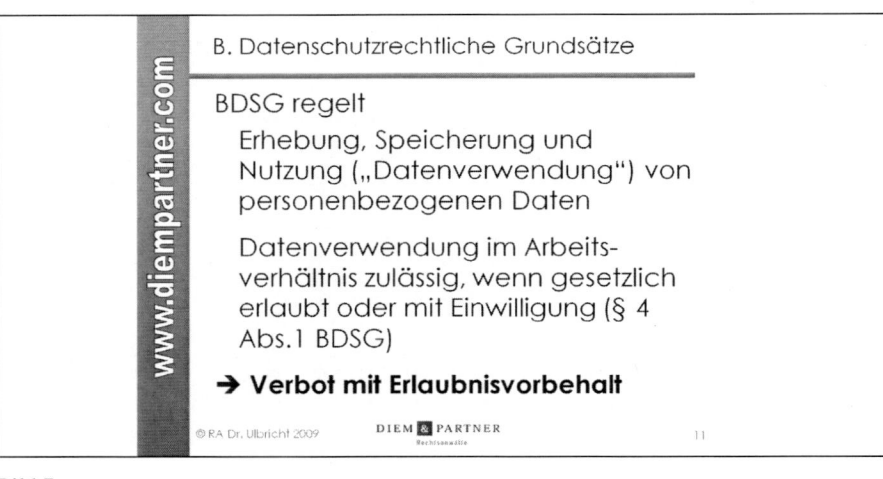

Bild 7

8 Enterprise 2.0 und Recht – Risiken vermeiden und Chancen nutzen

Es gilt daher ein so genanntes Verbot mit Erlaubnisvorbehalt. Die Datenverwendung jeglicher Arten von personenbezogenen Daten ist also verboten, wenn nicht eine der o. g. Erlaubnistatbestände vorliegt.

Berechtigte Organisationsinteressen des Arbeitgebers (§ 28 Abs.1 BDSG)

Das Gesetz sieht für den Umgang mit Arbeitnehmerdaten folgende Erlaubnistatbestände vor:

§ 28 Abs. 1 Nr. 2 BDSG erlaubt die Verwendung personenbezogener Daten der eigenen Arbeitnehmer bei berechtigten Interessen des Arbeitgebers. Danach ist die Datenverwendung zulässig, soweit es zur Wahrung berechtigter Interessen des Arbeitgebers erforderlich ist und kein Grund zu der Annahme besteht, dass schutzwürdige Interessen des Betroffenen an dem Ausschluss der Verarbeitung oder Nutzung überwiegt (§ 28 Abs. 1 Nr. 2 BDSG).

B. Datenschutzrechtliche Grundsätze

Recht am eigenen Bild
- Problem:
  Integration von Mitarbeiterbildern

**Organisationsinteresse des AG
vs.
Persönlichkeitsrechte des AN**

→ Einwilligung einholen !!!

Bild 8

Im Rahmen dieser Vorschrift findet also eine Abwägung zwischen den Kontrollrechten des Arbeitgebers und den Persönlichkeitsrechten des Arbeitnehmers ab (Bild 8). Weiterhin ist unter Berücksichtigung des so genannten Grundsatzes der Verhältnismäßigkeit zu prüfen ob die jeweilige konkrete Maßnahme erforderlich angemessen und verhältnismäßig ist. Legitime Unternehmensinteressen, die zu einer zulässigen Datenverwendung führen können sind insbesondere Kostenkontrolle, Wirtschaftlichkeitskontrolle und Schutz vor Missbrauch.

Datenschutzrelevante Maßnahmen die diesen Interessen entsprechen und auch einer Abwägung mit den Interessen der Arbeitnehmer standhalten, sind demnach zulässig.

Einwilligung des Arbeitnehmers (§ 4a BDSG)

Als weiterer Erlaubnistatbestand besteht die Einwilligung gem. § 4 a BDSG. Der jeweils Betroffene kann also jeder Art von Datenverwendung schriftlich zustimmen (zum Beispiel im Arbeitsvertrag, in einer Betriebsvereinbarung oder einer gesonderten Datenschutzerklärung) wenn dies eine freie Entscheidung ist (ohne Zwang) und er vor Beginn der Datenverarbeitung umfassend über die konkrete Datenverwendung aufgeklärt worden ist. Diese Aufklärung muss auch die Erläuterung bestehender Widerrufmöglichkeiten beinhalten.

Wie bei der Anmeldung bei entsprechenden Social Networks im Internet gewohnt, kann diese Einwilligung auch elektronisch eingeholt werden. Insoweit wird empfohlen, bei der Erstanmeldung eines Mitarbeiters in einem der Social Software Werkzeuge eine Datenschutzerklärung vorzuhalten, die den Arbeitnehmer umfassend über die Datenverwendung aufklärt und der der Mitarbeiter dann entsprechend elektronisch zustimmen kann (Bild 9).

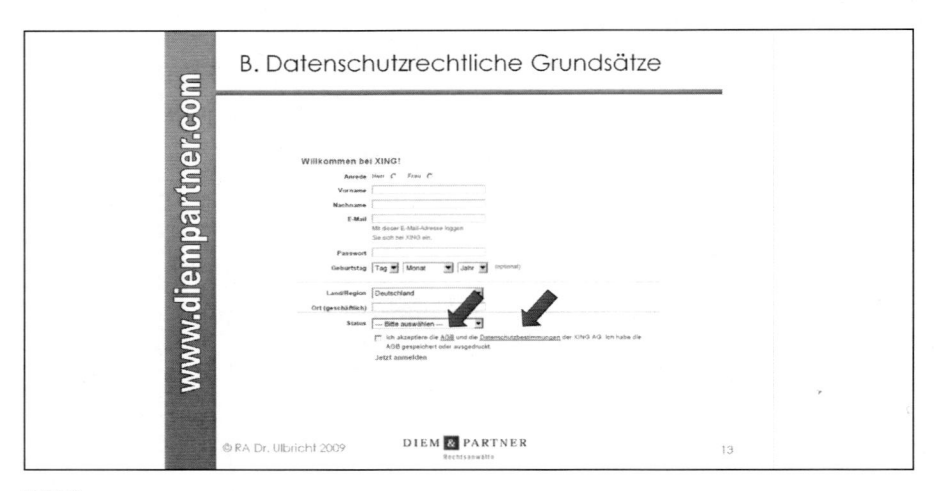

Bild 9

Zusammenfassung

Sollte entweder der Erlaubnistatbestand der legitimen Unternehmensinteressen oder eben eine hinreichende Einwilligung vorliegen, so ist jede Art von Datenverwendung auch personenbezogener Daten zulässig. Insofern sollte zumindest einer der

o. g. Erlaubnistatbestände bei der Einführung etwaiger Social Software Werkzeuge, die mit personenbezogenen Daten arbeiten, sicher gestellt werden.

Als besonderes Problem stellt sich noch die Datenübertragung und Verarbeitung im Ausland dar. Da viele Unternehmen international arbeiten, findet bei der Anwendung von Enterprise 2.0 Tools eine Datenübertragungsverarbeitung im Ausland statt. Der Arbeitgeber muss nach deutschem Recht dabei die Vorschriften des BDSG beachten. Des Weiteren muss er den Arbeitnehmer über die Datenübertragung ins Ausland informieren. Schließlich ist erforderlich, dass das Land, in dem die Datenübertragung stattfindet bzw. -verarbeitung stattfindet, ein entsprechendes Datenschutzniveau gewährleistet ist. Bei einer Datenübertragung in die EU-Mitgliedstaaten ist dies in der Regel kein Problem. Bei der Übertragung in die USA oder andere Länder ist das Datenschutzniveau in der Regel nicht ausreichend. Es muss insoweit ein Beitritt zum so genannten Safe Harbor Abkommen und der entsprechenden Principles gewährleistet werden. Dies kann durch eine einfache Vereinbarung mit der datenempfangenden bzw. verarbeitenden Stelle sichergestellt werden. Damit ist auch der Datentransfer ins Ausland zulässig.

Datensicherheit

Bei der Verarbeitung personenbezogener Daten ist zu jedem Zeitpunkt eine hinreichende Datensicherheit zu gewährleisten (Bild 10). Zuständig dafür ist die Geschäftsleitung bzw. soweit vorhanden der Datenschutzbeauftragte. Es sind die technischen und organisatorischen Maßnahmen zur angemessenen Sicherung der Daten (§ 9 BDSG) zu treffen. Dies sind:

– eine Zutrittskontrolle zu den IT- Serverräumen,
– eine Zugangskontrolle,
– eine Zugriffskontrolle,
– eine Weitergabekontrolle,
– eine Eingabekontrolle,
– eine Auftragskontrolle,
– eine Verfügbarkeitskontrolle,
– eine Trennungskontrolle.

In diesem Zusammenhang wird empfohlen, ein so genanntes datenschutzrechtliches Verfahrensverzeichnis einzuführen. Dabei handelt es sich um eine offizielle Dokumentation über die Art der Datenverarbeitung und entsprechender Datenschutzmaßnahmen. Ein entsprechendes Verfahrensverzeichnis sollte von einer kompetenten Stelle im Rahmen der so genannten Einführung von Enterprise 2.0 Werkzeugen erstellt werden.

Dies führt zu einer entsprechenden Gesamtbetrachtung der Datenschutzvorgänge und gewährleistet als sinnvolles Werkzeug eine Selbstkontrolle, ein hinreichende

Transparenz gegenüber dem Arbeitnehmer, dem Betriebsrat und anderen Dritten und sorgt für eine rechtliche Absicherung des Unternehmens, der Geschäftsleitung und des Datenschutzbeauftragten.

B. Datenschutzrechtliche Grundsätze

Datensicherheit
- Geschäftsleitung bzw. DS-Beauftragter
→ Verfahrensverzeichnis
- Selbstkontrolle
- Transparenz gegenüber AN und BR
- Transparenz gegenüber Dritten
- Rechtliche Absicherung des Unternehmens, Geschäftsleitung und Datenschutzbeauftragter

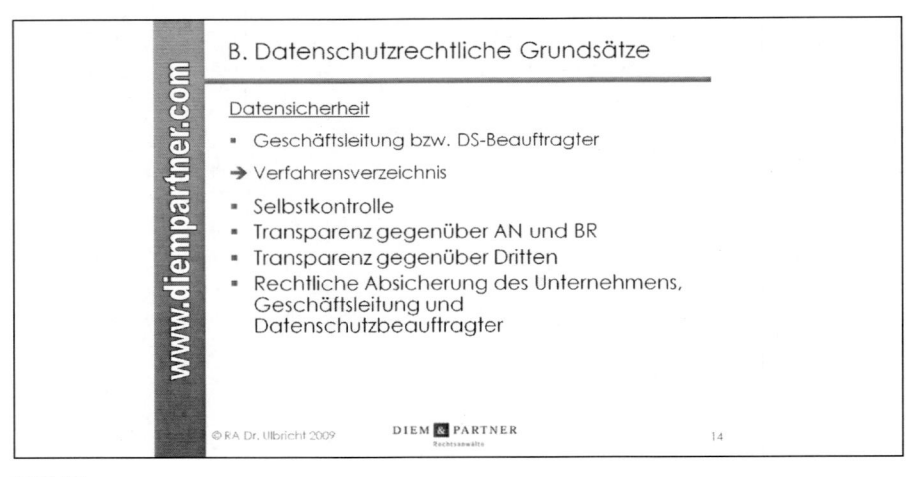

Bild 10

Urheberrechtliche Grundlage

Bei der Einführung von so genannten Social Software Werkzeugen sollten außerdem die urheberrechtlichen Vorschriften beachtet werden (Bild 11). Auf Grundlage des Urhebergesetzes sind verschiedene Werke wie Sprachwerke, Musikwerke, Lichtbildwerke, Filmwerke zugunsten des Urhebers geschützt, wenn sie (abgesehen von einzelnen Ausnahmen) die hinreichende Schöpfungshöhe erreichen. Stellt also ein Arbeitnehmer beispielsweise einen eigenen Beitrag ins unternehmensinterne Wiki oder ein anderes Forum ein, so unterfallen diese dem urheberrechtlichen Schutz, soweit der Inhalt die notwendige Schöpfungshöhe erreicht.

8 Enterprise 2.0 und Recht – Risiken vermeiden und Chancen nutzen

C. Urheberrechtliche Grundlagen

- Urheberrecht

§ 1 UrhG	Schutz von Werken der Literatur, Kunst & Wissenschaft
§ 2 UrhG	Sprachwerke
	Werke der Musik
	Lichtbildwerke
	Filmwerke
→	Hinreichende Schöpfungshöhe

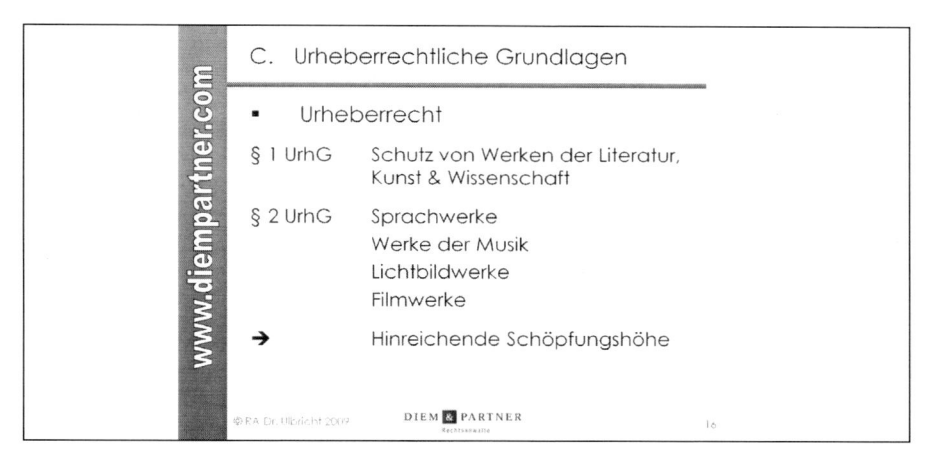

Bild 11

Im Arbeitsverhältnis stellt sich dieses aber in der Regel als unproblematisch dar, da Nutzungsrechte an dem Arbeitsergebnis insoweit eingeräumt werden (müssen) wie dies nach dem Zweck des Arbeitsvertrages erforderlich ist (§§ 31 Abs. 5 i. V. m. 43 UrhG). Dem Arbeitgeber stehen also quasi automatisch alle ausschließlichen Nutzungsrechte an den Inhalten des Arbeitnehmers zu, soweit sie im Rahmen des Beschäftigungsverhältnisses und im Zusammenhang mit dessen Funktionsbereichen entstehen. Problematisch kann allerdings sein, wenn Inhalte eingestellt werden, die vor dem Schluss des Arbeitsvertrages erstellt worden sind bzw. außerhalb der Arbeitszeit.

C. Urheberrechtliche Grundlagen

- Verwendung nur mit Zustimmung des Urhebers

  Im Arbeitsverhältnis oft nicht ganz so problematisch, da Nutzungsrechte an den Arbeitsergebnissen insoweit eingeräumt werden (müssen), wie dies nach dem Zweck des Arbeitsvertrages erforderlich ist (§ 31 Abs.5 iVm. 43 UrhG)

→ grundsätzlich ausschließliches Nutzungsrecht des AG, soweit <u>im Rahmen des Beschäftigungsverhältnisses</u> und im <u>Zusammenhang mit Funktionsbereich</u> entstehen grundsätzlich dem AG zustehen

→ Problem z.B. bei vor dem Arbeitsvertrag erstellten Werken oder außerhalb der Arbeitszeit,

<u>DAHER</u> besser im Arbeitsvertrag regeln oder den Nutzungsbedingungen des Intranets (ausdrücklich Zustimmung)

→ Arbeitnehmererfindungsgesetz

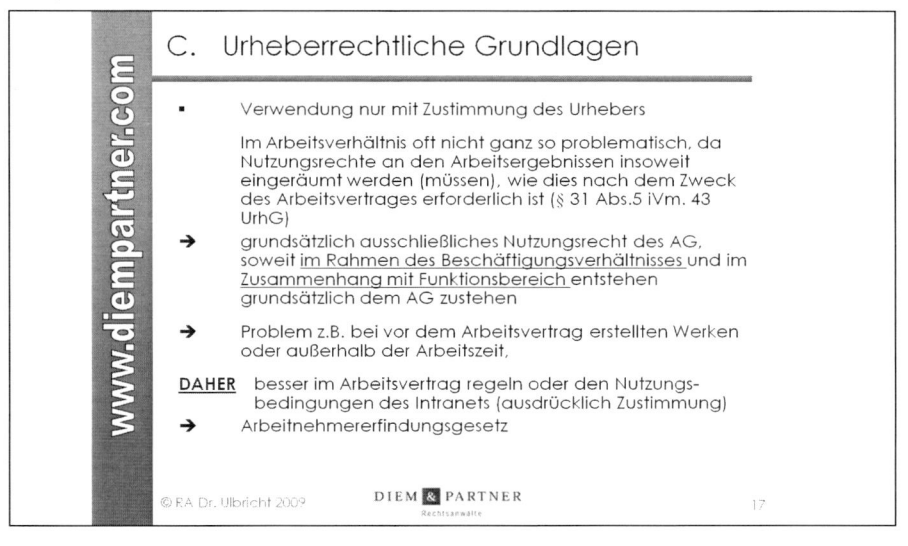

Bild 12

Daher empfiehlt es sich entweder ausdrücklich im Arbeitsvertrag oder eben in den Nutzungsbestimmungen des Intranets (ausdrückliche Zustimmung), inwieweit die Nutzungsrechte auf den Arbeitgeber übergehen zu lassen (Bild 12). In diesem Zusammenhang ist auch zu regeln, wie es sich mit den Nutzungsrechten verhalten soll, soweit der Arbeitnehmer aus dem Unternehmen ausscheidet. Weiter sollten auch hier die einzelnen relevanten Regelungen des Arbeitnehmererfindungsgesetzes berücksichtigt werden.

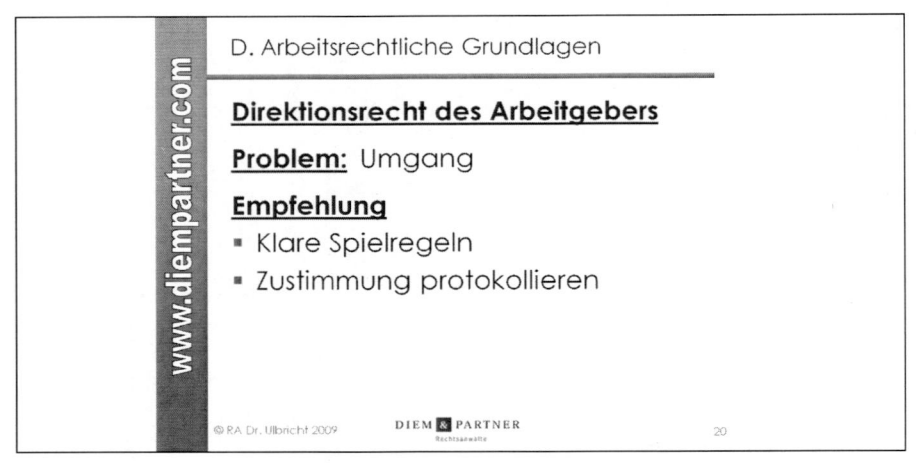

Bild 13

Arbeitsrechtliche Grundlagen

Die Einführung von Enterprise 2.0 Werkzeugen unterliegt aus arbeitsrechtlicher Sicht grundsätzlich dem so genannten Direktionsrecht des Arbeitgebers (Bild 13). Unter diesem Direktionsrecht des Arbeitgebers versteht man das Recht des Unternehmens, die konkrete Leistungspflicht also die Einzelheiten der vom Arbeitnehmer laut Arbeitsvertrag zu erbringende Leistung, näher zu bestimmen.

Unter dieses Direktionsrecht fallen auch die Nutzung und der Einsatz entsprechender Enterprise 2.0 Werkzeuge. Das Direktionsrecht unterliegt allerdings bestimmten Grenzen, die durch den Arbeitsvertrag, die gesetzlichen Vorschriften des Individual- und Kollektivarbeitsrechts sowie die allgemeinen Gesetze (insbesondere die oben genannten Vorschriften) bestimmt werden. Nur im Rahmen dieser Bestimmungen ist der Arbeitgeber in seinen Weisungen frei. Insoweit sollen bei der Einführung von o. g. Enterprise 2.0 Tools diese Grenzen eingehalten werden.

Zum Themenkomplex der arbeitsrechtlichen Einflüsse bei der Einführung Social Software ist bisher wenig Rechtsprechung ergangen, die zu einer Konkretisierung

8 Enterprise 2.0 und Recht – Risiken vermeiden und Chancen nutzen

der arbeitsrechtlichen Verhältnisse führen können. Insoweit wird abzuwarten sein, ob und welche Vorschriften der Gesetzgeber im Bereich des Arbeitnehmerdatenschutzrechtes einführt bzw. wie die Rechtsprechung auf erste Fälle reagiert.

Um den Umgang der Mitarbeiter untereinander und daran geknüpfte arbeitsrechtliche Konsequenzen klar zu definieren, wird noch empfohlen, in den Nutzungsbedingungen so etwas wie eine „Nettiqette" aufzunehmen. Hier sollten klare Spielregeln für die Nutzung und den Einsatz von den Social Software Werkzeugen definiert werden, um dem Arbeitgeber bei etwaigen arbeitgeberseitigen Verstößen auch entsprechende Maßnahmen zu ermöglichen. Betriebsrat und Arbeitgeber sind darüber hinaus aber auch verpflichtet, die Persönlichkeitsrechte der Arbeitnehmer im Zusammenhang mit der Datenverarbeitung im Betrieb zu wahren. Nach § 80 BetrVG hat der Betriebsrat darüber zu wachen, „dass alle zugunsten der Arbeitnehmer geltenden Gesetze und Vorschriften durchgeführt werden". Laut § 80 Abs. 2 Nr. 1 BetrVG muss der Arbeitgeber den Betriebsrat über die bevorstehende Einführung entsprechender Anlagen oder Programme, die unter das Mitbestimmungsrecht fallen, in Kenntnis setzen.

Danach ist also der Betriebsrat bei Einführung automatisierter Verarbeitung von Mitarbeiterdaten einzuschalten (Bild 14). Insoweit empfehlen wir, mit dem Betriebsrat über die Einführung entsprechender Enterprise 2.0 Werkzeuge frühzeitig Kontakt aufzunehmen und diesen bei der Erstellung des oben skizzierten Verfahrensverzeichnisses einzubinden.

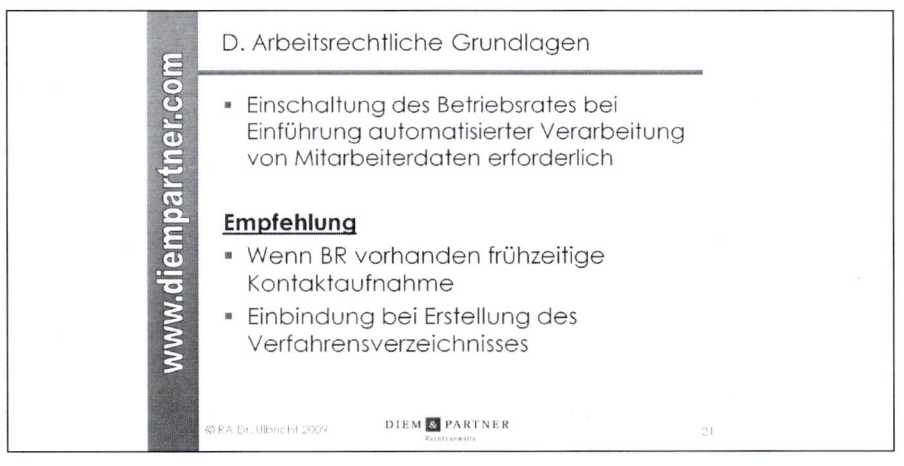

Bild 14

Social Media Guidelines – Umgang des Unternehmens mit dem Phänomen des Web 2.0

Ein weiteres wichtiges Unternehmensthema, welches im Rahmen dieses Vortrags leider nur gestreift werden kann, ist der Umgang des Unternehmens mit den Entwicklungen des so genannten Web 2.0.

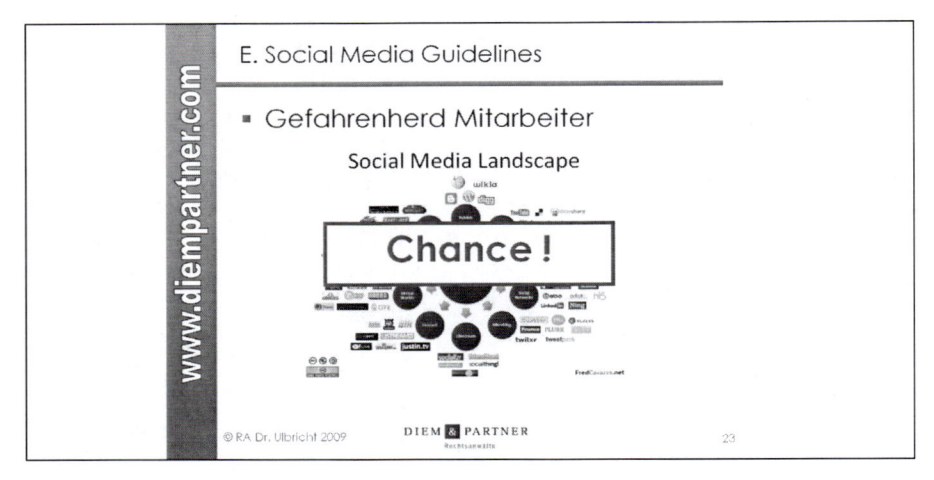

Bild 15

Zahlreiche Mitarbeiter Ihrer Unternehmen nutzen täglich die vielen Möglichkeiten die die Social Networks und anderen Web 2.0 Angebote wie Twitter, Youtube und viele andere bieten. Ich halte es daher für einen richtigen (in Zukunft vielleicht sogar unerlässlichen) Schritt, die Nutzung durch die Mitarbeiter zu regeln (Bild 15, 16). Viele Mitarbeiter begrüßen es sogar, wenn ihnen Leitlinien mit an die Hand gegeben werden, was aus Unternehmenssicht gewünscht wird und damit im Arbeitsverhältnis zulässig ist und was nicht. Dabei obliegt es der Unternehmensführung zu entscheiden, ob der Einsatz von Social Media im Arbeitsalltag gefördert oder restriktiv gehandhabt werden soll. Wie selbstverständlich gibt es in den Unternehmen Regeln zum Einsatz von E-Mail und der Nutzung des Internets. Social Media Guidelines fehlen bisher weitestgehend. Früher oder später werden aber auch die Unternehmen in Deutschland erkennen (müssen), dass die Regelung der Nutzung von Social Media genauso dazugehört, wenn diese nicht sogar wichtiger ist.

8 Enterprise 2.0 und Recht – Risiken vermeiden und Chancen nutzen

E. Social Media Guidelines

- Aufklärung
- Leitplanken
- Regeln !!!

→ Social Media Guideline
→ Team aus PR & Recht

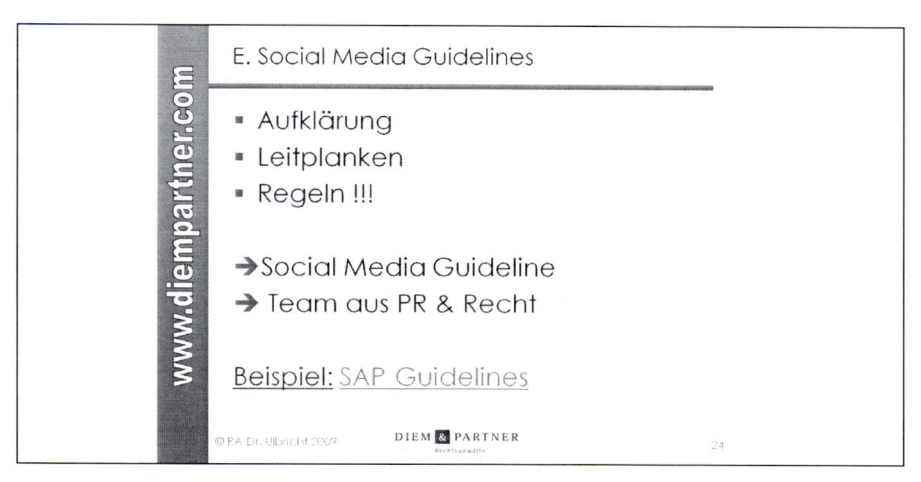

Beispiel: SAP Guidelines

Bild 16

Wesentliche Regelungskomplexe dabei sind in Bild 17 aufgeführt.

E. Social Media Guidelines

- Eigenverantwortung
- Kenntlich machen
- Vorsicht mit vertraulichen Informationen des Unternehmens und der Kunden
- Respekt vor Wettbewerbern
- Respekt vor Copyright
- Sicherheit
- Kein Spam
- Trennung privat und Geschäft

aber auch
- Produktivität
- Steuerung

Bild 17

Die Gestaltung der Social Media Guidelines sollte aufgrund der weit reichenden arbeitsrechtlichen Implikationen gut abgewogen werden. Die langjährige Erfahrung im Bereich der rechtlichen Beratung im Web 2.0 und zu Social Media und verschiedene Workshops haben gezeigt, dass neben entsprechend fundiertem rechtlichem Wissen zu diesem Thema die besten Ergebnisse aber immer im Zusammenwirken mit der Unternehmensführung der PR-Abteilung aber auch durch entsprechendes Feedback der Mitarbeiter erzielt wird (Bild 18).

Bild 18

Hinweise zum Risikomanagement

Bei der Einführung von Enterprise 2.0 Werkzeugen empfehlen sich insbesondere folgende rechtliche Maßnahmen (Bild 19):

– Anpassung/Erstellung spezifischer Policies
– Anpassung der Arbeitsverträge bzw. Betriebsvereinbarungen
– Nutzungsbedingungen für Werkzeuge („Spielregeln")
– Datenschutzbeauftragter und Betriebsrat einbinden
– Verfahrensverzeichnis erstellen

Weiterhin sollten bei den Social Software Werkzeuge die oben genannten technischen und sicherheitsrelevanten Vorkehrungen getroffen werden. Unsere Erfahrung hat gezeigt, dass neben der rein rechtlichen Bewertung die Einführung einer Kultur der Offenheit und Verantwortung, sowie eine entsprechende Transparenz wichtige Erfolgsfaktoren für die Integration der Enterprise 2.0 Werkzeuge sind. Für wichtig halten wir auch die Schaffung von Anreizsystemen und eine gute und frühzeitigen Kommunikation mit den „stakeholdern" des Unternehmens.

8 Enterprise 2.0 und Recht – Risiken vermeiden und Chancen nutzen   111

> **F. Zusammenfassung und Risk Management**
>
> **Rechtliche Maßnahmen**
> - Anpassung/Erstellung der Policies
> - Anpassung Arbeitsverträge bzw. Betriebsvereinbarungen
> - Nutzungsbedingungen für Werkzeuge („Spielregeln")
> - Aufklärung (Urheberrecht etc.)
> - Notice- und Takedown System implementieren
> - DS-Beauftragter & BR einbinden
> - Verfahrensverzeichnis

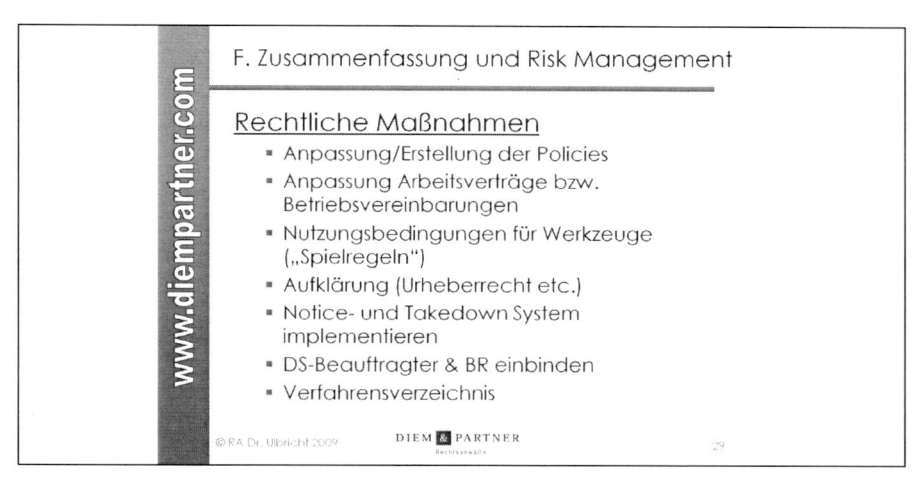

Bild 19

Zusammenfassung

Festzustellen ist die steigende Bedeutung des der Phänomene des Web 2.0 innerhalb und außerhalb der Unternehmen (Bild 20).

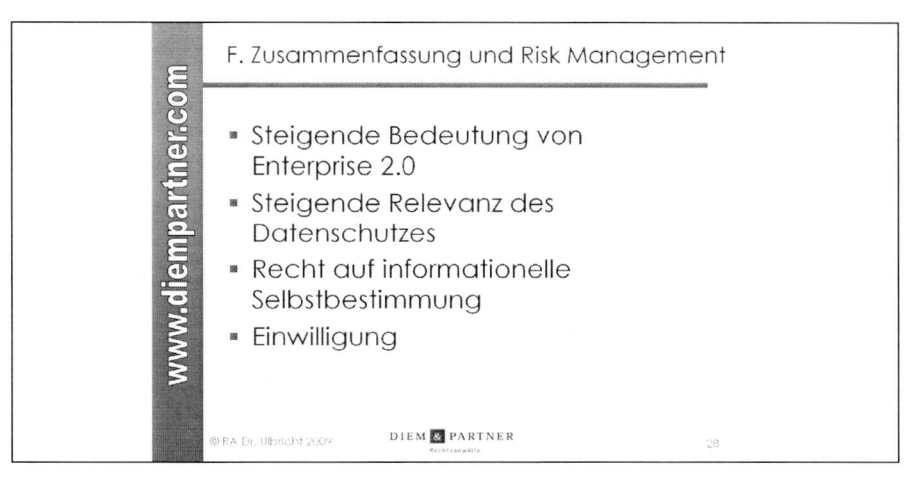

> **F. Zusammenfassung und Risk Management**
>
> - Steigende Bedeutung von Enterprise 2.0
> - Steigende Relevanz des Datenschutzes
> - Recht auf informationelle Selbstbestimmung
> - Einwilligung

Bild 20

Aus Akzeptanzgründen sollte daher bei der Einführung von Enterprise 2.0 Werkzeugen in jedem Fall die Einwilligung der Arbeitnehmer (sprich Nutzer) etwaiger Social Software Werkzeuge eingeholt werden. Als sinnvoll hat sich dabei erwiesen, die Mitarbeiter wie bei der Anmeldung bei entsprechenden Plattformen im Internet entsprechende Nutzungsbedingungen und Datenschutzbestimmungen („Opt-In") akzeptieren zu lassen. Weiterhin sollte die Zusammenarbeit mit Arbeitnehmervertretern zu einem frühen Zeitpunkt gesucht werden. Für wichtig halten wir außerdem den verantwortlichen Umgang mit personenbezogenen Daten und die Einführung eines Verfahrensverzeichnisses sowie Offenheit und Transparenz gegenüber den Arbeitnehmern.

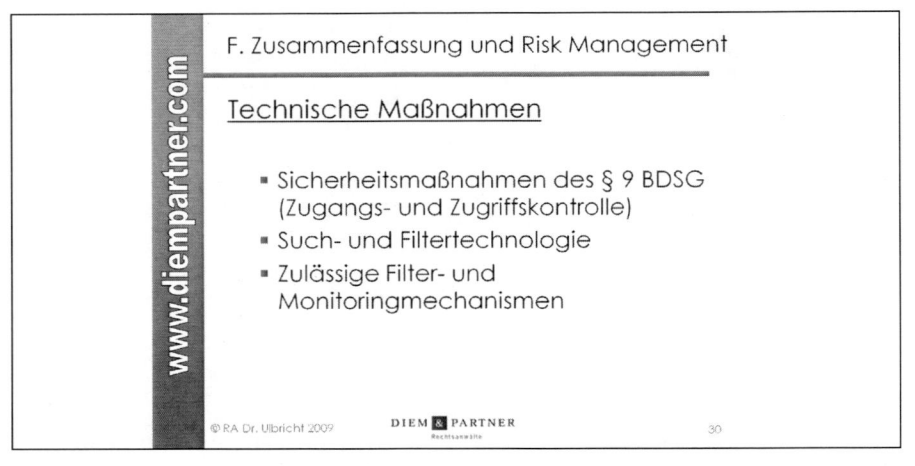

> **F. Zusammenfassung und Risk Management**
>
> ## Technische Maßnahmen
>
> - Sicherheitsmaßnahmen des § 9 BDSG (Zugangs- und Zugriffskontrolle)
> - Such- und Filtertechnologie
> - Zulässige Filter- und Monitoringmechanismen
>
> © RA. Dr. Ulbricht 2009   DIEM & PARTNER   30

Bild 21

Die Einführung von Enterprise 2.0 Werkzeugen ist mit zahlreichen rechtlichen Implikationen verbunden, die aber mit entsprechenden Maßnahmen gut kontrollierbar sind (Bild 21, 22). Für moderne Unternehmen, die sich ihre Innovationsfähigkeit bewahren wollen, wird es insofern wohl ohnehin nicht möglich sein, eine abgesicherte Rechtsprechung in 5-10 Jahren abzuwarten. Wie insbesondere meine Erfahrung aus der Beratungspraxis im Web 2.0 zeigt, sind häufig vorgebrachte rechtliche Bedenken oft unbegründet. Der Integration von Enterprise 2.0 Werkzeugen stehen bei Beachtung der skizzierten rechtlichen Implikationen keine grundsätzlichen rechtlichen Einwände entgegen. Derzeit bin ich häufiger damit beschäftigt, rechtliche Einwände, die oft von Juristen vorgebracht werden, denen vergleichbare Erfahrungen im Social Web fehlen (scherzhaft auch „Anwälte 1.0" genannt), entsprechende Argumente (z.B. in Gegengutachten) entgegenzusetzen. Bleibt zu hoffen, dass sich auch die Rechtsabteilungen dem Phänomen Web 2.0 annähern.

F. Zusammenfassung und Risk Management

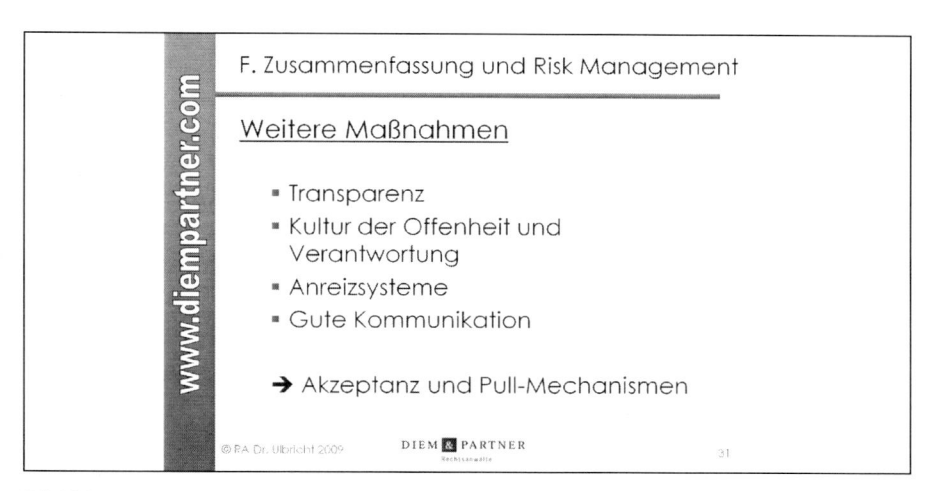

Weitere Maßnahmen

- Transparenz
- Kultur der Offenheit und Verantwortung
- Anreizsysteme
- Gute Kommunikation

→ Akzeptanz und Pull-Mechanismen

Bild 22

Ich danke Ihnen für die Aufmerksamkeit und darf auf weitergehende Ausführungen und regelmäßige News zu diesen Themen auf meinem Blog unter www.rechtzweinull.de verweisen.

9 Selbstorganisation oder Anarchie? Erfahrungen zu Enterprise 2.0

David S. Faller
IBM Software Group, Böblingen

Mein Name ist David Faller und ich komme aus dem IBM Forschungs- und Entwicklungslabor in Böblingen, in der Nähe von Stuttgart. Von Haus aus bin ich Ingenieur und Softwareentwickler, aber seit knapp vier Jahren in die Führungskräfteriege gewechselt und bin dort mit meinem Team für die Themen Services für die Kollaborationsprodukte der IBM verantwortlich und leite ein Kompetenzzentrum zum Thema Web 2.0 und 3D-Internet. Wir beschäftigen uns dabei besonders mit der Frage, wie mit diesen neuen Internettechnologien umgegangen werden kann. In dieser Position begleite ich Projekte innerhalb und außerhalb unseres Unternehmens.

Ich bin gebeten worden, Erfahrungen innerhalb unseres Unternehmens hier im Kontext der Veranstaltung 'Enterprise 2.0' weiterzugeben und aus meiner Sicht einen kleinen Abriss über die Meilensteine zu geben, die diese Erfahrungen beeinflusst haben. Ich werde dabei weniger über Technologien oder Produkte reden, es geht mir mehr darum, ein Gesamtbild zu vermitteln.

Einen der ganz wichtigen Punkte dabei hat Herr Holtel heute Morgen in der Eröffnung bereits angesprochen: der Respekt und das Verständnis für Richtlinien, und die Rahmenbedingungen, die von den Unternehmen vorgegeben werden. Um diesen Punkt für IBM etwas besser zu verstehen, muss ich in der Zeit ein bisschen zurückblenden und zwar um mehr als zehn Jahre. Im Jahre 1997 hat IBM allen Mitarbeitern nahe gelegt, das Thema Internet aktiv anzugehen, es aufzunehmen und sich damit zu beschäftigen. Das war in jener Zeit, in der sich viele Unternehmen noch aktiv gegen einen offenen Umgang mit dem Internet gewehrt haben und auch nicht recht einzuschätzen vermochten, was diese neue Technologie bedeuten könnte. Aber bereits damals war das weit mehr als nur eine Spielerei, mit der nicht viel Wertvolles zu holen wäre. Mit den Erfahrungen daraus wurde dann in den Folgejahren unser Portfolio auf die Themen rund um das Internet ausgerichtet, wie auch an dem Beispiel unserer Presse- und Marketingprogramme mit den Themen e-Business bzw. e-Business on Demand gesehen werden kann.

In den folgenden Jahren, bis hin zu der Zeit als im Markt die 'dotcom Bubble' aufkam, lief noch viel der internen Kommunikation bei IBM über ein Mainframe System, das sich PROFS nannte, der eine oder andere unter Ihnen kennt dies vielleicht auch. TSO (Time Sharing Option, also ein 3270 Bildschirm) war zu dieser Zeit die Oberfläche, mit der viel im Unternehmen gearbeitet wurde. Der Wandel hin zum Internet und auch dem Einsatz web-basierter Tools war auch für uns damals ein ziemlicher Schnitt. Der nächste Schnitt, den wir in der Folge hatten, waren im Jahr 2000 die ersten internen Rollouts einer Instant Messaging Infrastruktur, dabei wurde dann zum ersten Mal deutlich spürbar, dass sich etwas am Kommunikationsverhalten im Unternehmen änderte: Bis zu diesem Punkt gab es fast ausschließlich Kommunikation in Papierform, dabei wurde natürlich sehr viel Wert auf einen sauberen und formellen Stil gelegt, während jetzt mit Instant Messaging die Kommunikation immer direkter, spontaner und informeller wurde. Jeder von Ihnen kann das heute sicher nachvollziehen, dass es deutliche Unterschiede in der Ausdrucksform eines förmlichen Briefes, einer Email und Instant Messages gibt.

Dieser Unterschied wurde damals zum ersten Mal deutlich und es wurde mit der Zeit klar, dass dieser Kulturwandel es notwendig machen würde, gewisse Punkte zu reglementieren und auch eine Erwartungshaltung an die Mitarbeiter zu kommunizieren: Was wird von Seiten des Unternehmens erwartet, welches Verhalten, welche Umgangsformen sollten Mitarbeiter an den Tag legen?

Im Jahre 2005 wurde dieses Thema dann noch offensichtlicher, als der Aufruf von unserer Unternehmensführung kam, sich als IBMer auch aktiv als 'Blogger' außerhalb des Unternehmens zu beteiligen. Für solch einen Schritt ist es unabdingbar, diese Regeln klar zu formulieren und diese Social Media Guidelines wurden ja von Herrn Ulbricht vorhin schon angesprochen.

Diese Guidelines waren auch unser erster Meilenstein im Umgang mit Social Media – in einem ersten Schritt wurden zuerst die 'Blogging Guidelines' der IBM entwickelt, die wir dann später als 'Social Computing Guidelines' auch extern veröffentlicht haben. Diese Guidelines haben seit 2005 für jeden IBMer Bestand. Auch wir haben mit unseren 'Business Conduct Guidelines' unsere Richtlinien für den Umgang in Geschäftssituationen im Unternehmen. Wir haben auch weiterhin interne Prozesse und Prozeduren, die jeder Mitarbeiter einmal im Jahr auch bestätigen muss, quasi die AGBs, die der Mitarbeiter akzeptieren muss, wobei die Führungskraft in der Verantwortung ist, diese zu überprüfen. Im Bereich der Social Media gibt es dann zusätzlich noch eine ganze Reihe ethischer Aspekte und zuletzt auch die Frage: Wie wollen wir verstanden werden? Wie wollen wir aus PR Sicht die Außenwirkung gestalten?

Diese Social Computing Guidelines wurden in unserem Unternehmen, anders als vorhin von Herrn Ulbricht vorgeschlagen, nicht von Presse, PR oder der Rechtsabteilung vorgegeben, sondern die Community der ersten Blogger hat sich dessen angenommen und bestehende Richtlinien natürlich mit in Betracht gezogen – es gab auch Kontakte aus PR, aus der Rechtsabteilung – und all diese Richtlinien wurden in Form eines Wikis zusammengefasst, aber auch zwischenmenschliche Aspekte mit hinzugefügt und bedacht: Wie wollen wir als IBMer von außen gesehen werden?

9 Selbstorganisation oder Anarchie? Erfahrungen zu Enterprise 2.0

So wurde auch dieser Punkt formuliert, um auch hierzu Empfehlungen zu geben und die Mitwirkung der einzelnen Kollegen zu haben, die letztlich auch als Blogger aktiv sein würden. Die Ergebnisse dieser Arbeit waren sehr überzeugend. Es gibt drei Pfeiler, auf die sich diese Guidelines stützen:

1. IBMer, die im Internet aktiv sind, sollen sich immer auch als IBMer zu erkennen geben, wir zeigen unsere Identität offen, auch wenn wir extern und über Themen bloggen, die vielleicht mit den IBM Interessen in Konflikt stehen.
2. Besonders diesen Unterschied zwischen der eigenen Meinung und der Position des Unternehmens klar zu kommunizieren, ist die persönliche Verantwortung jedes Einzelnen.
3. Ein weiterer wichtiger Punkt, der nichts mit den herkömmlichen Richtlinien zu tun hat, kam aus der Community: Wenn IBMer im Internet aktiv sind, sollten sie immer Mehrwert generieren, also nicht einfach Sachen wiederholen, sondern wenn ich als IBMer extern blogge oder in einem Social Network aktiv bin, dann bitte schön mit dem Ziel, Mehrwert zu generieren und nicht einfach nur generell bekannte Informationen weiterzugeben.

Abschließend betrachtet hat sich die Offenheit im Umgang mit dem Internet und auch die Erstellung öffentlicher Guidelines sehr gelohnt. Dies war im Prinzip eine Aktion ohne Budget aber mit sehr viel positiver Außenwirkung. Ich nenne das ein persönliches Customer Relations Management, dass jeder IBMer, der extern im Internet aktiv ist, betreibt. Die eigene Community und das eigene Netzwerk werden gepflegt, intern wie extern. Heute gibt es unzählige IBMer, die extern auf unseren eigenen Webseiten bloggen, aber auch auf anderen externen Webseiten als Gastblogger unterwegs sind, um damit in einem eigenen Ökosystem beizutragen.

Ein zweiter Meilenstein, den ich hier etwas beleuchten möchte, ist dem Jahr 2003 zugeordnet, in einer Situation, in der aufgrund des Wandels in der Industrie die Globalisierung immer prominenter wurde – jeder kennt sicherlich das Buch „Die Welt ist flach" von Thomas Friedman – und es notwendig wurde, den offenen Märkten Rechnung zu tragen. Eine Herausforderung zu dieser Zeit war es, auch die IBM als solches umzugestalten, hin zu einem service-orientierten Unternehmen und weg von den klassischen Hardware- und Softwarethemen. Das war ein sehr fundamentaler Wechsel, den wir damals vor uns hatten.

Unser CEO hat im Jahr 2003 eine anfangs viel diskutierte Aktion in die Wege geleitet, die sich „ValuesJam" nannte: 72 Stunden lang wurde allen 320.000 IBMern die Möglichkeit gegeben, in einer offenen Kommunikationsplattform aktiv untereinander Ideen auszutauschen. Das war quasi ein globales Brainstorming basierend auf einem Web 2.0 Tool, zum Teil moderiert, um die Werte zu finden, die jeder IBMer als die Werte des Unternehmens und der eigenen Arbeit begreift.

IBM Values

Selbstorganisation oder Anarchie? Erfahrungen zu Enterprise 2.0

Dedication to every client's success

Innovation that matters – for our company and for the world

Trust and personal responsibility in all relationships

Source: IBM Social Computing Guidelines

© 2009 IBM Corporation

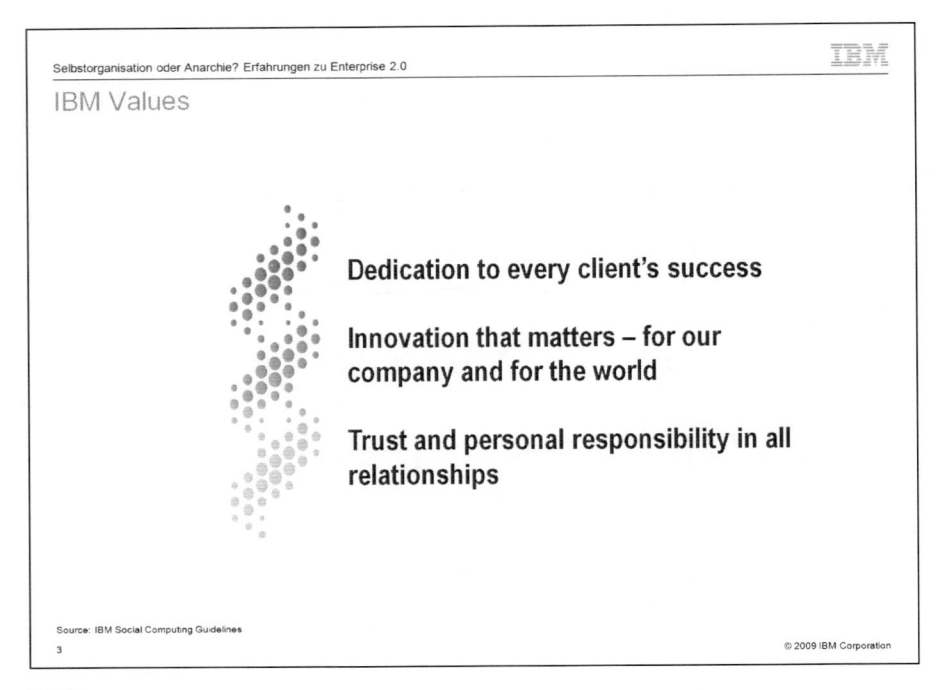

Bild 1

Dies sind die drei Prinzipien der IBM, die Sie vielleicht schon einmal gesehen haben, wir haben auch diese extern auf der IBM Webseite dokumentiert, genauso wie die Social Computing Guidelines (Bild 1). Damit meldet die Unternehmensführung der Community zurück: Was wir von euch eingesammelt und eingefordert haben ist uns etwas wert, wir übertragen das offen nach außen, da jeder Einzelne diese Werte und Ihre Bedeutung mitträgt – vom einzelnen Mitarbeiter bis hoch zum CEO des Unternehmens.

Wir haben in der Folge noch mehrere dieser Jams zu den verschiedensten Themen durchgeführt und dabei den Umfang und die Teilnehmer erweitert. Wir haben Familienangehörige, Partner, externe Lieferanten usw. mit eingebunden mit dem Ziel, die Menschen zusammenzubringen und diesen Social Media Gedanken rauszutragen. Des Weiteren soll den Leuten die Möglichkeit gegeben werden etwas beizutragen, auf das Unternehmen Einfluss zu nehmen und den menschlichen Aspekten Rechnung zu tragen. Der aus meiner Sicht wichtigste Punkt ist, die Person als Ganzes zu sehen, also tagsüber den IBMer und abends etwa den Familienvater, da alle diese Teilpersonen den Mensch ausmacht und er nicht digital „umschalten" kann. Wir haben als Person viele Aspekte und Rollen, diese sind immer alle in uns drin, und beeinflussen unser Tun.

9 Selbstorganisation oder Anarchie? Erfahrungen zu Enterprise 2.0   119

Selbstorganisation oder Anarchie? Erfahrungen zu Enterprise 2.0

	WorldJam2001	ValuesJam	WorldJam2004	InnovationJam2006
posts	6,046	9,337	32,662	37,000+
views	268,233	1,016,763	2,378,992	3,000,000+
Description	a new **collaborative medium to capture best practices** on 10 urgent IBM issues.	an in-depth **exploration of IBM's values and beliefs by employees**	focused on **pragmatic solutions around growth, innovation** and bringing the **company's values to life**	IBMers, family and clients discuss how to combine IBM's **new technologies** and **real world insights** to create new market opportunities

Source: IBM Jam Program Office

© 2009 IBM Corporation

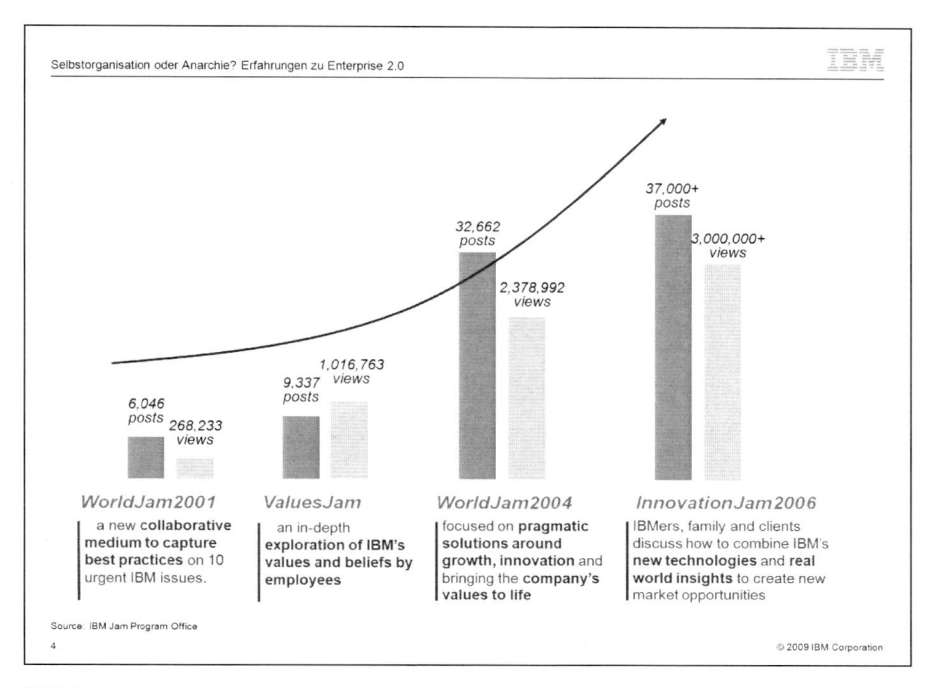

Bild 2

Die Wachstumszahlen auf Bild 2 sind ziemlich überzeugend. Auch letztes Jahr und Anfang diesen Jahres haben wir intern und auch extern einen Jam durchgeführt. Aber obwohl unsere Jams ein sehr erfolgreiches Format sind, haben sie auch einen „Nachteil". Diesen hat unser Chairman damals so ausgedrückt: „Wenn man diese ganze Energie, die Meinung und Hoffnung, mit einem solchen Jam weckt, irgendwie anschürt und den Leuten die Möglichkeit gibt zu kommunizieren, dann muss man als Unternehmen darauf gefasst sein, in der Antwort daraus irgendetwas sinnvolles zu machen." (Bild 3)

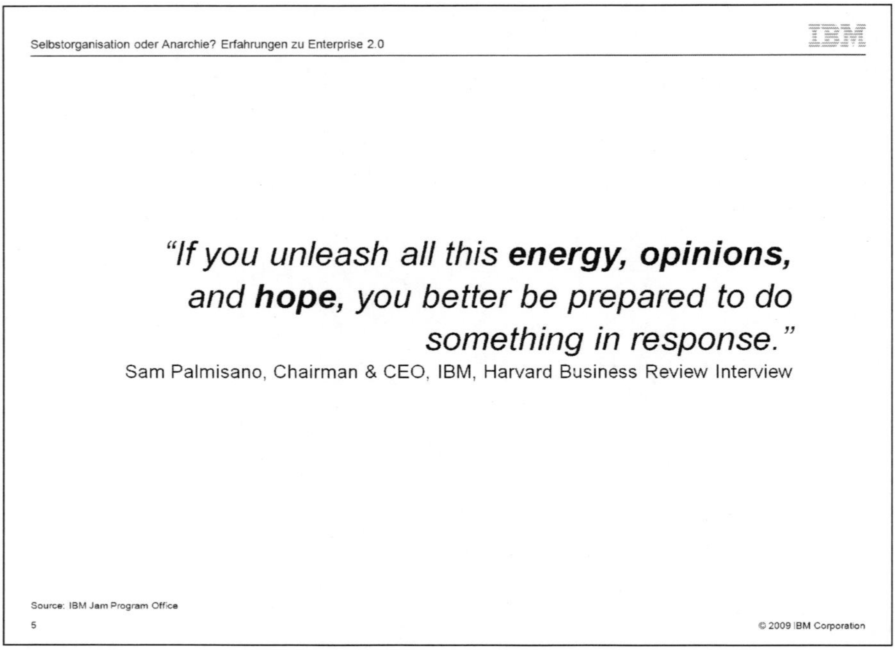

> Selbstorganisation oder Anarchie? Erfahrungen zu Enterprise 2.0
>
> *"If you unleash all this **energy, opinions**, and **hope**, you better be prepared to do something in response."*
> Sam Palmisano, Chairman & CEO, IBM, Harvard Business Review Interview
>
> Source: IBM Jam Program Office
> © 2009 IBM Corporation

Bild 3

Es ist nichts schädlicher für diesen Gedanken der offenen Kommunikation als wenn im Nachhinein irgendetwas passiert, was diese positive Erfahrung schmälert oder die Teilnehmer das Gefühl bekommen, dass sie nicht ernst genommen werden. Für den InnovationJam, den wir 2006 durchgeführt haben, hat unser Unternehmen 100 Millionen US-$ als Investition in die Top Ten der Innovationen, die von allen IBMern in diesem Jam identifiziert wurden, bereitgestellt. In diesen Jams konnte also jeder IBM Kollege direkt Einfluss nehmen auf die Unternehmensstrategie, auf die Werte, auf die Außendarstellung, auf das, was wir tun, und womit wir unser täglich Brot verdienen.

Bild 4

Warum erzähle ich Ihnen von diesen beiden Beispielen? Der offene Dialog ist wichtig und das unterscheidet für mich das Enterprise 1.0 vom Enterprise 2.0 (Bild 4). Es muss aber auch ein bisschen Raum zum Spielen da sein, ein Platz für Experimente, so dass sich offen darauf eingelassen werden kann, eine Frage in den Raum zu stellen.

Viele dieser kleinen Aktionen, wie ich sie eben dargestellt hatte, viele dieser Möglichkeiten erzeugen am Ende eine Kultur und eine Attitüde des Experimentierens. Das ist es, was bei uns passiert und ich halte es für recht schwierig in einem einzelnen Vortrag zu vermitteln, welche Aspekte hier mit hineinspielen. Diese Kultur des Experimentierens hat natürlich auch zur Konsequenz, dass mal etwas nicht klappt. Auch das ist ein akzeptiertes Risiko. Nur so ist die Möglichkeit gegeben nach einem Misserfolg ein Experiment auch konsequent zu beenden ohne emotional zu sehr gefangen zu sein, sondern entsprechend dem Motto „Man soll kein totes Pferd reiten" flexibel zu bleiben und sich neu zu orientieren. Damit bietet sich die Möglichkeit, einer Pilotgruppe zu erklären, dass es klar definierte Ziele gibt, die mit einem Projekt erreicht werden müssen, und wenn diese nicht erreicht werden, sollte dann auch keiner traurig sein, dass der Pilot nicht erfolgreich war, das Thema zu den Akten gelegt und das Ganze als Erfahrung verbucht wird.

In der Softwareentwicklung, und auch in der Hardwareentwicklung, hat das für uns den positiven Nebeneffekt, dass wir diesen Netzwerkeffekt, den wir heute Morgen gesehen haben, auch in der Realität sehr aktiv verfolgen können. Wenn etwas neues als Pilot gestartet wird und einen überwältigenden Einfluss auf die Mitarbeiterschaft hat, von sehr vielen Mitarbeitern als extrem positiv eingeschätzt wird, dann tun wir uns natürlich relativ leicht damit, die Frage zu beantworten: „Ist das etwas, was vielleicht in anderen Unternehmen auch Erfolg haben könnte und kann ich damit kurzfristig aus einer ersten Pilotphase in die Produktion bzw. ein Entwicklungsprojekt einsteigen?" Ich habe ja schon einen funktionierenden Code, mit dem ich etwas zeigen, oder mit dem jemand experimentieren kann. Bereits bevor ich größere Gelder in eine Produktentwicklung investiere kann ich schon ablesen, ob es tendenziell eher funktioniert oder eher nicht und ob ich viel nachlegen muss oder weniger.

Diese Einstellung hat nicht zuletzt einen großen Einfluss auf unser CIO Office gehabt, den Dienstleister für unsere interne IT, die hier natürlich sehr schnell in das Kreuzfeuer der Interessen kommen: Wenn IBMer in einem Piloten eine neue Technologie kennen gelernt und lieben gelernt haben, kämpfen sie auch dafür. Das heißt natürlich, dass hier von unten nach oben der Druck entsteht, diese neue Technologie, wenn sie wirklich der Produktivität und der Flexibilität hilft, auch schnell in Produktion zu überführen. Dies war eine signifikante Herausforderung, in einem Umfeld der langfristigen Planung den Anspruch aufzugeben, auf Jahre hinaus jedes Detail planen zu können, sondern derartig kurzfristige Piloten einzusetzen, um die Mitarbeiterschaft mitzunehmen.

Warum machen Mitarbeiter so etwas mit? Das ist ein sehr interessanter Aspekt. Hauptsächlich ist es meiner Meinung nach Eigenmotivation rund um die Anerkennung der Peers, also der Kollegen, sowie der Vorgesetzten. Im Schwäbischen heißt es so schön „die Treppe wird von oben nach unten gekehrt", d.h. jeder tut irgendwo das, was von ihm von seinen Vorgesetzten, erwartet wird. Es gibt viele Aktivitäten in diesem Umfeld, die die Mitarbeiter wahrscheinlich sowieso tun würden, vielleicht nicht innerhalb sondern außerhalb des Unternehmens. Gerade deswegen sollte versucht werden, ihnen die Möglichkeit zu geben, all diese Tätigkeiten wie Bloggen, Neuigkeiten im Arbeitsumfeld zu verfolgen und damit auch die eigenen Fähigkeiten weiterzubilden, als Teil der Arbeit zu erleben und produktiv zum Wohle des Unternehmens zu tun und nicht nur in der Freizeit als Projekt außerhalb des Unternehmens.

In der Konsequenz entstehen gerade bei den Themen Social Media eine ganze Menge Information, was gerade in unserem Fall mit derzeit 420.000 IBMer weltweit eine ganz erhebliche Menge ist. Vorhin wurde ja demonstriert wie die Projektionswand funktioniert mit dem Twitter-Hashtag. Dieses Konzept des Taggings ist ein sehr wichtiges Konzept geworden und wäre damit auch die einzige Technologie, die ich hier anreißen möchte.

9 Selbstorganisation oder Anarchie? Erfahrungen zu Enterprise 2.0

Bild 5

Tagging ist wohl die einfachste Variante, jedem Mitarbeiter die Möglichkeit zu geben, Informationen oder Personen mit Informationen, mit Klassifizierungen zu versehen. Das Ganze ist also extrem dynamisch (Bild 5). Damit kann ein Mitarbeiter sehr schnell Einfluss nehmen auf sonst statische Taxonomien, mit denen Informationen sonst klassifiziert würden. Wir kommen damit also weg von starren Informationsstrukturen und hin zu der Möglichkeit, dass jeder Mitarbeiter seine Meinung kundtun kann in Form von Bewertung in einer dynamisch wachsenden und sich veränderten Struktur. Somit bin ich dann wieder in der Lage, mir schnell Informationen zu beschaffen oder Experten zu finden. Jeder ist damit wieder über seine eigenen Informationen Herr – auch wenn diese Informationen sich rasant vervielfachen.

Wir haben in der IBM ein Unternehmensadressbuch, in dem jeder Mitarbeiter in der Lage ist, von sich selbst ein Bild hochzuladen, seine eigene Vita einzustellen, sowie seine Erfahrungen, die er in den vergangenen Projekten erworben hat. Wie viel Wissen verliert ein Unternehmen, wenn jemand nur eine Abteilung wechselt? Der Mitarbeiter ist plötzlich in einer anderen Organisation und aus seinem alten Bekanntenkreis heraus. Deswegen ist aber sein Intellekt nicht auf null zurückgesetzt. Wie kann nun diese Person mit ihrem wertvollen Wissen aus vergangenen Projekten, das sie jetzt mit den Erfahrungen aus der neuen Arbeitsumgebung kombinieren kann, gefunden werden? Auch dies ist eine große Herausforderung für verteilt operierende

Unternehmen und wir haben bei IBM die Erfahrung gemacht, dass zwar kein IBMer dazu verpflichtet ist, sein Bild dort einzustellen oder Informationen über sich preiszugeben, trotzdem tun es wirklich fast alle IBMer und können so einfach gefunden werden. So kann dann jeder selbst wiederum andere Experten für sein eigenes aktuelles Problem finden, auch wenn das Organisationsdiagramm oder die Telefonliste gerade nicht aktuell sein sollte.

Das bringt mich zu der allgemeinen Art des Arbeitens. Wenn man sich einmal vorstellt, einen Römer von vor 2000 Jahren in die heutige Arbeitsumgebung zu stecken so wäre sicher jedem klar, dass dieser hoffnungslos verloren wäre.

Bild 6

Die aktuelle Technik, unsere Methoden, Werkzeuge – mit all dem kann er nicht umgehen. Wenn ich aber weitergehe und die Koordination der Arbeit betrachte, sah die Welt vor 2000 Jahren erschreckenderweise fast genauso aus wie heute (Bild 6). Eine römische Armee von damals war fast genauso aufgebaut wie auch heute noch viele Organisationen.

9 Selbstorganisation oder Anarchie? Erfahrungen zu Enterprise 2.0

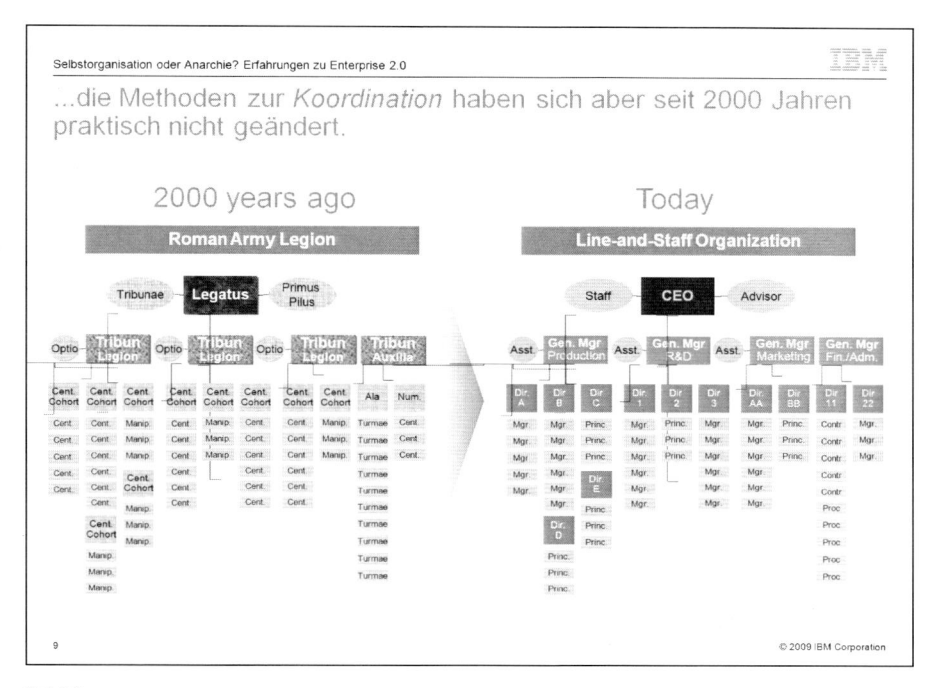

Bild 7

Entspricht das der Realität wie in größeren Organisationen wirklich tagtäglich zusammengearbeitet und kommuniziert wird? Wahrscheinlich eher nicht (Bild 7). Trotzdem gibt es Sachen, die eben sein müssen, so zum Beispiel die klare Dokumentation von Verantwortungsbereichen woraus auch schnell diese Hierarchien resultieren. In der täglichen Arbeitswelt ist es aber, wie wir festgestellt haben, regelmäßig nötig, dass ich in Matrixorganisationen lebe, dass ich Kontakte zu anderen Kollegen habe, die nicht in derselben Arbeitsgruppe sind, die nicht im selben Ast der Hierarchie sind. Wie finde ich aber nun diese Leute? Es ist eminent wichtig, dass wir in diesen Organisationen die Möglichkeiten schaffen, dass Mitarbeiter auch Querverbindungen schließen können, d.h. dass Experten gefunden werden können, und damit das Wissen gefunden werden kann.

Das sind in der Konsequenz die beiden Kernpfeiler, von denen sicher jeder IBMer sofort sagen würde, dass er ohne diese seinen Job nicht mehr machen könnte: Einmal, Experten zu finden und zum anderen der direkte Kontakt zu den Experten und allgemein allen Kollegen, sei es über eine Instant Messaging Infrastruktur, sei es über die guten Kontakte in der Community oder dass jemand bloggt und damit das Wissen weitergeben kann oder auf Posts anderer kommentieren kann. Ohne diese Techniken sind wir wirklich aufgeworfen. Das dann verschiedenste weitere Produktionstools dazukommen, ist bei den meisten IBMern nachgeordnet, meist werden immer noch Mittel und Wege gefunden, mit diesen Experten für das Tool dann doch die Arbeit zu Ende zu führen.

Selbstorganisation oder Anarchie? Erfahrungen zu Enterprise 2.0

Enterprise 2.0 in Action at IBM

- Enterprise 2.0 available to **420,000** of us
- **168 countries**, >2,000 locations, >140,000 remote workers
- BluePages: 590,000 profiles; **>1 Million searches** per week
- 1,800+ online communities with **147,000 members** and >1 Million messages
- Blogging @ IBM: **64,000 bloggers**; 133,000 entries; 32,000 unique tags
- Dogear: 655,000 bookmarks; 1.7 Million tags; 24,000 users
- **>9 Million Instant Messages** per day

- Search satisfaction increased by **50%** with productivity driven savings of **$4.5M per year**
- Reductions in phonemail, email server costs

© 2009 IBM Corporation

Bild 8

Lassen Sie mich zum Abschluss kommen. Ich will Sie nicht mit Zahlen bombardieren, aber wir haben innerhalb der IBM mit 420.000 Mitarbeitern in der Zusammenarbeit stets eine ziemlich große Herausforderung vor uns (Bild 8). Mit mehr als 170 Ländern haben wir eine riesige Menge an generischen sowie spezifischen Informationen, wofür Tagging natürlich prädestiniert ist. Mit Tagging kann ich auch bei Suchanfragen in klassischen Informationssuchmaschinen die Qualität deutlich verbessern. Damit findet sich auf der Habenseite gerade die Informations- und Expertenfindung und dabei speziell die Punkte durch die wirklich deutlich die Produktivität gesteigert und Kosten eingespart werden kann. Wenn das umgerechnet wird, sind das in unserem Fall geschätzte 4.5 Mio. US-$ pro Jahr, die allein durch die Möglichkeit, Informationen besser zu finden, gespart werden können. Damit kann ein Mitarbeiter in die Lage versetzt werden, Arbeiten nicht mehr redundant zu machen, sondern dass wieder zu verwenden, was Kollegen in China, Indien oder sonst wo auf der Erde gemacht haben und damit auch insgesamt schneller ans Ziel zu kommen.

Im Verlauf meiner Vorbereitung auf diese Präsentation, habe ich mir circa 25 bis 30 Dokumente und Präsentationen zu den einzelnen Themen noch einmal genauer

9 Selbstorganisation oder Anarchie? Erfahrungen zu Enterprise 2.0

durchgelesen. Diese stammten von rund einem Dutzend Kollegen weltweit über China, Australien, Amerika, von denen ich allein dem Namen nach von etwa einem Drittel noch nie etwas gehört hatte. Ich bin einfach in unsere Suchmaschine gegangen und habe geschaut, was wir zu Enterprise 2.0, zu Jams, zu Social Computing Guidelines und all diesen Themen haben und finde dort sofort Blog Posts, Dokumentationen, Präsentationen, Red Books und White Paper.

All diese Informationen sind nur einen Klick von mir entfernt und auch von unterwegs mobil erreichbar.

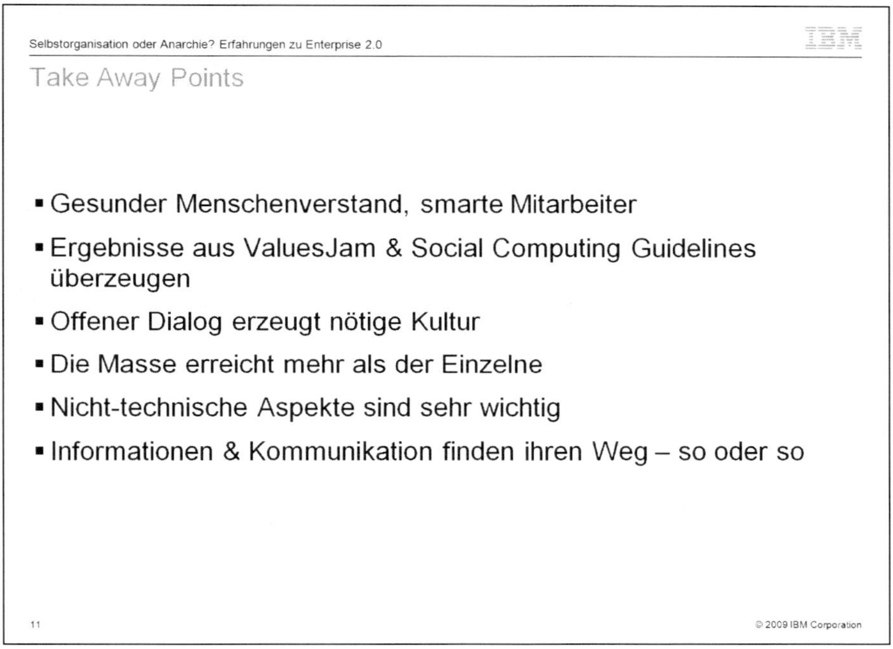

Selbstorganisation oder Anarchie? Erfahrungen zu Enterprise 2.0

Take Away Points

- Gesunder Menschenverstand, smarte Mitarbeiter
- Ergebnisse aus ValuesJam & Social Computing Guidelines überzeugen
- Offener Dialog erzeugt nötige Kultur
- Die Masse erreicht mehr als der Einzelne
- Nicht-technische Aspekte sind sehr wichtig
- Informationen & Kommunikation finden ihren Weg – so oder so

© 2009 IBM Corporation

Bild 9

Was sagt uns das in der Summe? Der gesunde Menschenverstand ist eine Grundvoraussetzung, wir wollen smarte Mitarbeiter, wir wollen eigenverantwortliche Mitarbeiter (Bild 9). Dazu gehört die entsprechende Attitüde, eine Unternehmenskultur, wie ich mit diesen Mitarbeitern umgehe und wie ich auch das akzeptiere, was diese mir zurückmelden. Wie gehe ich als Unternehmen, als Unternehmensführung, als Führungskraft mit Kritik um? Unsere Ergebnisse gerade aus den beiden erstgenannten Beispielen haben uns wirklich überzeugt, und das ist einer der Gründe, warum wir diesen Pfad weitergehen. Der offene Dialog erzeugt dann am Ende des Tages die nötige Kultur, um auch Experimente zuzulassen und letztlich auch in harten Zeiten, in Zeiten des Wandels, des Umschwungs und der Umorganisation die Mitarbeiter hinter sich zu bringen und auch die Impulse der Mitarbeiter aufnehmen zu können und sich damit weiter zu verbessern.

Wenn ich auch von Herzen Softwareentwickler bin, überwiegen doch die nichttechnischen Aspekte hierbei absolut. Die Akzeptanz, die Qualität der Information, der Qualität der Ergebnisse variiert wirklich nur aufgrund der nicht-technischen Aspekte, also wie das Thema im Unternehmen akzeptiert und reguliert ist.

Letztlich finden Information und Kommunikation ihren Weg – so oder so. Wir haben uns früher in der Kaffeeecke unterhalten und die berühmte Gerüchteküche hat da gebrodelt. In den heutigen Zeiten wird sie woanders brodeln. Die Frage ist, ob wir uns als Unternehmen damit aktiv auseinandersetzen können und die Sachen vielleicht mit Möglichkeiten unterfüttern, das hinter der Unternehmensfirewall zu tun und zusätzlich mit Richtlinien, Empfehlungen und Kommentaren zu versehen, dass die Mitarbeiter wissen, was sie machen dürfen, was die Erwartungshaltung ist und was die Konsequenz ist – also das Ziel – vorgeben? Oder schließen wir die Augen und wundern uns, wenn bei Google, Delicious oder sonst irgendwo im Internet die interne Struktur unseres Unternehmens auftaucht, unsere Unternehmensgeheimnis oder interne Informationen und Gerüchte?

Abschließen möchte ich mit etwas, was unser CEO bei der Betrachtung eines unserer Jams gesagt hat, wobei dies meiner Meinung auch für das gesamte Themenfeld Enterprise 2.0 gilt:

Selbstorganisation oder Anarchie? Erfahrungen zu Enterprise 2.0   IBM

Sam Palmisano on Jams
(but this is also true on Enterprise 2.0 in general)

"The CEO can't say to them, 'Get in line and follow me.' As you know, smarter people tend to be, well, a little more challenging…"
Sam Palmisano, Chairman & CEO, IBM, Harvard Business Review, Dec. 2004

Bild 10

„In der heutigen Zeit kann man als CEO zu seinen Mitarbeitern nicht mehr sagen: alle in einer Reihe hinter mir aufstellen, jetzt gehen wir los und ihr folgt mir. Smarte Leute, intelligentere Leute, eigenverantwortlichere Leute sind in dieser Hinsicht fordernder und erwarten mehr von den Führungskräften, von der Unternehmensführung." (Bild 10) Das sind die neuen Anforderungen, denen sich Unternehmen und jede einzelne Führungskraft im Unternehmen stellen muss.

Links / Referenzen:

1. IBM Social Computing Guidelines: http://www.ibm.com/blogs/zz/en/guidelines.html
2. InnovationJam 2008: http://www.ibm.com/ibm/jam/
3. Our Values at Work on being an IBMer: http://www.ibm.com/ibm/values/us/
4. Article „IBM Unveils $100 Million Innovation Agenda": http://www.informationweek.com/news/software/open_source/showArticle.jhtml?articleID=194300385

10 Die gläserne Firma: Offenes Wiki und die Folgen

Frank Roebers
SYNAXON AG, Bielefeld

Ich muss Ihnen jetzt eine enorme mentale Leistung abverlangen, und zwar den großen Sprung von einem internationalen global agierenden Konzern hin zum Bielefelder Mittelstand mit 140 Mitarbeitern. Viel größer kann der Unterschied zwischen zwei Unternehmen kaum sein als zwischen IBM und uns. Ich darf nicht unterstellen, dass Sie wissen, was SYNAXON macht, obwohl wir in unserem Markt eine erhebliche Bedeutung haben. Deswegen ein paar einführende Worte zu uns.

Wir betreiben IT Verbundgruppen und Franchise Systeme in den Bereichen PC Handel und IT-Dienstleistungen. Eine Marke, die Sie vielleicht von uns kennen, ist PC-SPEZIALIST. Wir organisieren für unsere Anschlusshäuser Marketing- und Einkaufsdienstleistungen und ein breites Angebot von sonstigen Dienstleistungen, die für selbstständige Unternehmen im IT Markt interessant sein könnten. Wir haben mit ungefähr 2.800 Partnerbetrieben einen Marktanteil von über 90% im Bereich der kooperierten Fachhändler. Wenn Sie ein IT Händler oder ein Systemhaus in Deutschland und Mitglied in einer Verbundgruppe sind, ist die Wahrscheinlichkeit, dass Sie bei uns sind, über 90% groß. Wir wachsen auf einen 3-Jahresstrahl gerechnet im Schnitt ungefähr mit der Größe unseres nächstgrößeren Wettbewerbers, d.h. unser nächstgrößerer Wettbewerber hat ungefähr 350 Partner. Wir haben in der Verbundgruppe ungefähr 15 bis 20.000 Mitarbeiter. Wir wissen das nicht so genau, weil wir die nicht führen und bezahlen, sondern in erster Linie Dienstleister und Plattformbetreiber für die sind.

Wenn Ihnen unser Unternehmen richtig gut gefällt, ist es einfach, mein Chef zu werden. Wir sind an der Frankfurter Wertpapierbörse gelistet. Wir sind börsennotiert. Sie können zum Schnäppchenpreis jederzeit SYNAXON Aktien kaufen und mir in Zukunft sagen, wie wir unsere Geschäfte zu betreiben haben.

Bis ungefähr 2006 waren wir von der Anmutung, von der Organisation intern ein völlig normales Handelsunternehmen. Wir kommen in erster Linie aus dem PC Einzelhandel und wie viele deutsche Handelsunternehmen waren wir eher wertkonservativ organisiert. Wir haben rein optisch nie so ausgesehen, aber wir waren sehr wertkonservativ. Wenn Sie einen Blick auf die Überschriften unseres damaligen Unternehmensleitbildes werfen, unsere Werte und Prinzipien, bekommen Sie ein Gefühl dafür, dass wir mental eher wie Metro, Aldi, Lidl waren. Ich kann Ihnen sagen, dass dieses Unternehmensleitbild schon 2006 nicht mehr sonderlich beliebt gewesen ist bei unseren Mitarbeitern. Vor allen Dingen Fleiß, Disziplin, Konzentration, Termintreue, Bescheidenheit und Demut war nichts, was unsere Mitarbeiter mit Begeisterung getragen haben. Ich habe mir oft anhören müssen, dass man mit solchen Wertesystemen eher einen Gefechtsstand organisieren kann als ein Unternehmen. Allerdings haben wir Handel bis dahin auch ein bisschen als Krieg wahrgenommen und was in unserer Branche abläuft, ist auch manchmal eher eine Schlacht als irgendetwas anderes.

In der Zeit ging es der SYNAXON nicht so gut. Wir haben gute und schlechte Zeiten hinter uns gehabt wie wahrscheinlich alle Unternehmen, die es solange gibt wie uns. Wir sind 1991 gegründet worden und 2003 bis 2005 ging es uns nicht ganz so gut. Wenn es einem Unternehmen nicht gut geht, neigt man als Vorstandsvorsitzender gelegentlich dazu, sich mit Dingen zu befassen, die mit der Krise gar nichts zu tun haben, um sich ein wenig abzulenken und zu amüsieren. Deswegen habe ich mich mit der Frage Wissensmanagement auseinandergesetzt. Die Problemstellung war relativ einfach. Wir haben immer schon einen hohen Akademikeranteil im Unternehmen gehabt, 70 bis 80%, aber an der eigentlichen Produktion von Wissen waren immer nur 10 bis 15% beteiligt. Das fand ich unschön, weil ich glaube, dass viele auch Spaß hätten, sich da zu engagieren, es aber aus irgendwelchen Gründen nicht gemacht haben. Wir haben dann unterschiedlichste Unternehmen kennengelernt, auch mit Großunternehmen gesprochen. Was wir da gesehen haben, hat uns nicht so sehr überzeugt. Die Situation großer Konzerne mit Wissensdatenbanken, die eigentlich nur zu mehr Bürokratie und noch weniger Flexibilität geführt haben, war aber nicht das Ziel, was wir erreichen wollten.

Da im Leben oft glückliche Zufälle eine Rolle spielen, hat auch uns das Glück ein bisschen geholfen. Ich bin zu einem Vortrag von Jimmy Wales, dem Gründer von Wikipedia, eingeladen gewesen. Ich nehme an, dass in diesem Raum genauso wenig aktive Wikipedianer unterwegs sind wie in allen anderen Vorträgen, die ich gehalten habe, d.h. wenn ich Sie bitten würde, die Hand zu heben, würden wahrscheinlich ein, zwei die Hand heben, dass Sie schon einmal Artikel dort editiert haben. Die meisten werden wie ich damals das ausschließlich als Rechercheur benutzt haben, aber nicht aktiv mitgemacht haben. Was Jimmy Wales dort erzählt hat, war hochgradig faszinierend. Er hat darüber gesprochen, wie gut die Qualität mittlerweile ist, wie gut die Fehlerbeseitigungsmechanismen funktionieren. Und er hat von der Vision von Wikipedia berichtet.

Ich habe nach dem Vortrag mit Begeisterung gesagt, dass ich da mitmachen möchte und feststellen, ob das wirklich in der Realität so vorzufinden ist und habe mir dann ein Benutzerkonto angelegt.

Man kann hier eine Entwicklung bei mir sehen von 2006 bis heute. Damals habe ich mich noch nicht getraut unter meinem Echtnamen zu arbeiten. Das ist heute anders.

Mittlerweile sehen Sie meinen klaren Namen unter meinem Nutzernamen. Nick Rivers habe ich mich damals genannt. Was mich erstaunt hat war, dass die wenigsten mit Klarnamen unterwegs waren. Wenn ich schon kein Geld dafür kriege, dass ich da arbeite und viel Zeit investiere, habe ich erwartet, dass man wenigstens den Ruhm einheimsen möchte. Die meisten machen das aber nicht. Ich habe dann irgendwann verstanden, woran das liegt und werde es später kurz erläutern.

Wenn Sie bei Wikipedia ein Thema suchen, dürfte es heute noch schwieriger sein etwas zu finden, was nicht bereits in großer Qualität vorhanden ist, als 2006. Egal, mit was Sie sich auskennen, wenn Sie in Wikipedia nachsehen, ist es wahrscheinlich in hervorragender Qualität schon erledigt. Ich habe mit ein bisschen Suchen den Artikel zu Six Sigma gefunden. Ich habe da eine eigene Ausbildung. Wir benutzen das in unserem Unternehmen als Prozessverbesserungsmethode. Der Artikel ist ganz okay, aber ich konnte etwas dazu beitragen und war ganz froh, dass ich endlich eine Lücke bei Wikipedia gefunden hatte. Was mich am Anfang etwas nervös machte war, dass ich nicht angemeldet war. Ich drücke auf „bearbeiten" und kann wie jeder sofort mitmachen. Ich könnte den Text zerstören, allerdings nicht nachhaltig, weil die alte Version wieder herstellbar ist. Ich kann natürlich auch sinnvoll mitarbeiten. Wie Sie hier auch sehen, ist das nicht "what you see is what you get", sondern das ist eine Syntax, die man erst lernen muss. Man kann beispielsweise nicht einfach mit Copy und Paste Bilder einfügen. Man kann auch nicht einfach einen Link reinsetzen, sondern man muss dazu die Formatierungsbefehle lernen. Dazu hatte ich weder Zeit noch Lust und habe einfach im Klartext reingeschrieben, was ich meine, dazu beitragen zu können. Ich habe dann das gemacht, was jeder machen kann, nämlich speichern und das Ding steht sofort im Internet. Es ist schon erstaunlich, dass so etwas dazu führen kann, dass Sie kaum noch Fehler bei Wikipedia finden können. Jeder kann alles machen. Es ist keine Freigabe, keinen Redakteur, kein Kontrollgremium offizieller Art dahinter, sondern es steht jetzt so im Internet. Ich habe dann vor dem Artikel gesessen und immer wieder „aktualisieren" gedrückt und gewartet, was passiert. Und es hat wirklich nur wenige Minuten gedauert bis jemand meine Formatierungsfehler herausgenommen hat, bis jemand neue Links gesetzt hat. Also, der Artikel wurde immer besser. Man würde erwarten, dass irgendwann einmal ein solcher Artikel fertig ist und nicht mehr weitergeschrieben werden muss. Mein Beitrag war 2006 und wie Sie sehen können, wird immer noch geschrieben; am 16. Oktober, am 19 Oktober usw. Das Wahnsinnige daran ist, dass er immer noch besser wird.

Ich habe im Kollegenkreis davon erzählt und später hat unser Cheftechniker irgendwann sonntagmorgens in einer Mail stolz mitgeteilt, dass er auch einen Artikel angelegt und ausprobiert hat, was dann passiert. Die Mail bekam ich so gegen 8:20 Uhr, als ich um 12:00 erneut in meine Mails geschaut habe, habe ich statt seines Artikels, den er mir als Link geschickt hatte, eine Meldung im Löschlogbuch gefunden. Er hat einen Artikel über das Bakterium Campylobakter geschrieben. Er hatte eine ekelige Durchfallserkrankung und sein Arzt hatte ihm dieses Bakterium als Ursache genannt. Er hat das dann einfach aus einem Medizinportal kopiert und in

Wikipedia gesetzt, was natürlich eine Urheberrechtsverletzung ist. Es hat wenige Minuten gedauert, bis jemand den Artikel gelöscht hat – nicht wegen Urheberechtsverletzung, sondern weil das Bakterium in Wirklichkeit anders heißt, und dazu gab es schon einen Artikel. Wir waren dann alle guter Hoffnung, dass das der einzige Fehler war, der dem Arzt in der Diagnose unterlaufen war. Er hat es überlebt, aber es zeigt auch, dass Qualitätsmechanismen in Wikipedia gut funktionieren.

Letztes Beispiel zu dem Thema auf meiner eigenen Diskussionsseite. Ich bin begeisterter Hobbypilot und fliege gelegentlich vom Flugplatz Bielefeld aus in der Gegend herum. Es ist dort bekannt, dass ich bei Wikipedia als Autor unterwegs bin und bin gebeten worden, eine Luftbildaufnahme vom Bielefelder Flugplatz in Wikipedia zu setzen. Das habe ich gemacht und wurde, kaum dass ich das erledigt hatte, auf meiner eigenen Diskussionsseite begrüßt: Ich empfehle für den Einstieg das Tutorial „wie schreibe ich gute Artikel". Man war offensichtlich mit meiner bisherigen Arbeitsleistung noch nicht so zufrieden. Man kam aber gleich zur Sache, bedankte sich für das Bild und fragte nach der Lizenz. Ich hatte diesen wirklich komplizierten Vorgang der Lizensierung nicht ordnungsgemäß abgewickelt und wurde sofort darauf hingewiesen das nachzuholen, sonst würde das Bild gelöscht. Man ist also bei Wikipedia extrem empfindlich was Lizenzfragen angeht; wahrscheinlich auch zu Recht. Ich habe dann um Hilfe gebeten und wir haben das Problem der komplizierten Lizensierung dann gemeinsam gelöst.

Danach passierte noch etwas Lustiges. Ich wurde vom Flugplatz Vennebeck angesprochen und um ein Bild gebeten. Ich habe das gemacht und auf meine Wiki-Nutzer Seite gestellt. Man hat sich bedankt, es verbessert, auf die Seite gestellt und das alles innerhalb weniger Minuten. Das geht alles unheimlich schnell. Wenn man sich die heutige Statistik von Wikipedia anschaut, haben wir 969.000 Artikel und sind die zweitstärkste Community weltweit. Nicht nur die Anzahl der Seitenbearbeitung mit 68 Millionen finde ich interessant, sondern dass jede Seite 64-mal bearbeitet wurde. Wir haben 851.000 registrierte Nutzer und können deswegen davon ausgehen, dass ungefähr auch die gleiche Anzahl schon einmal bei Wikipedia editiert hat. Wenn Sie recherchieren, registrieren Sie sich in der Regel nicht. Das machen nur Leute, die etwas schreiben wollen. Auf der anderen Seite gibt es viele, die sich nicht registrieren und trotzdem editieren. Vielleicht haben wir auch über 1 Million Menschen, die bereits im deutschsprachigen Raum einmal einen Edit gemacht haben. In den letzen 30 Tagen haben immerhin 22.000 Menschen dort etwas editiert. Wenn man sich die hohe Motivation von Menschen anschaut, die viel Zeit dort hineinstecken, die hohe Geschwindigkeit, die hohe Qualität der Arbeitsergebnisse, will man als Unternehmer das sofort genauso haben. Vor allen Dingen, wenn Sie sich die Arbeitszeiten anschauen, so wird in Wikipedia Tag und Nacht gearbeitet. Diplomingenieure mit Familie haben 10 bis 20 Stunden pro Woche in das Thema investiert. Da ist offensichtlich ein Motivationsmechanismus, den noch niemand für Unternehmen entdeckt hat. Wenn man den für sein Unternehmen irgendwie aktivieren könnte, wäre das eine gute Sache.

10 Die gläserne Firma: Offenes Wiki und die Folgen

Wir haben dann nach kurzer Diskussion im Oktober 2006 entschieden, ein Unternehmenswiki einzuführen. Das ist auch schon damals keine Sensation mehr gewesen, aber wir waren uns relativ sicher, wenn wir einfach die alte Unternehmensstruktur und die alte Unternehmenskultur beibehalten würden, dann würde aus dem Teil nichts werden und keiner würde aktiv mitmachen. Wir haben deswegen zwei Besonderheiten in unserem Wiki, von denen ich bis heute glaube, dass wir das einzige Unternehmen Deutschlands sind, das es so gemacht hat.

Die erste Besonderheit ist, dass jeder alles sehen kann. Wir haben die Definition Betriebsgeheimnis umgedreht. Früher ist es bei uns so gewesen, dass alles geheim war, außer was ausdrücklich erlaubt war. Jetzt darf jeder alles sehen, außer einem klitzekleinen Teil. Hier ist kein Rechte-Rollen-System, sondern jeder kann alles sehen. Sie können an den Überschriften schon sehen, dass das alles ziemlich vollständig ist. Alle Prozessbeschreibungen, alle Stellenbeschreibungen, Regelwerke, Arbeitsergebnisse sind enthalten. Das ist mittlerweile ein zentrales Arbeitsmedium von uns, d.h. jeder im Unternehmen kann sehen, welche Projekte ich gerade bearbeite, wo ich gut bin, wo ich eher weniger gut bin, und das gilt auch für alle anderen. Es ist nicht ganz selbstverständlich, auch für die meisten Mittelständler nicht, dass man alles sichtbar macht.

Unsere zweite Besonderheit hat am Anfang allerdings selbst unsere progressiven Führungskräfte und meine Vorstandskollegen ein bisschen nervös gemacht. Ich habe gesagt, dass jeder ohne Rückfrage und sofort alles ändern darf. Das gilt dann auch sofort.

Versuchen Sie für sich vorzustellen, was das bedeutet und welche Gedanken Ihnen dabei durch den Kopf gehen. Nehmen wir an, dass es die gleichen sind, die meinen Kollegen damals durch den Kopf gingen und die ein Chaos voraussahen. Wenn jeder beispielsweise sein Freizeichnungslimit für Investitionsanträge einfach ändern kann, ohne dass es einer Freigabe bedarf und das dann sofort gilt, werden wir Pleite gehen, was noch das Harmloseste ist. Wir werden alle in den Knast gehen wegen Organisationsverschulden. Die Wertpapierhandelsrichtlinien in Deutschland sind genauso hart wie in Amerika und da ist es schon gefährlich, wenn man das macht. Ich habe dann gesagt, dass gar nichts passieren wird, weil, was bei Wikipedia unter anonymen Leuten, die sich nicht einmal kennen, gut funktioniert, wird bei uns noch besser funktionieren, wo sich alle kennen. Ich habe damals eine Einschränkung gemacht, dass man nicht anonym editieren durfte, sondern mit seinem guten Namen zeichnen musste. Das ist die einzige Funktion, die wir gesperrt haben. Heute würde ich sagen, dass es schon fast ein Experiment wert ist, auch das aufzuheben und werde Ihnen nachher zeigen, warum. In jeder Abteilung fand dann ein kleiner Wettbewerb darüber statt, wer die besten Wikiportale hat. Hier wird nichts zum Selbstzweck dokumentiert, sondern es sind alles wichtige Arbeitsdokumente, die abgelegt werden. Wenn man sich die ersten Diskussionen und Änderungen anschaut, war das ganz hoffnungsvoll.

Privates Surfen im Internet war bei uns verboten. Darüber kann man nachdenken, ob es sinnvoll ist. Die Abgrenzung zwischen privatem und dienstlichem Surfen ist schon schwierig. Selbst wenn jemand auf Facebook ist, könnte das bei uns dienstlich veranlasst sein, Spiegel Online sowieso. Es gibt zwar auch Seiten, bei denen ich auch mit großer Phantasie keinen dienstlichen Bezug mehr herstellen kann. Im Großen und Ganzen ist es aber so, dass wir bei unseren Mitarbeitern eher im grauen Bereich sind. Ein weiterer Aspekt war, dass uns Bandbreite nicht mehr wirklich etwas kostet. Es schadet dem Unternehmen nicht. Ein dritter war, dass wir das Problem haben, dass die Kollegen eher zu viel als zu wenig arbeiten. Warum soll man ihnen nicht erlauben, in den Pausen zu surfen? Wir haben nicht das Problem, dass unsere Arbeiter unmotiviert sind und nichts tun.

Es wurde im Wiki eine Diskussion losgetreten, ob wir das nicht ändern wollen in: Surfen ist grundsätzlich erlaubt, wenn das Unternehmen nicht gefährdet wird, d.h. pornografische Inhalte oder Dinge, die die freiheitlich demokratische Grundordnung nicht anerkennen, dürfen grundsätzlich nicht gemacht werden. An dieser Diskussion haben sich alle beteiligt. Das Ergebnis ist heute eine pragmatische Regel, die auch eingehalten wird.

Ein weiterer Meilenstein war unser Ratingsystem. Ich muss dazu kurz den Hintergrund erzählen. Wir haben überwiegend junge Führungskräfte bei uns, von denen die meisten unter 35 sind. Sie sind relativ früh von der Universität zu uns in Führungsverantwortung gekommen und auch nicht sehr erfahren mit den Führungsthemen. Wir hatten ein echtes Feedback Problem. Mitarbeiter haben sich beschwert, dass sie nicht mitbekommen haben, dass sie auf der Kippe stehen. Die Führungskraft hat das sehr wohl gesagt, aber wieder so abgedämpft, dass der Mitarbeiter es nicht verstanden hat. Daraufhin haben wir von General Electric ein System übernommen und modifiziert, dass wir gesagt haben, wir raten alle Mitarbeiter zweimal im Jahr mit A, B oder C zu bewerten. A ist topfit; B: es reicht und C bedeutet, dass man auf der Kippe steht. Nachdem wir das ein Jahr gemacht haben, standen alle auf B. Als wir unsere Führungskräfte gefragt haben warum sie die Ratings nicht spreizen sagten sie, bei einem C Rating kann man denjenigen gleich feuern und bei A will derjenige sofort mehr Geld. Wir haben dann gesagt, dass das schlecht ist und so nicht funktioniert und haben deswegen eine Zwangsspreizung dahingehend eingeführt, dass wir auf alle Fälle 15% A, 15% C und 70% B haben wollten. Bevor wir die Regel einführten, haben wir sie zur Diskussion gestellt. Es wurde sehr offen diskutiert und die Idee ist auch grundsätzlich in Frage gestellt worden. Die Diskussion hat aber dazu geführt, dass wir erstens festgestellt haben, dass die meisten Mitarbeiter das gut finden, und dass zweitens noch erhebliche Denkfehler in der Regel enthalten waren. Jetzt haben wir das System seit zwei, drei Jahren im Einsatz und ich glaube nicht, dass heute einer unserer Mitarbeiter das freiwillig wieder abschaffen würde. Es funktioniert einfach.

Das letzte Beispiel für einen Verbesserungsprozess: Ein großer Anteil unserer Umsätze sind Lieferantenprovisionen. Wir versuchen die Gebühren für unsere Partner dadurch so niedrig zu halten, dass wir auch unserer Lieferanten bitten, sich an unseren Kosten zu beteiligen, weil wir für die eine harte, messbare Leistung haben, nämlich unsere Einkaufplattform. Wir haben gesagt, dass das fair verteilt werden muss. Diese Provisionen werden monatlich bzw. quartalsweise abgerechnet, und dafür gab es eine Regelbeschreibung im Wiki. Eine Azubine ist aus dem Marketing in die Buchhaltung versetzt worden, um diese Provisionen zu berechnen. Sie saß das erste Mal vor dieser Aufgabe und stellte fest, dass die Regel nichts taugt und hat sie im Wiki geändert. Sie hat massiv eingegriffen und dann nach der neuen Regel abgerechnet. Wir haben bemerkt, dass es besser als vorher war und es erhob sich die Frage, warum wir einen teuren Finanzvorstand brauchen, wenn eine Azubine das auch kann. Auch damit muss man als Führungskraft fertig werden.

Unsere Statistik ist nicht ganz so beeindruckend wie die von IBM; das gebe ich zu. Aber Sie müssen bedenken, dass wir tatsächlich nur 140 Mitarbeiter auf dem Wiki haben. Wir haben 36.000 Seiten in unserem Wiki und seit Oktober 2006 82 Millionen Seitenabrufe, 254.000 Bearbeitungen und 6,92 Bearbeitung pro Artikel. Ich kann Ihnen sagen, dass unsere Regeln jetzt gut sind und man sich an sie halten kann. Wir haben noch nie eine so aktuelle und gute Dokumentation unserer Prozesse gehabt wie seitdem wir das Wiki eingeführt haben. Die Nachricht, die einen schon fast nervös machen muss ist, dass bei 254.000 Edits kein einziger Missbrauchsfall dabei gewesen ist. Wir haben nie die Situation gehabt, dass eine Führungskraft, nachdem man eine Änderung gesehen hat, in Schnappatmung verfiel und dann nach Reanimation sofort ein Re-Edit gemacht hat. Man könnte auch sagen, dass das eher noch nicht mutig genug ist, was die da machen. Deswegen wieder mein Bogen zurück: ich glaube, anonyme Edits würden helfen, um etwas mutigere Meinungsäußerungen und Änderungen zu bekommen. Aber noch haben wir es nicht gemacht.

Wenn wir jetzt einmal live reinschauen – ich habe es vor zehn Minuten aktualisiert –, sind das die letzten Änderungen. Jede Zeile ist eine Änderung, die in unserem Wiki passiert. Also, 13:36 Uhr die letzte, und das ist nur der heutige Tag. Der letzte gestern war gestern 22:52 Uhr. Dazu muss man auch sagen, dass unsere Mitarbeiter momentan ein wenig demotiviert zu sein scheinen. Normalerweise haben wir um 2 und 3 Uhr nachts noch Edits. Es sind so um die 500 Edits pro Tag, zwischen 300 und 700. Wenn Sie sich die Kurzzusammenfassungen, Überschriftenänderungen anschauen, so befassen die sich ausschließlich mit ihrem Job. „k" zum Beispiel heißt, dass es eine kleine Änderung gewesen ist. Es sind gerade die kleinen Dinge, die den Kollegen die Arbeit zur Hölle werden lassen können; eine fehlerhafte Regelung, wo ein falscher Ansprechpartner drin ist oder der nächste Freizeichner falsch ist. Das sind die kleinen Dinge, die Mitarbeitern das Leben schwer machen und das ändern die jetzt selber.

Wir nutzen das Ding mittlerweile zur Talentidentifizierung. Da Wiki alles transparent macht, kann man sehen, was sie können und was nicht. Wir haben allen vorgeschrieben, eine Benutzerseite zu machen, die zumindest Lebenslauf und Kontaktdaten enthalten soll. Ansonsten dürfen sie dort schreiben, was sie wollen, auch private Dinge. Das Ergebnis ist, dass wir heute, wenn wir für Projekte scouten oder intern etwas für Stellenbesetzungen machen, in erster Linie in Wiki und nicht mehr in die Personalakte gucken, wo sowieso nie die Wahrheit drin steht. Sie wissen ja selber, was in Zeugnissen und Beurteilungen steht. Hier in Wiki kann man die ganze Wahrheit sehen.

Wir haben das Ganze auf unsere Franchisenehmer ausgeweitet, was den Franchiseverband zunächst sehr nervös gemacht hat. Unsere gesamten Franchisedokumente sind drin, also auch Prozessbeschreibungen und Verträge. Die Franchisenehmer können alles ändern. Es ist das gleiche Ergebnis wie bei SYNAXON, es funktioniert gut, eine Menge Edits und keine Missbräuche.

Das Ganze haben wir noch eine Stufe weiter nach draußen gelegt. Wir haben ein ganz einfaches CMS genommen, was jeder sofort bedienen kann. Es ist nicht mehr so komplex wie Typo3. Es ist auch nicht mehr so schön, was wir da jetzt machen. Aber es kann jeder bedienen, mit dem Ergebnis, dass unsere Internetseite jetzt ein wahres Bild über das Unternehmen darstellt und wieder jeder alles ändern kann. Blogs haben wir mittlerweile auch. Jeder kann hier natürlich auch ohne Freigabe hier sofort bloggen. Das unterscheidet uns von vielen Großunternehmen, wo Sie eine Freigabe brauchen, um irgendetwas nach draußen zu geben. Das ist dann selbst unseren Mitarbeitern zu mutig erschienen, die sagten, dass wir Restriktionen haben und wenn versehentlich eine Insidertatsache rausgegeben wird, ist das ein Problem für das Unternehmen. Die Lösung ist einfach: Wenn sich jemand unsicher fühlt, kann er das zur Freigabe vorlegen.

Es wird Sie jetzt auch nicht mehr überraschen, dass wir auch hier kein einziges Problem in der Zwischenzeit hatten. Nicht alles, was geschrieben ist, ist literaturpreisverdächtig und es sind auch einmal Rechtschreibfehler enthalten. Gerade Leute wie Einkäufer sind nicht immer die Träger der deutschen Intellektuellenmedaille, aber sie haben interessante Geschichten zu erzählen. Wenn die etwas schreiben, wird das gelesen und Sie bekommen ein sehr klares Bild darüber, was SYNAXON so macht, wofür die steht und was für Menschen da arbeiten. Für uns ist das ein sehr positiver Effekt. Wir haben keine Probleme mehr, gute Mitarbeiter zu finden. Das war mit unserem alten gefechtsstandorientierten Leitbild doch noch etwas anders.

11 Mitarbeiterblogs als Baustein eines zeitgemäßen Wissensmanagements

Karsten Ehms
Siemens AG, München

Ich bin der technische Projektleiter für die Plattformen. Von meinem Hintergrund bin ich Psychologe. Insofern hat mich das Thema Mensch und Technik, wie beides zusammenspielt, an diesem Projekt besonders fasziniert. Ich kann eigentlich nahtlos an meinen Vorredner anschließen was das Thema Missbrauch angeht. Bei der Siemens AG gibt es die Weblog Plattform, die aus dem Intranet seit 2006 intern zugänglich ist. Damit sind wir ein paar Jahre hinter der IBM, auch von den absoluten Zahlen. Was die Missbrauchsfälle angeht ist nichts vorgefallen, was mitunter äußerst schwierig zu vermitteln ist. Wenn man sich zurückversetzt an den Moment, wo man das einführt, gibt es schon die Ängste der Art: „was ist, wenn die Leute durchdrehen?".

Zum anderen ist mein Background der des Wissensmanagement, d.h. ich interessiere mich speziell dafür, was man mit Weblogs zeitgemäß, also im Jahr 2009, zu dem etwas old-fashioned Thema Wissensmanagement für Nutzen stiften kann. Die Einführung der Plattform bei der Siemens AG erfolgte nicht als Wissensmanagementtool, in das alle ihr Wissen einstellen sollten – das hätte nur die Fehler der Disziplin wiederholt –, sondern es hat sich sehr günstig ergeben, dass eine Partnerschaft mit der Kommunikationsabteilung stattgefunden hat. Unsere zentrale Kommunikationsabteilung wollte auch gern eine solche Plattform für die Mitarbeiter, um das Thema dialogorientierte Kommunikation voranzubringen. Das Fachzentrum für Wissensmanagement, dem ich angehöre, hat sich dafür interessiert, wie man das für den Wissensaustausch nutzen kann. Das ist eine ganz wichtige Botschaft, die wir auch heute Morgen schon von Dion Hinchcliffe gehört haben. Diese ganzen Werkzeuge haben verschiedenste Einsatzmöglichkeiten. Es ist gut, wenn man dann verschiedene dieser Usecases zusammenbringt und die Plattform durch verschiedene Nutzungsszenarien stützen und legitimieren kann. Das Ganze widerspricht mitunter dem etwas granularen Controlling, welches man in Großunternehmen findet und mit dem man versucht, möglichst ein Werkzeug präzise zu vermessen und zu bestimmen, welchen Beitrag es zu welchem Zweck bringt.

Wissensmanager scheinen ganz gern McKinsey zu zitieren. Ich tue es auch. McKinsey beschäftigt sich seit drei Jahren mit der Frage Social Software und hat recht umfassende Umfragen durchgeführt. Der interne Nutzen, der von den ca. 1500 dort befragten Führungskräften am meisten gesehen wird, ist „Managing Knowledge". Das ist sozusagen der wichtigste Anwendungsfall.

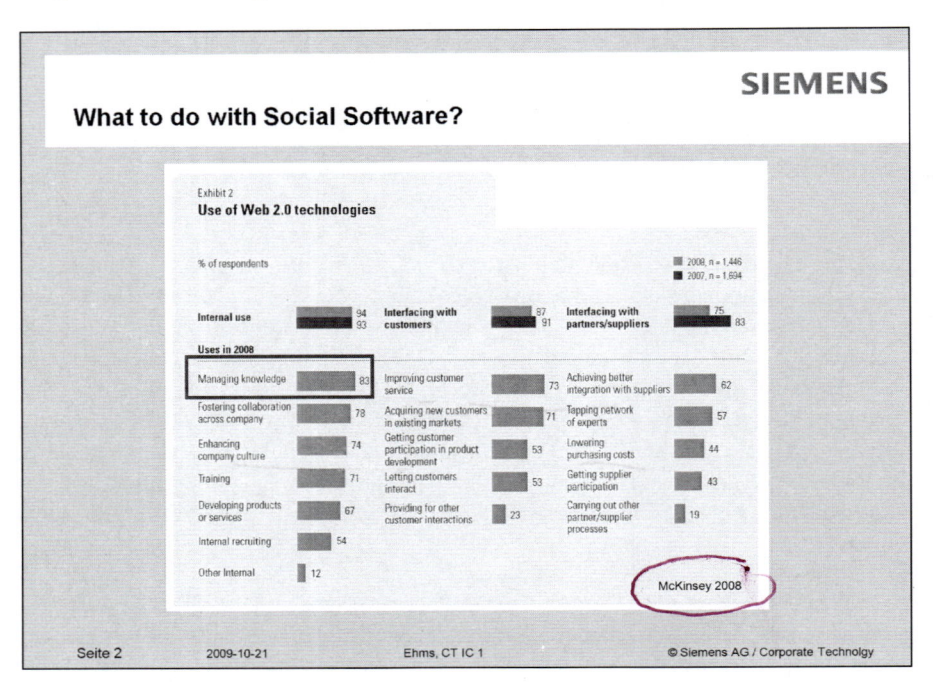

Bild 1

Die spannende Frage ist natürlich jetzt: Was heißt das (Bild 1)? Managing Knowledge, Wissensmanagement an sich ist dermaßen vielfältig, dass man das etwas ausbuchstabieren muss. Dieses Modell kennen Sie vielleicht, 1995 Nonaka Takeuchi. Dazu ist nur zu sagen, dass es einerseits problematisch ist, weil es nahe gelegt hat, dass man Wissen und sogar sehr „sperriges" Wissen (tacit knowledge) doch irgendwie explizieren könnte und somit eine Zeit von fünf bis sieben Jahren Wissensmanagement eingeleitet hat, wo man genau das sehr erfolglos versucht hat.

11 Mitarbeiterblogs als Baustein eines zeitgemäßen Wissensmanagements   141

Der (wissensorientierte) Manager   **SIEMENS**

nach Denning, Steve

Seite 4   2009-10-21   Ehms, CT IC 1   © Siemens AG / Corporate Technolgy

Bild 2

Noch viel schlimmer ist an dem Modell, dass die Disziplin des Wissensmanagements nicht gemerkt hat, dass nach zwei bis drei Jahren die Autoren selbst dieses Modell zurückgezogen haben, nicht nur, weil es die Manager verwirrt hat, sondern weil sie einfach erkannt haben, dass es schlichtweg falsch war (Bild 2). Heute werden Sie leider immer noch Diplomarbeiten oder Dissertationen finden, die sich auf dieses Modell stützen.

Es ist also insofern sinnvoll, sich ein Minimalmodell von Wissensmanagement anzusehen, wo es klar den einen Pfad gibt, dass Wissen als Information kodifiziert wird. Der zweite Pfad ist der über die direkte Kommunikation im Dialog.

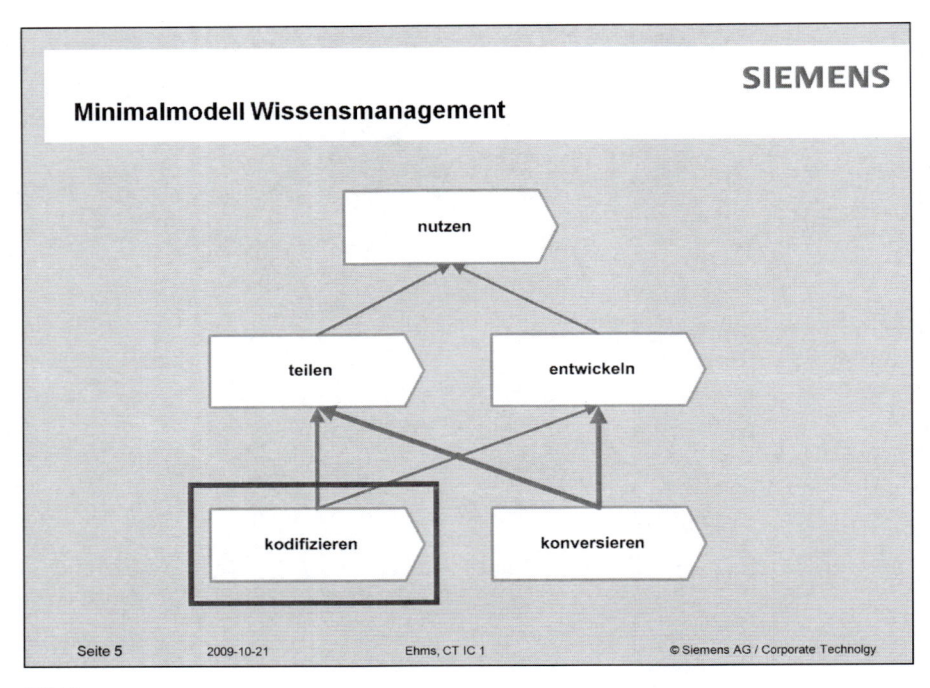

Bild 3

Letztlich betreibt man Wissensmanagement hoffentlich dazu, dass im Geschäft einen Nutzen entsteht (Bild 3). Insofern ist dieses Motto, das wir heute schon gehört haben „wenn Siemens wüsste, was Siemens weiß" gar nicht so glücklich, weil Siemens soll ja nicht wissen, was Siemens weiß, weil das an sich so interessant ist, sondern Siemens soll eben *nutzen*, was Siemens weiß. Trotzdem ist es ein Slogan, der heute immer noch häufig gebraucht wird.

Wenn man sich mit diesen Werkzeugen aus dem Bereich Social Software beschäftigt, geht es klar den Pfad des Kodifizierens im gezeigten Minimalmodell. Ich beschäftige mich in diesem Zusammenhang nicht damit, wie man zwischenmenschliche Kommunikation und direkten Kontakt verbessert, sondern konzentriere mich auf diesen Kodifizierungspfad. Dann muss ich aber die Frage beantworten, was, wieviel und wozu denn da kodifiziert wird.

Der zweite interessante Aspekt sind die Softwaretools, die in der Unternehmensumwelt bereits vorhanden sind. Das Spannende daran ist, dass vielleicht zum ersten Mal in der Geschichte der Technologieentwicklung die Nutzer solche Kommunikationswerkzeuge hatten *bevor* diese in Unternehmen verfügbar waren. Bei Email war es noch so, dass bestimmte Infrastrukturmaßnahmen ergriffen werden mussten. Es musste stark von Unternehmen investiert werden. Doch mit Social Software verhält es sich erstmalig so, dass die Mitarbeiter von morgen, die Digital Natives sowieso, diese Werkzeuge schon kennen und sich das Spiel komplett umgedreht hat, d.h. die Sachen sind da und jetzt fragen die Mitarbeiter, warum man das im Unternehmen nicht hat.

Insofern ist auch das Thema Rollout anders zu denken als bei den Technologiegenerationen zuvor. Ich kann zwar diese Werkzeuge bereitstellen, bin aber bei der Nutzung häufig auf Freiwilligkeit angewiesen. Früher ging das nach dem Motto: „Wir machen einen kleinen Pilot und rollen dann aus." Wir haben gemerkt, dass das bei Social Software vielleicht gar nicht so gut funktioniert, weil man stark auf Skaleneffekte setzt, d.h. diese „klassische" Logik, dass wir gern erst einmal im Kleinen experimentieren und dann ins Große gehen, gilt sicherlich auch noch für einige Softwaretools und Anwendungen. Aber für bestimmte Usecases, die auf Vernetzung abzielen, bricht diese Logik zusammen. D.h. ich muss schon den Mut haben, vielleicht auch im Größeren zu experimentieren. Da sind wir bei der Siemens AG in der glücklichen Lage, dass wir weltweit verteilt über 400.000 Mitarbeiter sind. Wir haben die Chance diese Skaleneffekte zu nutzen. Was auch wichtig zu betonen ist: ohne den Mut zu experimentieren wird man diese Werkzeuge nicht produktiv nutzen können. Insofern sind wir da einigermaßen stolz darauf, dass die Siemens AG mit einem eher industriellen Hintergrund, solche Werkzeuge im Einsatz hat.

Die Weblogs sind ins Intranetportal integriert und offen für alle Mitarbeiter weltweit (Bild 4). Wir haben Mitarbeiter aus rund 40 Ländern, die sich daran beteiligen und ihr persönliches Weblog eingerichtet haben. Wir können Gruppenweblogs einrichten und andere Anwendungsszenarien realisieren, beispielsweise „Jams", also Onlinediskussionen in großer Skala.

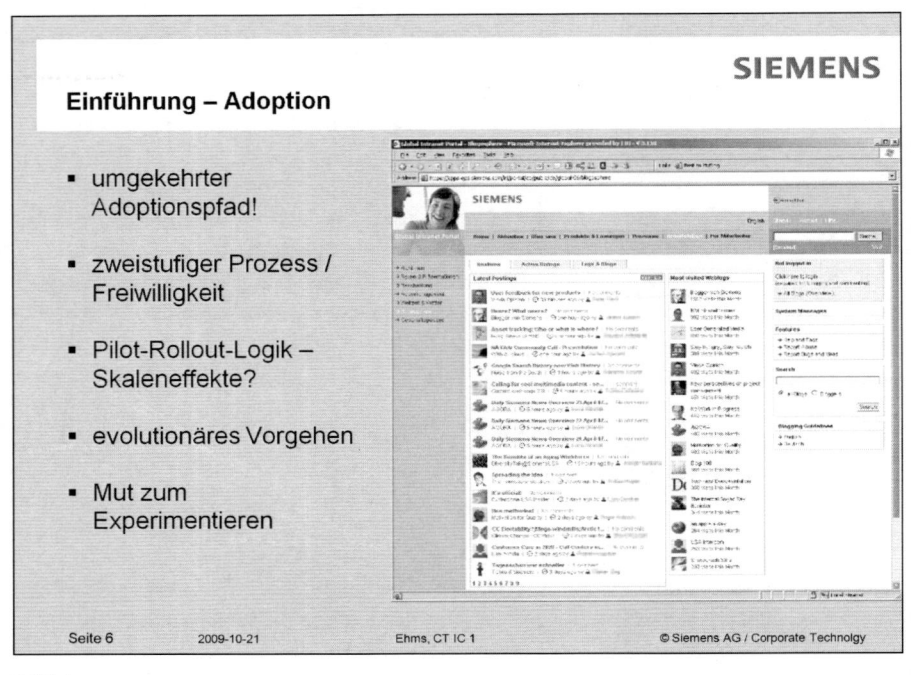

Bild 4

Was eingeführt wird, sollte auch gemessen werden (Bild 5). Zahlen sind immer ein heikles Thema, weil sie nicht so einfach zu interpretieren sind, speziell im Social Software Umfeld. Ich belasse es bei dieser Anmerkung. Dion Hinchcliffe hatte heute Morgen auch ähnliche Kurven herzeigt. Wir haben seit 2006 ein stetes lineares Wachstum, d.h. es gibt noch nicht dieses „Abheben", wie man es nach einigen Jahren(!) bei IBM gesehen hat. Es ist aber schon so, dass wir eine stabile, stetig wachsende Nutzergemeinschaft haben. Es kommen neue dazu, es fallen aber auch mal Nutzer heraus. Die Weblogs sind als Werkzeug global akzeptiert. Man findet Inhalte und Diskussionen vor allem über Landes- und Organisationsgrenzen hinweg. Was die „Wachstumsgesetze angeht", geht es eher in Richtung n log(n), etwas besser als linear.

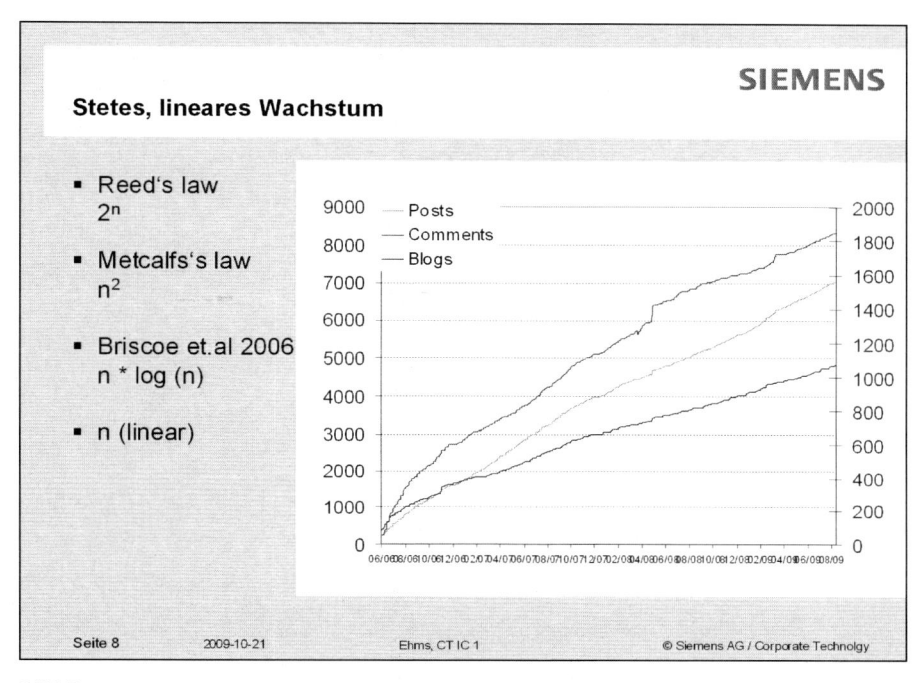

11 Mitarbeiterblogs als Baustein eines zeitgemäßen Wissensmanagements 145

Bild 5

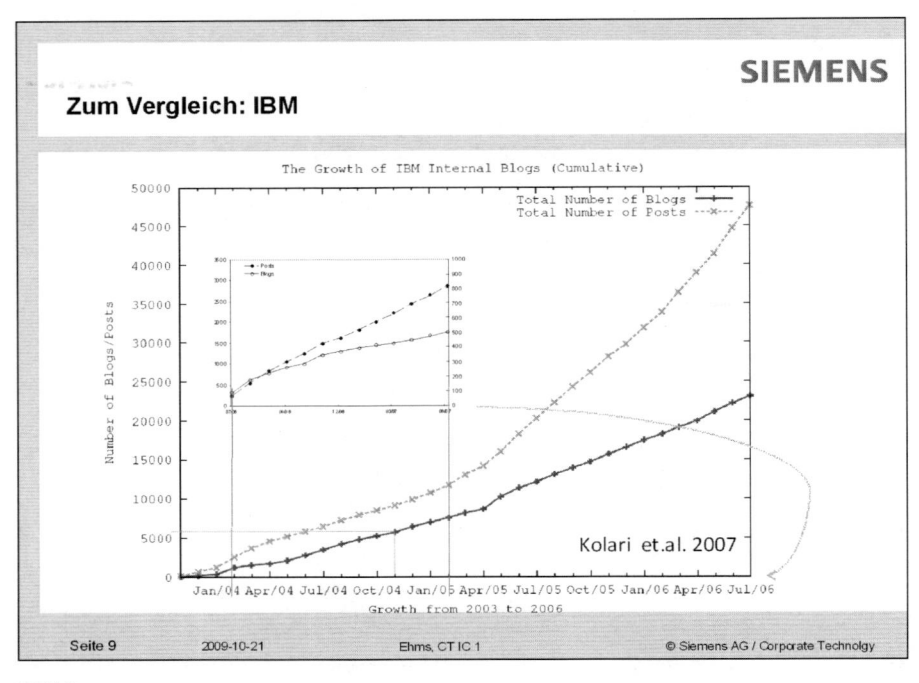

Bild 6

Der Vergleich mit IBM zeigt im Grunde, dass wir bei der Siemens AG schon noch in der Phase der Einführung sind, in der wir Early Adopters haben (Bild 6). Die sind vielleicht sogar etwas aktiver als bei IBM, aber wir haben noch nicht diese Historie, wie klar zu sehen ist. Das „Abheben" haben wir noch nicht geschafft. Wenn man sich diese IBM Grafik, von 2004 bis 2006 anschaut, sieht man, dass man auch Zeit braucht. Der Soziologe Dirk Baecker spricht von der nächsten Gesellschaft, setzt den Wandel durch den (vernetzten) Computer gleich mit der Einführung der Schrift bzw. der Einführung der Druckpresse. Dann ist es auch selbstverständlich, dass eine solche Technik nicht in drei, vier Jahren sofort von allen genutzt wird, trotz bei aller beschleunigten Technologieentwicklung. Da sind Ausdauer und Vertrauen in die Entwicklungsmöglichkeiten gefragt.

Die zweite Herausforderung hängt auch mit diesem erwünschten exponentiellen Wachstum zusammen. Es gibt aber auch andere Effekte, die diese Longtailverteilung / Potenzgesetzverteilung haben und daran hängt die zweite Herausforderung. Egal wo Sie Social Software einsetzen, im Internet oder im Unternehmen, Sie bekommen bei diesen Medien immer die Longtailverteilungen, d.h. Sie haben relativ viele, die lesen, dann deutlich weniger, die kommentieren und noch weniger, die sich ein Weblog einrichten und dieses aktiv pflegen (Bild 7).

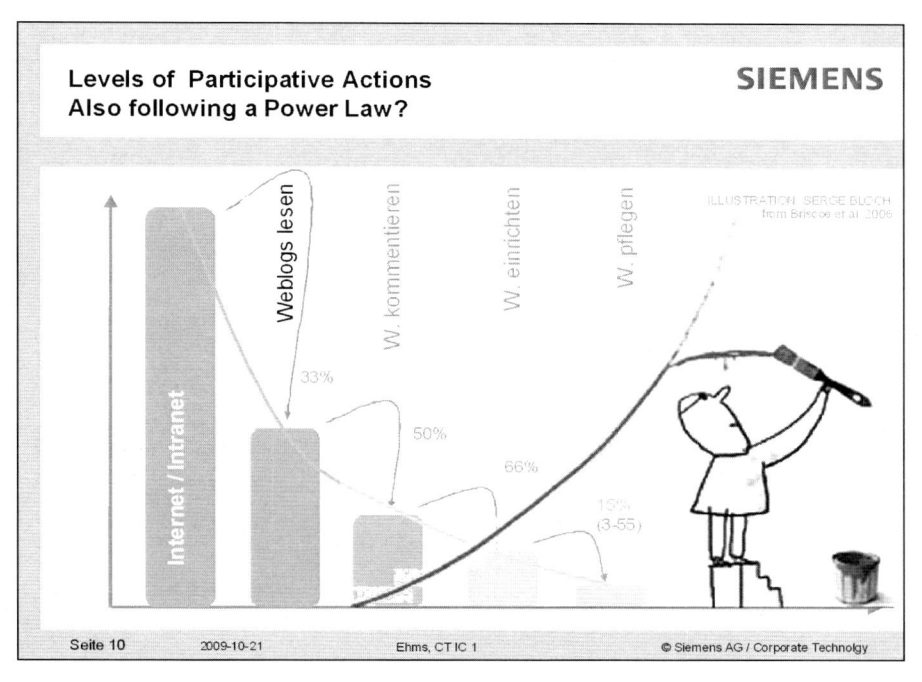

11 Mitarbeiterblogs als Baustein eines zeitgemäßen Wissensmanagements   147

Bild 7

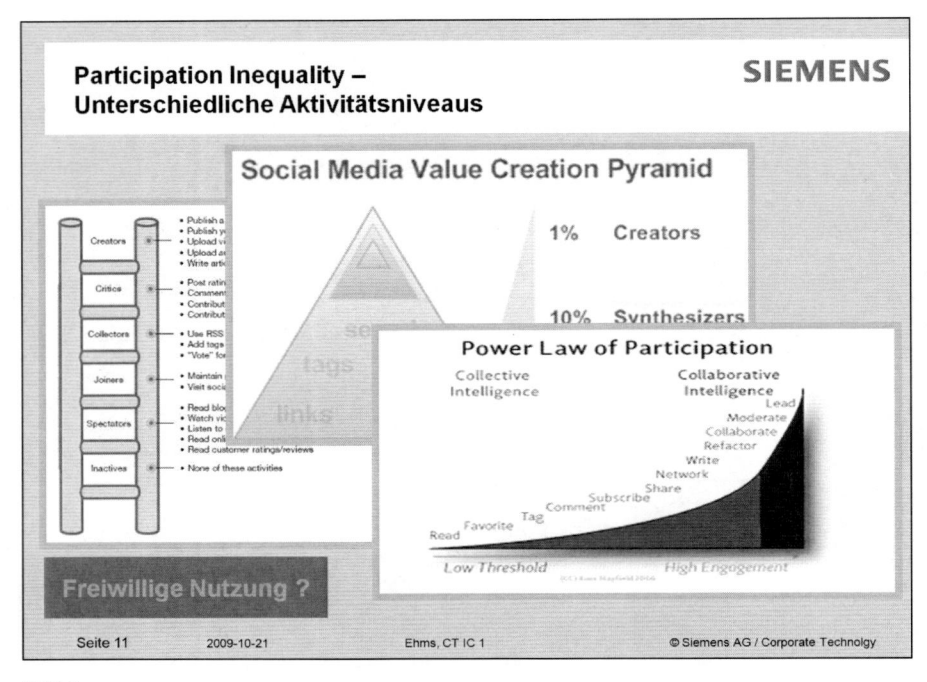

Bild 8

Das gilt auch für das Editieren von Wikipages (Bild 8). D.h. Sie haben relativ wenige Nutzer, die dann relativ viel schreibend beitragen auf diesen Medien. Diese Longtailverteilung bzw. die Asymmetrie der Nutzungsformen ist eine ziemliche Herausforderung für das Management und klassische IT-Organisationen. Sie machen ein solches Projekt, führen es ein und dann werden Sie nach der Nutzung gefragt. Ist diese 50% scheint es zu wenig, weil nach „klassischem" Verständnis *alle* das System Nutzen sollten, wie bei Email. Es stellt echt eine Herausforderung für das Denken dar, sicherlich durch die freiwillige Nutzung bedingt, aber auch durch die Vielfalt der mittlerweile vorhandenen Tools. Wir haben eine Pluralität von Werkzeugen und auch eine Pluralität an Nutzungsformen. Deswegen ist auch die Kommunikation von Zahlen mitunter schwierig, weil Journalisten sehr schnell bemängeln, wenn es „nur fünf Kommentare" im Durchschnitt gibt. „Siemens hat Blogs eingeführt und nur fünf Kommentare bekommen -- schwach". Dabei besagt dies eben für den Geschäftsnutzen gar nichts. Es kommt darauf an, was in den Kommentaren steht, wie viele den Beitrag und die Kommentare lesen und was ein Beitrag für eine Wirkung hat. Diese Asymmetrien in der Beteiligung sind sicher etwas, wo das klassische Denken herausgefordert wird.

Sie können mit Social Software sehr viele unterschiedliche Dinge tun. Und ich werde häufig gefragt, wozu genau man Weblogs einsetzen soll. Mittlerweile kann

11 Mitarbeiterblogs als Baustein eines zeitgemäßen Wissensmanagements

ich ein bisschen aus der Empirie schöpfen, aber es ist immer noch eine Handvoll oder zehn verschiedene Anwendungsfälle, die hier greifen und Nutzen stiften können. Ich habe dies allein am Beispiel von Weblogs veranschaulicht (Bild 9).

Bild 9

Es sind eben Universalwerkzeuge und vielleicht speziell im Industrieunternehmen kommen wir vom Denken sehr stark aus einer Historie in der *eine* Maschine gebaut wird, die genau für *eine* Sache da ist und dafür muss sie 100% Adoption finden und genutzt werden. Das passt nicht zu diesen Werkzeugen. Es ist vielleicht für Sie alles selbstverständlich, stellt aber durchaus für den einen oder anderen, der einmal versucht hat, Ähnliches im Unternehmen einzuführen, einen Diskussionspunkt dar. Man muss sehr deutlich betonen, dass es sich um Universalwerkzeuge handelt, die die Barriere senken Inhalte zu publizieren. Dass die Datenbank leer bleibt, wie in vielen Wissensmanagementinitiativen der Vergangenheit, ist eher unwahrscheinlich. Aber die „netten", hoch strukturierten *Abfrage*möglichkeiten, die man sich für spezialisierte Anwendungssysteme ausdenken kann, haben Sie da erst einmal nicht. Die muss man nachziehen, wenn die Informationsmenge anwächst. Dafür haben Sie aber zumindest Informationen in einem System, die Sie abfragen können.

Hier noch einmal eine akademische Aufteilung, an der man sieht, dass es allein für Weblogs einen ganzen Strauß an Anwendungsmöglichkeiten gibt, die teilweise durch spezielle Tools natürlich wieder abgelöst werden (Bild 10). Das ist aus meiner Dissertation, als Twitter noch ganz am Anfang war. Mittlerweile gibt es für bestimmte Anwendungsformen schon wieder eigene Tools.

adressierte Öffentlichkeit	thematische Breite Beiträge	Tiefe / Länge der Beiträge	Blogging-Stil Leitmetapher
klein, wenige Personen, private Öffentlichkeit	breit, "Lebenswelt"	oberflächlich, kurz	micro blogging (twitter)
		tief, ausführlich	Journal/Life-Writing/"TB"
	fokussiert, Themen	oberflächlich, kurz	Wissens-Spuren, Filter
		tief, ausführlich	Experten-Weblog
groß, viele Personen, trad. Öffentlichkeit	fokussiert, Themen	tief, ausführlich	Fach-Journalismus
		oberflächlich, kurz	thematische Linksammlung
	breit, "Lebenswelt"	tief, ausführlich	Massenmedien
		oberflächlich, kurz	

Abbildung ##: Arten von Weblogs (Ehms, in Vorbereitung)

http://www.persoenliches-wissensmanagement.com/content/weblogtypen-und-blogging-stile

Bild 10

Vieles läuft in Richtung Plural... mitunter für die IT Abteilung ... Ihnen eine Möglichkeit anb... ...erungsraster zu schaffen, das a... ...kann. Wenn man sich länger ... ...viele dieser Universalwerkzeu... ...).

11 Mitarbeiterblogs als Baustein eines zeitgemäßen Wissensmanagements

Einsatzgebiete und Nutzenpotenziale von Social Software — SIEMENS

- Zugänglichkeit
- Vernetzung
- loose Koppelung
- pers. Info-Management
- quasi-öffentl. Kommunikation
- Kollaboration

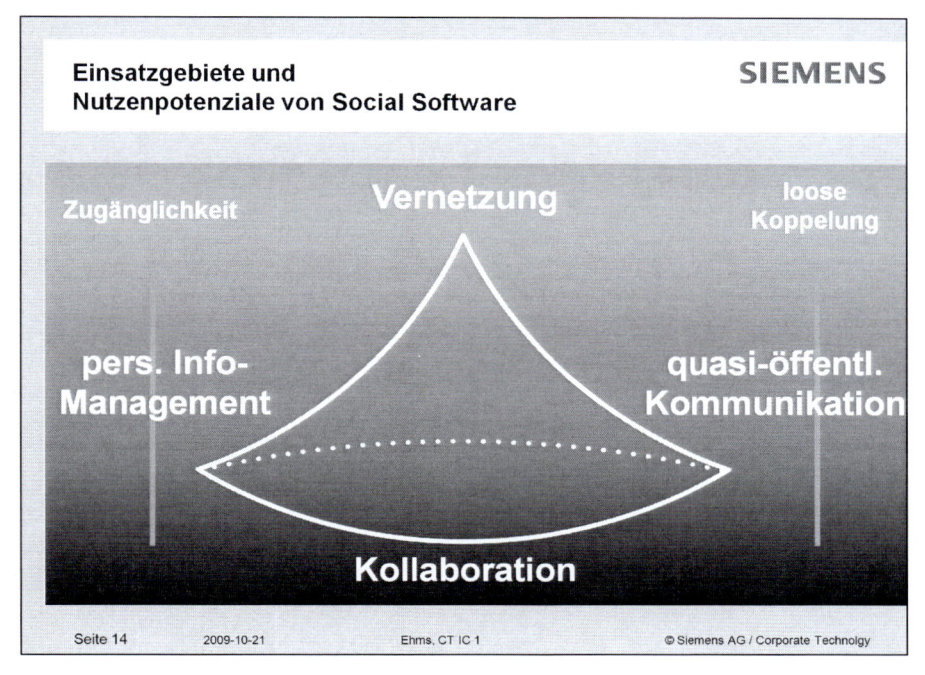

Seite 14 — 2009-10-21 — Ehms, CT IC 1 — © Siemens AG / Corporate Technolgy

Bild 11

Persönliches Informationsmanagement: Ich kann meine Informationen verwalten, die mich eher selbst interessieren, aber ich mache dies öffentlich, d.h. jemand anderes kann sie finden und nutzen. Ich habe den Schwerpunkt meine Sachen zu verwalten.

Quasi-öffentliche Kommunikation: Das geht eher in Richtung Kommunikation, also klassischerweise *bestimmte* Emails zu ersetzen.

Egal wo ihr Einsatzschwerpunkt ursprünglich ist, wenn Sie dies auf Social Software Plattformen tun ergibt sich beiläufig ein Vernetzungspotential. Das ist das Schöne daran. Sie können, auch was den Nutzen angeht, verschiedene Motivationen haben, aber das Vernetzungspotential ist auf alle Fälle vorhanden. Selbst wenn Sie Informationen zunächst nur für sich persönlich verwalten, es aber in ein Werkzeug tun, das offen ist und diese Informationen anderen zugänglich macht. Sie werden die Vernetzung bekommen. Unsere Erfahrung ist auch, wenn Sie ein oder zwei Beiträge im Weblog über mehrere Monate hinweg machen, werden Sie die Kollegen finden, die sich mit ähnlichen Themen beschäftigen. Sie werden eine Tagcloud haben, die überraschend gut als Kompetenzprofil dient. Weil immer das Zeitargument kommt: Es ist nicht so, dass Sie jeden Tag drei Weblogeinträge schreiben müssen. Empirisch lässt sich wunderbar schon an wenigen Usecases auf unserer internen Plattform nachvollziehen, dass relativ wenige Beiträge dazu führen, dass dieses Vernetzungspotential zustande kommt.

Schließlich gibt es im Modell noch den Bereich der Kollaboration. Ich habe den der Vernetzung gegenübergestellt. Das mag etwas zugespitzt sein, aber es ist tendenziell schon so, dass Kollaboration eher in einem abgeschlossenen Kreis stattfindet, mit einem gemeinsamen Ziel (Stichwort: Team). Dann erwarte ich auch nicht unbedingt, dass ich *neue* Leute zu einem Thema finde, wie beim Ziel der Wissensvernetzung.

Was hat diese Vernetzungs- und Netzwerklogik nun für Konsequenzen? Mit der Vorhersagbarkeit ist es nicht mehr so wie beim Betrieb einer Maschine, sondern ich verschiebe das was Management ist mehr in Richtung losere Koppelung. Also, vom starren Durchsteuern schiebe ich sozusagen die Koordinationsmechanismen mehr in Richtung lose Koppelung. Das ist das, was diese Werkzeuge mittransportieren. Häufig wird die Frage gestellt, was sich mit Enterprise 2.0 ändert bzw. ändern muss, wenn man über die Betrachtung der Werkzeuge hinausgeht. Es ist die Veränderung des Steuerungsverständnisses, also dessen was Management ist und sein kann. Insofern kann ich Wissen schon managen, zwar nicht direkt, aber mit einem entsprechend offenem Steuerungsverständnis habe ich schon die Möglichkeit, auf Wissen oder die Wissensvernetzung Einfluss zu nehmen.

Ich bin bei meinen Forschungen auch damit aufgebrochen, dass ich sehen wollte, inwieweit Handlungswissen in Weblogs beschrieben und referenziert wird. Ich meine damit (vereinfacht) Tipps und Tricks, die direkt von dritten genutzt werden können. Diese Vorstellung gibt es seit Beginn des Wissensmanagements. Es kommt schon vor, dass jemand solches Wissen expliziert und viele Abrufe auf diesen Beitrag bekommt. Aber letztlich besteht der wesentlichere Beitrag zum Wissensmanagement in der Vernetzung. Die kann auch wieder als sozialer Filter dienen, die *relevanten* Tipps und Tricks im Überfluss der Informationen zu finden. Der Witz ist, dass ich zunächst für mich einen kleinen Teil der verwalteten Informationen und Kommunikation offen zugänglich kodifiziere, also Wissensspuren hinterlasse. Der Nutzen für die Organisation kommt im Wesentlichen aus dem Vernetzungsgedanken. Insofern ist die wichtigste Metrik für mich die Vernetzung über Organisations- und Landesgrenzen hinweg. Dass dies funktioniert und lässt sich relativ gut belegen und bemessen. Bei Weblogs vor allem über die Kommentare.

11 Mitarbeiterblogs als Baustein eines zeitgemäßen Wissensmanagements 153

Die wichtigste Metrik? — SIEMENS

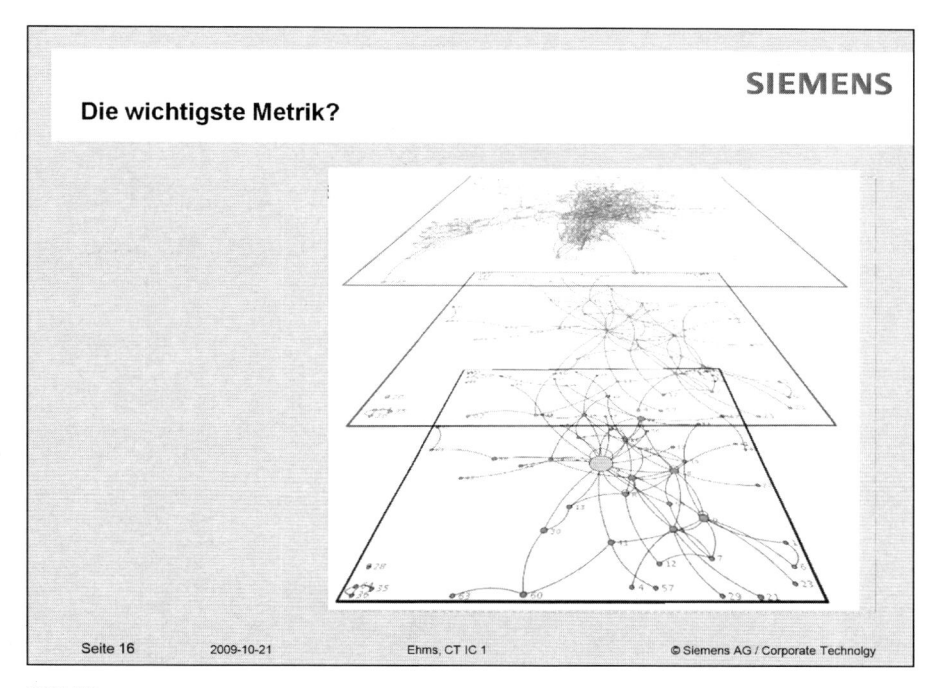

Bild 12

Bestimmte Arten von Weblogs, ich nenne sie „Wissensweblogs", führen dazu, dass es sich vernetzt (Bild 12, 13). Es gibt auch andere Arten, die nicht so stark zur Vernetzung führen. Ich kann hier nicht in die Tiefe gehen, aber es hat etwas damit zu tun, dass Sie authentisch schreiben und in den Weblogs ein Blick auf Ihr personales Wissen sichtbar sein muss.

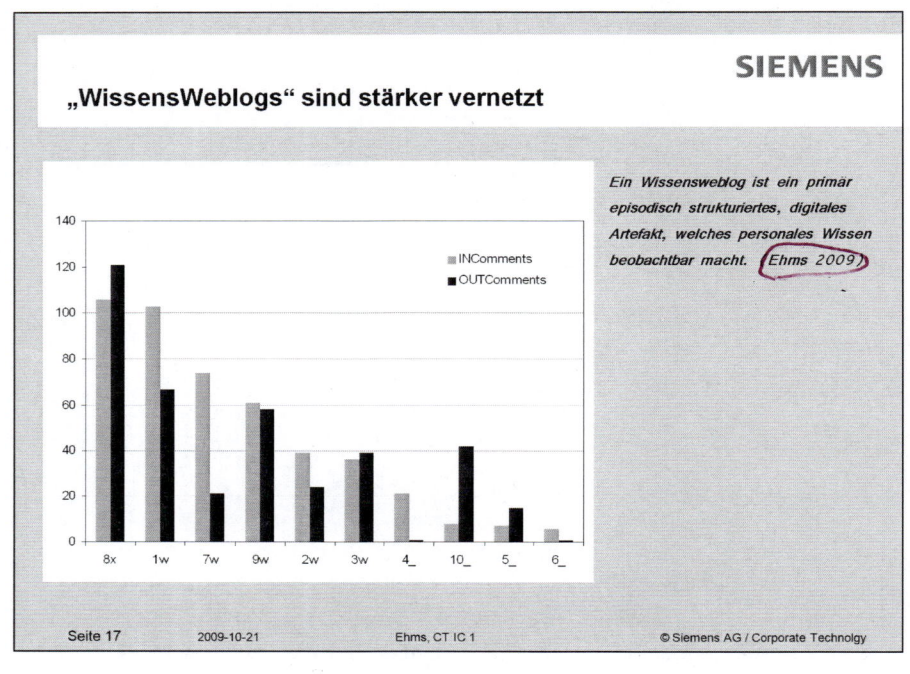

Bild 13

Gegenbeispiel: Sie bloggen aus einer Rolle heraus, beispielsweise einer Marketingrolle. Das können Sie sehr professionell mit vielen Referenzen sehr anschaulich tun. Es können wertvolle Assets mit geschäftsbezogenem Nutzen entstehen. Sie schreiben dann aber eher nicht vor dem Hintergrund ihres personalen (Fach)Wissens und nach unseren Erfahrungen, und zumindest meiner überschaubaren empirischen Forschung, wird das angesprochene Vernetzungspotential nicht realisiert. Nochmals: es ist ggf. legitim und sinnvoll in einem „Marketingstil" zu bloggen, Sie sollten dann aber keine Wissensvernetzung erwarten.

11 Mitarbeiterblogs als Baustein eines zeitgemäßen Wissensmanagements 155

Eigentliche Herausforderung:
Die Steuerung komplexer, lebendiger Systeme

SIEMENS

Mechanik
Determinismus
Industriegesellschaft

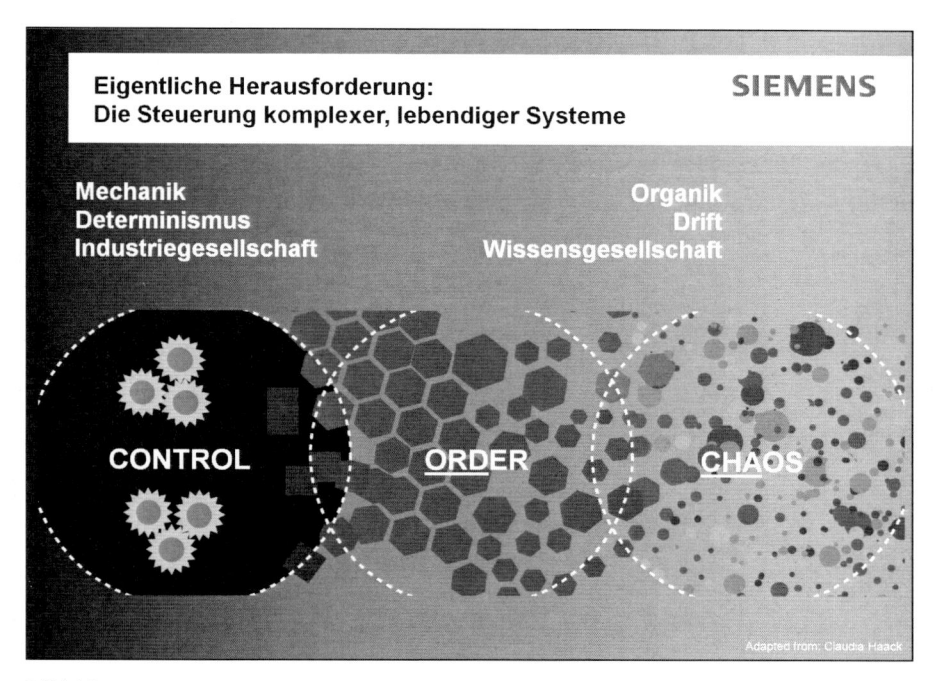

Organik
Drift
Wissensgesellschaft

CONTROL ORDER CHAOS

Adapted from: Claudia Haack

Bild 14

Was ist die eigentliche Herausforderung (Bild 14)? Ich habe es schon einmal anklingen lassen. Die eigentliche Herausforderung ist, wie Management gedacht werden soll. Wie steuere ich? Steuere ich eher klassisch, deterministisch und sage: ich habe *ein* Werkzeug für *einen* Zweck, ich möchte möglichst genau vorhersagen, wohin es geht, oder bewege ich mich eher in die Richtung, die heute auch schon anklang: Chaos? Um es seriöser zu formulieren: bewege ich mich auf andere Steuerungsformen zu? Es lässt sich auch argumentativ schlüssig herbeiführen. Wenn ich Wissensarbeit vernetzen möchte, muss ich mich zwangsläufig mit komplexeren Phänomenen auseinandersetzen, mit schwer maschinell abbildbaren Zusammenhängen. Die Herausforderung ist von dem mechanistischen, deterministischen Denken einer Industriegesellschaft, vielleicht auch eines Industrieunternehmens, sich ein deutliches Stück in Richtung organische Steuerung, Öffnung hin zu Komplexität, zu Vernetzung zu bewegen und auch von dieser Eindeutigkeit, die eine Hierarchie bietet, stärker in Richtung Selbstorganisation zu gehen.

Der Wirtschaftsnobelpreis von 2009 ging an zwei Personen und wurde erstmals an eine Frau vergeben, die sich mit Selbstorganisation beschäftigt hat. Das ist ein schönes Zeichen, aber für das Thema Steuerungsformen ist eher spannend, dass der zweite Teil des Nobelpreises an Oliver Williamson gegangen ist, der sich mit Transaktionskosten beschäftigt hat. Er setzt ganz klar zwischen die Hierarchie auf der einen Seite und den Markt als Koordinationsmechanismus auf der anderen Seite die Steigerungsform des Netzwerkes. Das ist ein gutes Zeichen in diesem Jahr und passt gut zu meiner Argumentation in Bezug auf Wissensvernetzung.

12 Twitter als Werkzeug in der Unternehmenskommunikation

Carmen Hillebrand
Vodafone Deutschland, Düsseldorf

Ich bin zwar vielleicht auch ein Digital Immigrant, habe aber noch sehr viele Bücher. Das nur als Bemerkung zu der gerade geführten Diskussion. Ich habe Ihnen einen Einblick in Twitter mitgebracht und wie unserer Meinung nach Corporate Twitter gut funktioniert. Zum Ablauf meiner Präsentation: Ich werde Ihnen eine kurze Einführung geben über die Kommunikation, die sich derzeit im Umbruch befindet, welche Konsequenzen sich daraus ergeben, was Twitter ist und ob man um jeden Preis twittern muss. Dabei komme ich auf Web 2.0 Kommunikationsstrategien zu sprechen und gehe exemplarisch auf unsere Strategie ein. Ich zeige Ihnen, welche Zielsetzung wir verfolgen und wie wir unseren Vodafone-Twitteraccount @vodafone_de aufgesetzt haben.

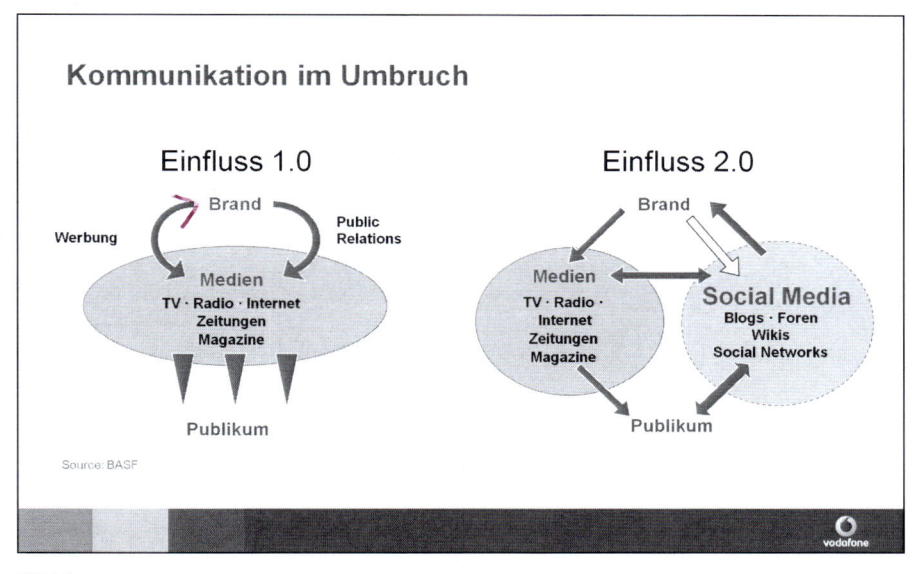

Bild 1

Die Kommunikationslandschaft ist im Umbruch (Bild 1). Wenn man sich den Unterschied von Einfluss 1.0 zu 2.0 aus der PR-Sicht anschaut, hat sich eines geändert: Im Einfluss 1.0 haben wir immer als Ansprechpartner die Medien gehabt, die wiederum als Filter wirken und wirkten. Wir kommunizierten durch diese Filter mit Endkunden. Der Einfluss 2.0 ist ganz anders. Er wird direkter. Die Rolle der Medien ändert sich. Kunden gehen direkt auf Unternehmen zu und tauschen sich mit ihnen oder untereinander in Social Media aus. Social Media ist übrigens nur ein Überbegriff für Blogs, Twitter, Wikis etc.

Kommunikation im Umbruch

Gesprächspartner ändern sich
Medien als Vermittler verlieren an Bedeutung

Geschwindigkeit ändert sich
Echtzeitkommunikation

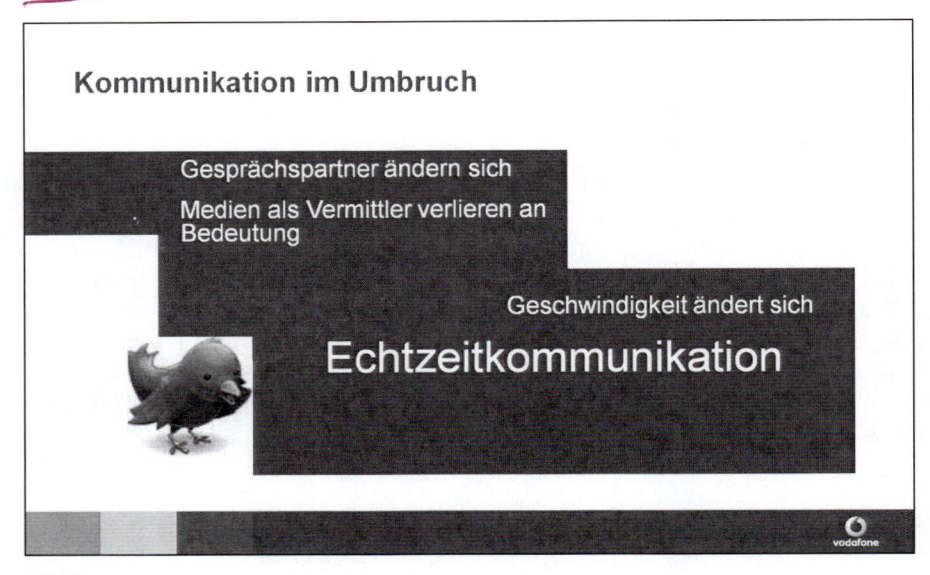

vodafone

Bild 2

Das Fazit lautet daher (Bild 2): Die Gesprächspartner ändern sich. Die Medien als Mittler verlieren an Bedeutung. Gleichzeitig haben wir es mit einer veränderten Geschwindigkeit zu tun: Echtzeitkommunikation. Ein Ausdruck der Echtzeitkommunikation ist Twitter (Bild 3). Twitter ist Echtzeitkommunikation in 140 Zeichen und wächst exorbitant mit Wachstumsraten bis zu 400%. Die Zahlen ändern sich ständig, aber im Moment gehen wir von ca. 1,8 Mio. Deutschen aus, die bei Twitter sind, und weltweit 44,5 Mio. Nutzern.

Was ist Twitter?

Twitter: Echtzeitkommunikation in 140 Zeichen
Twitter wächst exorbitant – Wachstumsraten bis zu 400%
ca. 1,8 Mio Deutsche sind bei Twitter
Weltweit nutzen ca. 44.5 Mio den Mikroblogging Dienst

Für jeden Kommunikationsverantwortlichen ist Twitter derzeit ein Muss:
Sie müssen Twitter beobachten – Die Suchmaschine ist exzellent. Sie müssen nicht zwingend selbst twittern

Twitter ist keine Strategie, sondern ein Werkzeug

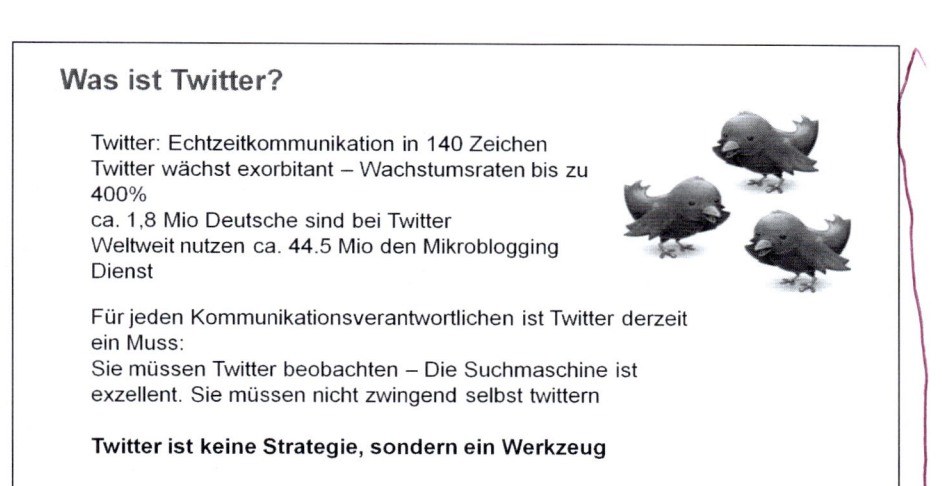

Bild 3

Ich bin der Meinung, dass jeder Kommunikationsverantwortliche Twitter beobachten muss, denn die integrierte Suchmaschine ist exzellent. Wenn Sie wissen wollen, was da draußen gerade passiert, dann googeln Sie nicht, sondern schauen Sie in Twitter! Zu diesem Zweck gibt es die Suchfunktion „Advanced Search". Google ist derzeit für die Echtzeitkommunikation einfach zu langsam.

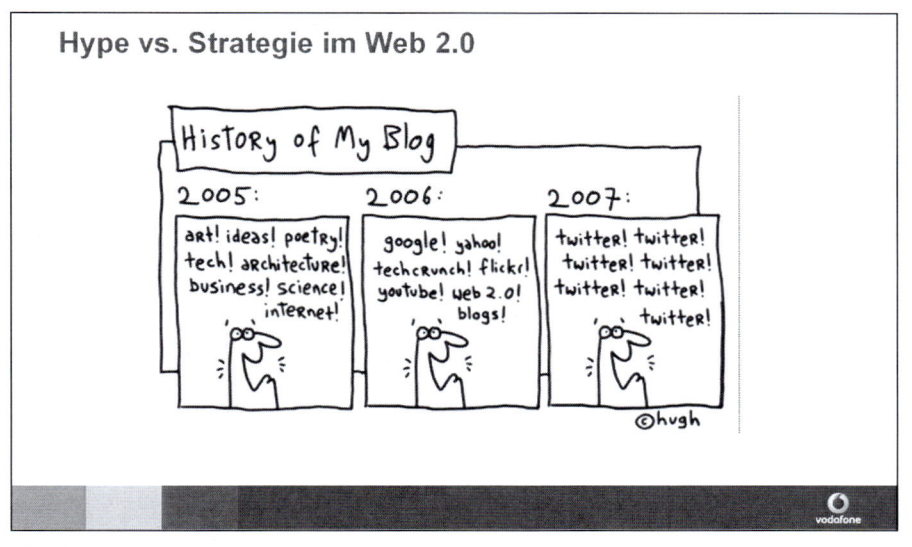

Hype vs. Strategie im Web 2.0

Bild 4

Aber, und das ist mir ganz wichtig, Twitter ist keine Strategie sondern ein Werkzeug. Viele meinen, dass Twitter jetzt nur wieder so ein Hype ist (Bild 4). Sie haben alles durchgemacht und seit 2007 heißt es nur noch Twitter. Muss man als Unternehmen twittern? Nein, nicht unbedingt. Der Einsatz dieses Werkzeugs sollte in eine Strategie eingebettet sein. Und die fußt wiederum auf Beobachtung. Bevor man sich als Firma aktiv ins Web 2.0 begibt, sollte man erst einmal das Web beobachten, die verschiedenen Kanäle sondieren und dann überlegen, was man eigentlich erreichen will. Erst dann folgt die Auswahl der Maßnahmen und Werkzeuge.

Vodafones strategisches Kommunikationsziel

Durch gezielte Kommunikationsmaßnahmen im Web 2.0 wird Vodafone als offenes Unternehmen und als einer der Meinungsführer des mobilen Internets wahrgenommen

Bild 5

Ich stelle jetzt exemplarisch unsere Strategie vor (Bild 5). Das Ziel von Vodafone Deutschland ist es, als offenes Unternehmen und als einer der Meinungsführer des mobilen Internets wahrgenommen zu werden. Neben unseren Mitarbeitern sind unsere Zielgruppen die sog. Geeks und Nerds. Dies sind sehr spitze Zielgruppen, ganz der „Longtail Theorie" folgend. Uns ist bewusst, dass diese Zielgruppen klein sind, aber die Geeks und Nerds sind genau die Multiplikatoren, die wir brauchen. Es sind sie, die von Freunden, Familien und Bekannten gefragt werden, wenn es um technologische Entscheidungen – egal ob Telekommunikation oder IT – geht.

12 Twitter als Werkzeug in der Unternehmenskommunikation 161

Strategie

„Open Vodafone"

1) Vodafone tritt gezielt und kanalisiert in ausgesuchten Social Media in Erscheinung und greift so in Diskussionen ein.

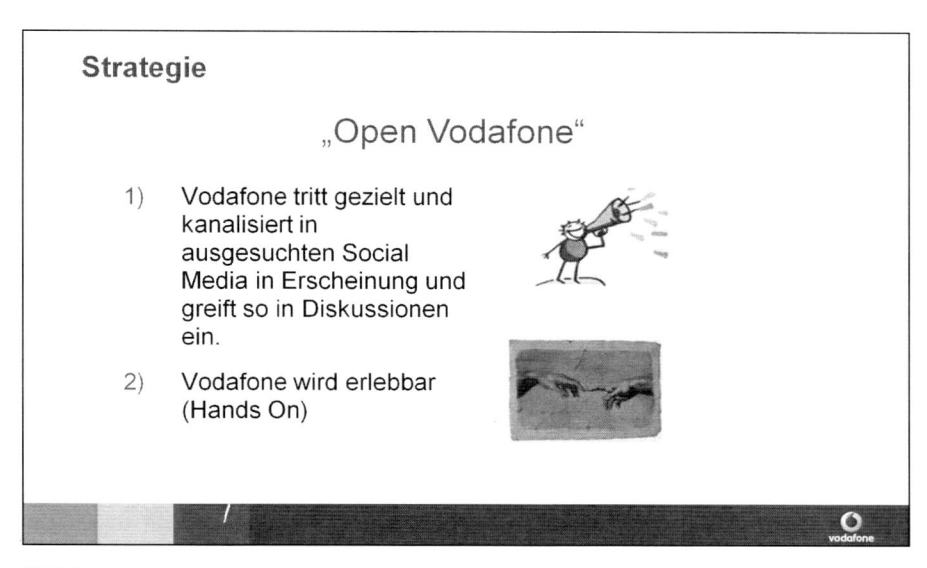

2) Vodafone wird erlebbar (Hands On)

Bild 6

Die Strategie, um dieses Ziel zu erreichen, ruht auf zwei Säulen (Bild 6). Wir nennen das „Open Vodafone". Eine Säule ist, dass wir gezielt und kanalisiert in ausgesuchten Social Media in Erscheinung treten und in die Diskussion eingreifen. Die andere Säule bedeutet, dass wir uns erlebbar machen. Das heißt, wir gehen auf Web 2.0 (Un-)Konferenzen, BarCamps und Bloggermeetings, vernetzen uns und bieten zudem Testprodukte an. Wir zeigen unser Gesicht.

> **Maßnahmen: Twitter-Account @ vodafone_de**
>
> - Persönlich vs. Newsfeed
> - Persönlich vs. Privat
>
> @vodafane_de ist...
> - Geeky
> - Unverkrampft
> - Unpolitisch
> - Nicht diskriminierend
> - Freundlich
> - Pfiffig
>
> Der @vodafone_de Account ist eine Person
>
> http://twitter.com/vodafone_de

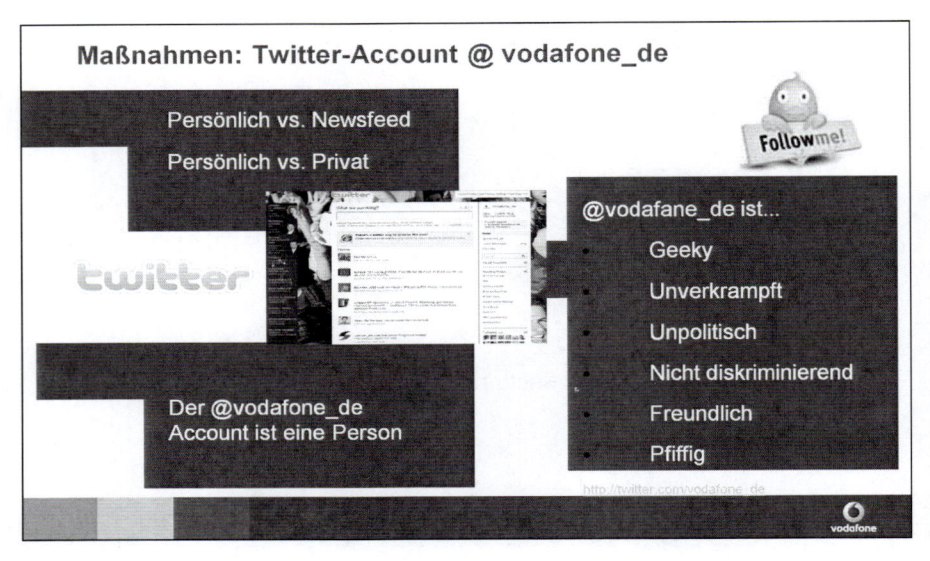

Bild 7

Nun zu den Maßnahmen (Bild 7): Maßnahme eins war unser Twitter-Account @vodafone_de. Bevor wir aktiv in Twitter eingestiegen sind, haben wir definiert, wie wir diesen Kanal bespielen. Zunächst haben wir die ‚Person' @vodafone_de bestimmt. Diese Person bin nicht ich oder einer meiner Kollegen, es ist vielmehr eine Art künstliche Person. @vodafone_de ist ein bisschen geeky, an Telko und IT-Themen interessiert, unverkrampft, unpolitisch, nicht diskriminierend, freundlich und pfiffig. Da wir eine Person hinterlegt haben, benutzen wir auf unserem Twitter-Account auch keine Newsfeeds und Bots. @vodafone_de ist kein Roboter, das ist uns wichtig – und das kommt nebenbei bemerkt auch gut bei unseren Followern an. Den Account bespielen wir zu dritt. Man kann sich das ganz gut anschauen auf http://twitter.com/vodafone_de.

12 Twitter als Werkzeug in der Unternehmenskommunikation 163

Twitter-Account @ vodafone_de Nutzung

- Agenda Setting
- Netzwerken
- Beantwortung von Fragen
- Gerüchten entgegen wirken
- Informationen
- Angebot von Testgeräten
- Vereinzelt Gewinnspiele
- Live-Event Twittering

http://twitter.com/vodafone_de

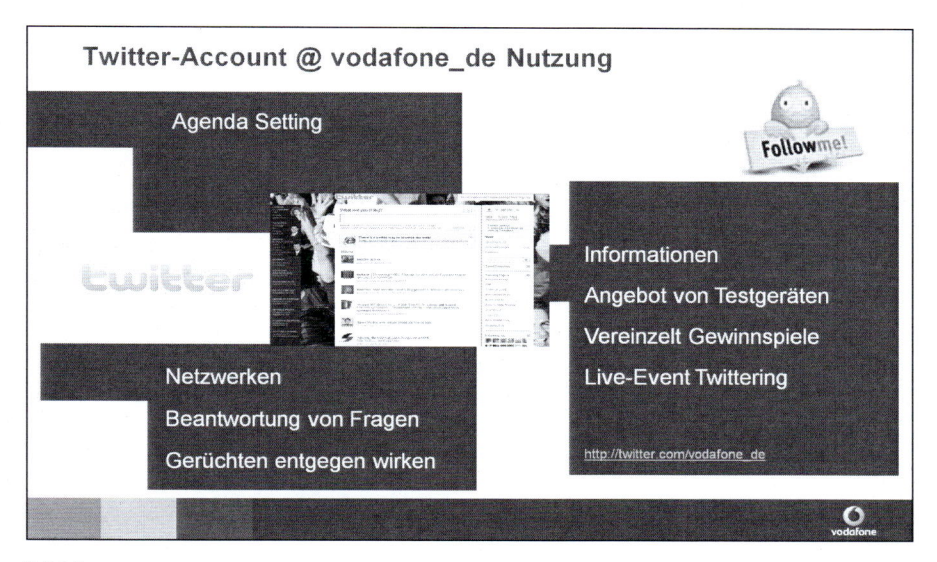

Bild 8

Wie wir unseren Account einsetzen (Bild 8)? Wir nutzen ihn zum Beispiel zum Agenda Setting. Themen, die wir spielen sind neben Mobilfunk und Festnetz, mobiles Internet, Musik, Videos etc. Daneben nutzen wir Twitter zum Netzwerken, zum Austausch mit unseren Followern, denen wir Fragen beantworten. Auch Gerüchten kann man so gut entgegen wirken. Zudem verbreiten wir über diesen Kanal Informationen, bieten Testgeräte an oder führen vereinzelt Gewinnspiele durch. Hier, von diesem Event habe ich auch live getwittert, d.h. wir begleiten auch Veranstaltungen.

Corporate Twitter – Do's & Don'ts

- **Einen** offiziellen Twitteraccount
- Mehrere Autoren
- Langfristige Planung – keine Aktions-Accounts
- Den Input der Follower verwerten
- Bots sind ein No Go
- Freigabe von einzelnen Tweets sind ein No Go!
- Twitter nicht den Werbern überlassen – es ist ein dialogisches Instrument!

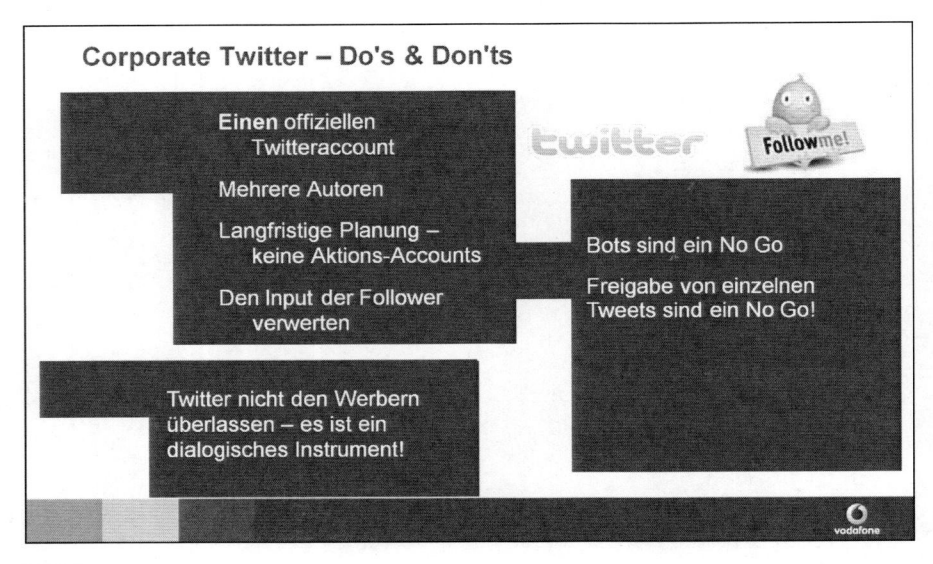

Bild 9

Abschließend möchte ich zu den Do's & Don'ts in Bezug auf Corporate Twitter kommen (Bild 9). Sie sollten sich einen offiziellen Twitteraccount überlegen. Es wird zwar derzeit ‚in der Szene' diskutiert, ob das Sinn macht und ob Unternehmen nicht mehrere Accounts öffnen sollten, die jeweils Themen abdecken, aber eins will gut überlegt sein: Der jeweilige Kanal/Account muss kontinuierlich gepflegt werden. Eine Lösung, die wir gewählt haben ist, dass mehrere Autoren den Twitter-Account pflegen und mit Kürzeln arbeiten. Sie sehen das sehr anschaulich auf unserem Twitter-Profil. Ganz im Sinne der von uns angestrebten Transparenz finden Sie dort unsere Gesichter und wer wir sind.

Ein weiterer wichtiger Punkt ist langfristige Planung. Benutzen Sie Social Media nicht für kurzfristige Aktionen. Überlegen Sie sich, dass Sie Zuschauer sammeln, die Ihnen zuhören wollen, wie z.B. der Saal hier. Stellen Sie sich vor, Sie wären meine Follower und ich hätte nur für diese Gelegenheit einen Twitteraccount eröffnet. Nach der Veranstaltung verlasse ich den Saal nach dem Motto ‚Elvis has left the building' und Sie bleiben zurück und denken, „und was jetzt?". Das wäre nicht sehr zielführend. Also nochmals: langfristig planen. Dabei ist es Ihren Followern überlassen, Sie jederzeit zu entfolgen. Das ist ja gerade das praktische an Twitter.

Noch ein Don't: Überlassen Sie Twitter auf keinen Fall den Werbern. Es ist ein Dialoginstrument und sehr machtvoll. Als Werbeschleuder sollte man diesen Kanal nicht nutzen. Das wird nicht zum Erfolg führen, zumindest ist das meine Beobachtung der Unternehmen, die twittern. Die Lufthansa hat z.B. ca. 8.000 Follower. Das sind noch mehr als unsere derzeit knapp 4.100 Follower, aber ich zweifle an, dass die

Tweets der Luftlinie wirklich gelesen werden. Die bloße Quantität der Follower ist kein alleiniges Erfolgskriterium. Auch in der Online Community wird diese Art von Twitter-Nutzung derzeit heiß diskutiert.

Ein weiteres Don't ist: Keine Bots benutzen. Die bloße unreflektierte und automatisierte Wiederholung dessen, was schon einmal getwittert wurde, ist schlichtweg Spam. Das sollte man nicht tun. Und last but not least geht es auf keinen Fall, dass Sie als Twitter-Autor einzelne Tweets in Freigabeschleifen geben. Das funktioniert nicht. Für komplizierte und langwierige Freigabeprozesse ist die Echtzeitkommunikation einfach zu schnell. Genau aus diesem Grund haben wir ja vorab definiert, wer die Person @vodafone_de ist und über was diese Person twittert. Für die längerfristige Themenplanung kann auch mit groben Redaktionsplänen gearbeitet werden.

13 Kommunikation und Leadership: Erfolgserprobte Einführungsszenarien für Enterprise 2.0

Dr. Willms Buhse
doubleYUU, Hamburg

Bild 1

Kennen Sie diesen Herrn (Bild 1)? Es ist nicht der Erfinder von Enterprise 2.0, es ist der Erfinder der BWL, wenn man so möchte, Frederick Winslow Taylor – ein Berater – wie ich. Unter anderem von Herrn Ford, dem er beigebracht hat, wie man in Fließbandproduktion geht (Bild 2).

Bild 2

Die Prinzipien, die er damals zum Thema Management entwickelt hat, sind die Prinzipien, die wir heute in unserer Wissensgesellschaft nach wie vor anwenden (Bild 3). Es sind die Modelle der Hierarchie.

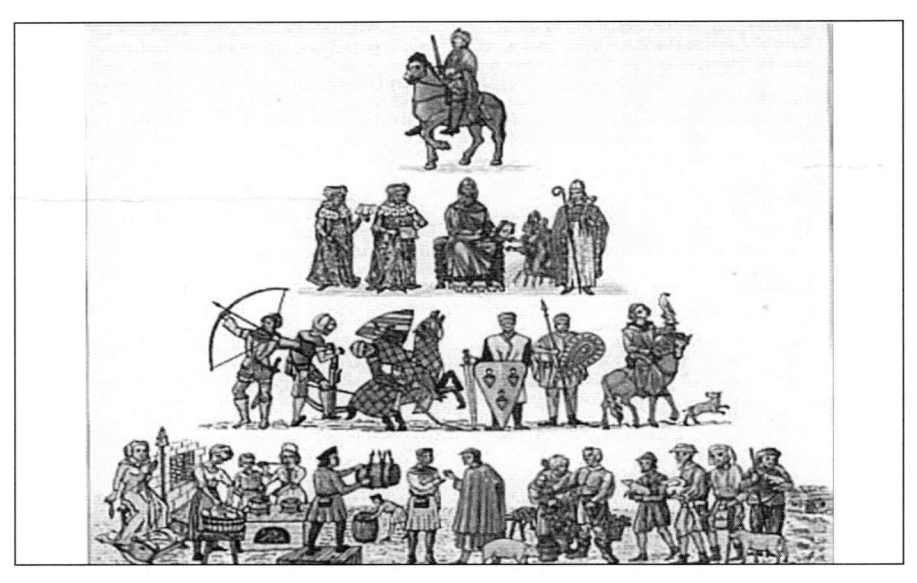

Bild 3

13 Kommunikation und Leadership

Von ihm stammt auch dieser tolle Satz: „Verdammt, immer wenn ich zwei Hände brauche, kommt noch ein Kopf dazwischen mit". Da kann man sich jetzt durchaus fragen, wie schaffe ich in der Wissensgesellschaft die Trennung von Denken und Arbeiten? Das ist völlig unmöglich, und von daher sei die Frage erlaubt: Ist die Art und Weise, wie wir heute managen, noch zeitgemäß? Passt sie überhaupt in unsere Zeit der Wissensgesellschaft? Oder können wir an ein paar Stellen etwas hinterfragen?

Unternehmen sagen gerne und mit Sicherheit: „Mitarbeiter sind unser größtes Kapital." Mitarbeiter antworten in einigen Unternehmen darauf: „Auf mich hört ja keiner." Haben Sie das schon einmal in Ihrem Unternehmen gehört? Auf mich hört ja keiner, ich kann nichts bewegen.

Unternehmen behaupten gern, Mitarbeiter seien ihr größtes Kapital. Doch nur wenige setzen dies um.

Peter Drucker

© doubleYUU | 24 April 2010 | 8

Bild 4

Der liebe Peter Drucker, der dort so entspannt sitzt (Bild 4), hat genau diese Behauptung aufgestellt und sagt: „...Doch nur wenige setzen dies tatsächlich um." Das hat Folgen. Es hat die Folge, wie Towers Perrin in einer Studie herausgefunden hat,

Towers Perrin: 79% der Mitarbeiter bringen nicht ihr volles Potential ein

- Innerlich gekündigt 8%
- 21% Engagiert
- 30% Desillusioniert
- 41% Dienst nach Vorschrift

Towers Perrin, Studie mit 90.000 Mitarbeitern in 18 Ländern

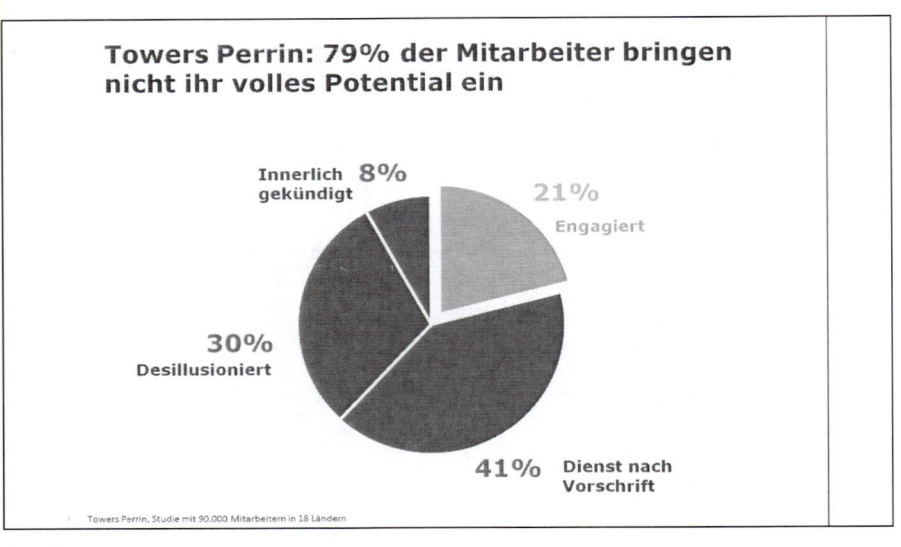

Bild 5

dass 79% der Mitarbeiter nicht ihr volles Potenzial ins Unternehmen einbringen, sondern nur 21% voll engagiert mitarbeiten (Bild 5). Die anderen machen Dienst nach Vorschrift, sind desillusioniert, oder haben sogar innerlich gekündigt. Dies ist für Sie wahrscheinlich keine Überraschung, jedenfalls hört man es immer wieder von Personalern. Trotzdem sollte dies nicht einfach so hingenommen werden – es kann doch nicht der normale Status in unseren Unternehmen sein, dass vier von fünf Mitarbeitern mehr oder weniger durchgeschleppt werden müssen.

Die Frage ist, ob es gelingen kann, mehr Mitarbeiter in diesen Zustand des Engagements zu versetzen. Und da wird es spannend. Was heißt das Thema „vom Mitmachweb zum Mitmachunternehmen"? Welche Auswirkungen kann dabei das Web 2.0 haben? Wir haben schon viel über Wikipedia gehört. Mein Lieblingsthema ist der Artikel über Anführungszeichen in der historischen Bedeutung, im regionalen Kontext und in verschiedenen Typografien. Es ist absolut faszinierend, wie auf freiwilliger Basis so etwas zustande kommt. Das können sie in jedem Artikel sehen, welchen auch immer Sie wollen. Jimmy Wales hat andere Managementprinzipien zugrunde gelegt als wir es in Unternehmen wie Brockhaus oder auch in normalen Unternehmen kennen. Was sind also diese Managementprinzipien, die dort gelebt werden?

Darüber gibt es einen Artikel von Gary Hamel. Ich habe versucht, es ein wenig auf den Punkt zu bringen. Management Principles im Web 2.0: Das erste heißt „Führen heißt nicht vorsitzen sondern dienen." Eine Führungskraft hat die Aufgabe zu coachen, zu moderieren und dem Team ins Ziel helfen. Sie haben vielleicht die

13 Kommunikation und Leadership

BITKOM-Studie zum CEO 2.0 mittlerweile durchgeblättert. Das ist der CEO 2.0, der nicht nur Vorsitzender ist, sondern coacht, moderiert und dem Team ins Ziel hilft. Ein zweites Managementprinzip aus dem Internet: Der Inhalt ist wichtiger als der Status (Bild 6).

Der Inhalt ist wichtiger als der Status

Der Praktikant kann für einen Moment wichtiger sein als der CEO

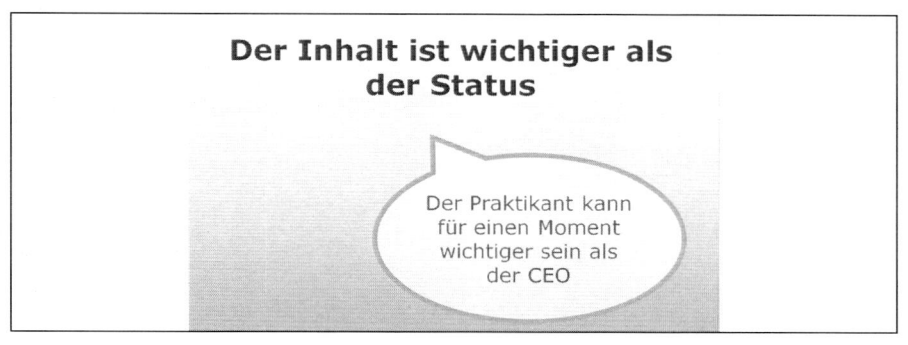

Bild 6

Immer wenn wir diese Managementprinzipien aus dem Internet nehmen, müssen wir überlegen, was dies eigentlich für Unternehmen heißt, weil wir sie natürlich nicht zu 100% übernehmen können. Praktisch bedeutet es, dass der Praktikant für einen Moment wichtiger sein kann als der CEO, nämlich dann, wenn der Praktikant in einem Blogbeitrag etwas auf den Punkt bringt, was das Unternehmen bewegt. Ein kleines Beispiel haben wir schon von SYNAXON gehört; der Azubi, der etwas bearbeitet, was eigentlich der CEO hätte machen können. Das ist ein klassisches Beispiel, und auch aus fünf Jahren Erfahrung in einem Enterprise 2.0 Unternehmen kann ich Ihnen sagen, dass Ihnen das häufiger passieren wird. Und es ist gut so.

Strukturen organisieren sich selbst

Wissensarbeiter sind bereits heute Selbstmanager

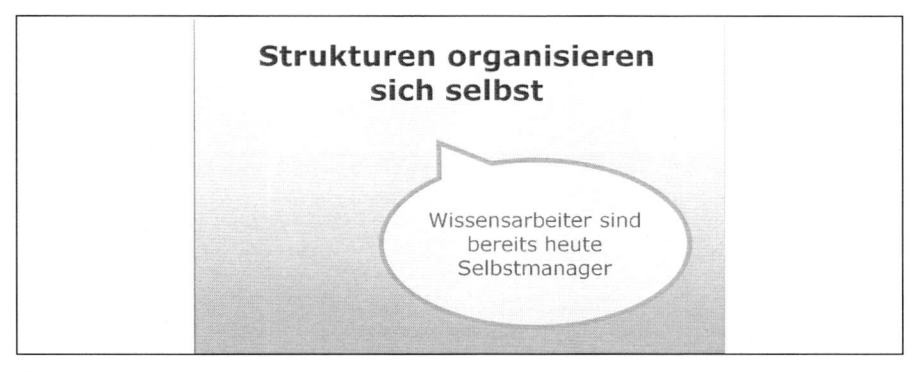

Bild 7

Strukturen organisieren sich selbst (Bild 7). Nehmen Sie irgendwelche Internetforen oder Blognetzwerke, es verändert sich permanent. Wo Energie ist kommt mehr dazu, und wo Energie fehlt stirbt es ab. Was heißt das im Unternehmen? Wissensarbeiter sind bereits heute weitestgehend Selbstmanager. Es ist fast unmöglich, einem Wissensmanager permanent über die Schulter zu schauen. Wenn wir das in Erinnerung behalten, fällt uns das Thema Selbstorganisation nicht mehr so schwer. Eigentlich fangen wir jetzt an, über Strukturen nachzudenken, die sich sowieso schon in Unternehmen eingeschlichen haben. Wir haben sie bis dato nur nicht aktiv gemanagt, und das ist ein Managementfehler.

Mitmacher werden angelockt, nicht gezwungen

Mitarbeiter wissen, wo sie sich am besten für die Firma einbringen können

Bild 8

Mitmacher werden angelockt, nicht gezwungen (Bild 8). Wenn ich auf Wikipedia einen Artikel bearbeite, tue ich dies freiwillig und nicht weil Jimmy Wales sagt: „Übrigens, diesem Artikel zum Thema Anführungszeichen müssen wir noch die historische Bedeutung in Ägypten hinzufügen". Mitarbeiter wissen, wo sie sich am besten einbringen können für Unternehmen. Ich werde Ihnen später noch ein Beispiel liefern, welches zeigt, dass es tatsächlich so ist, dass Mitarbeiter Fähigkeiten haben, die sie selber viel besser einschätzen können, sich damit viel besser im Unternehmen organisieren können und sich Aufgaben zuordnen können, als es in der Regel Manager tun können.

13 Kommunikation und Leadership

> **Intrinsische Motivation ist die wichtigste**
>
> Der Wunsch nach Anerkennung und Reputation schafft Offenheit und Transparenz

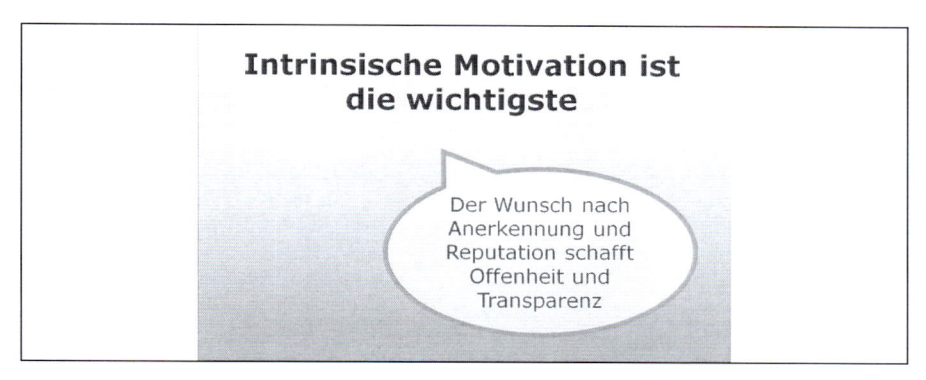

Bild 9

Intrinsische Motivation ist die wichtigste Motivation (Bild 9). Sie ist das, was in der Regel in Unternehmen am günstigsten ist. Eine extrinsische Motivation wäre, wenn ich Ihnen harte Dollars gäbe. Intrinsische Motivation ist das, was aus mir selber kommt, beispielsweise Anerkennung. Im Web 2.0 bekommen Mitarbeiter Anerkennung. Es ist sogar ein starker Treiber, dass sie sich Reputation im Unternehmen erarbeiten wollen für ein bestimmtes Thema. Genauso wie man sich im Internet als Blogger eine Reputation erarbeiten kann. Das ist der Haupttreiber im Web 2.0 und wenn wir diesen Treiber in Unternehmen stärker nutzen können, dann gelangen wir automatisch zum Thema Offenheit und Transparenz.

> **Nur durch den Austausch von Information steigt ihr Wert**
>
> Abteilungs-Denken ist von gestern

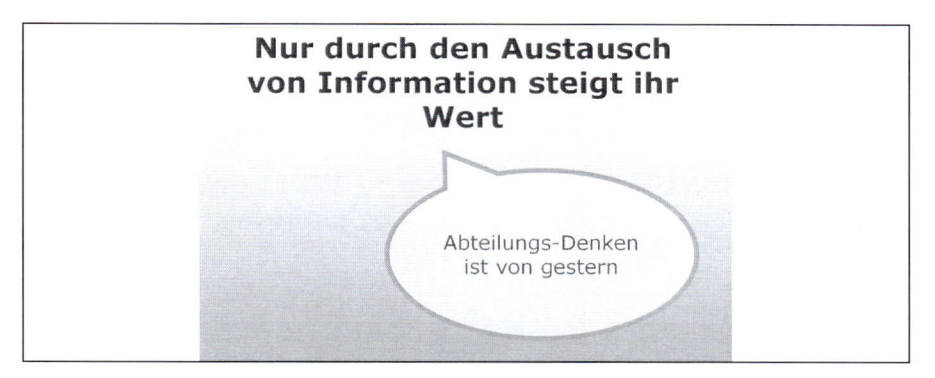

Bild 10

Das letzte Management Prinzip, was ich Ihnen mitgeben möchte ist, dass nur durch den Austausch von Informationen ihr Wert steigt (Bild 10). Mit anderen Worten: Abteilungsdenken ist von gestern oder bildlich gesprochen: Hamstern ist „oldschool". Wir reden bei Enterprise 2.0 nicht über Technologien, über Wikis, Profile, Tags und so etwas, sondern es geht um die Menschen und daher um Vernetzung. Meine Definition für Enterprise 2.0 ist ganz einfach (Bild 11): selbstorganisiertes Vernetzen von

Kunden, Partnern und Mitarbeitern. Es geht also deutlich über die Unternehmensgrenzen hinaus.

Bild 11

Warum ist das so spannend? Einer meiner Kunden ist Otto. Deswegen habe ich mir diesen Spruch erlaubt: Otto finde ich gut, das Wissen finde ich kaum (Bild 12).

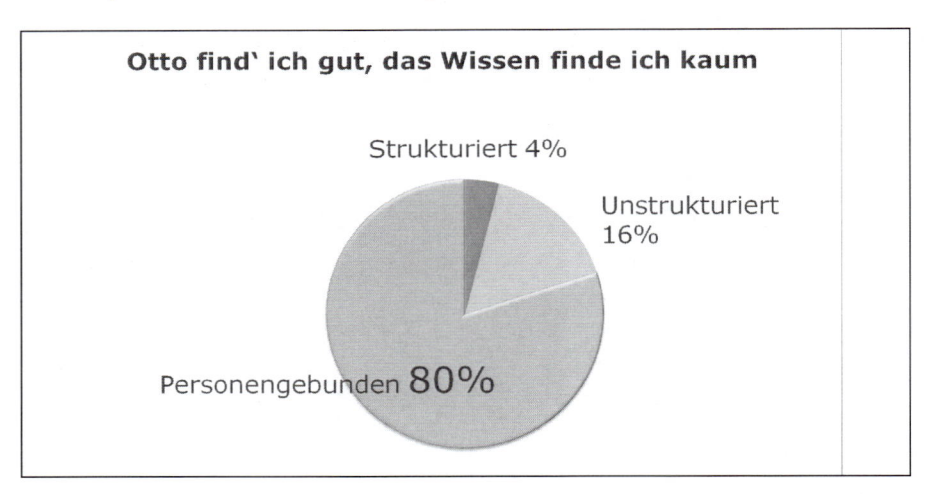

Bild 12

Das habe ich in einem Vorstandsworkshop verwendet. Warum finde ich das Wissen in einem dezentral organisierten weltweit tätigen Unternehmen kaum? Nach einer

13 Kommunikation und Leadership

durchschnittlichen Untersuchung der Giga Information Group kann ungefähr nur 4% des Wissens strukturiert abgelegt werden. Das sind diese berühmten Wissensmanagement Systeme, die SAP Transaktionssysteme usw. Und es sind nur 4% des Unternehmens, 16% schlummern in irgendwelchen Email-Archiven, in alten Power Point Folien usw. Ein pfiffiger Mensch würde sich fragen, ob man die 4% nicht irgendwie erhöhen kann. Das aber wird Ihnen nicht gelingen. Es wird Ihnen nicht gelingen, 100% Ihres Wissens zu dokumentieren. Das wäre übrigens auch ökonomisch überhaupt nicht effizient. Aber weil 80% des Wissens personengebunden sind und im Kopf stecken, muss es Ihnen in Ihren Unternehmen gelingen die Vernetzung zu steigern und die Köpfe miteinander zu vernetzen. Nur so gelingt es, schnell auf das akkurate Wissen zugreifen zu können. Alles andere wird scheitern. Deswegen ist das Thema Vernetzung für Unternehmen so essentiell wichtig. Es gibt eine Studie der IBM, die besagt, dass vernetzte Teams 20% produktiver sind. Wir haben heute Morgen gehört, dass das irgendwo zwischen mindestens einem Prozent bis zu 40% rangiert. In dieser Bandbreite finden sich die meisten Fälle, die meisten ROIs für Enterprise 2.0.

Es taucht immer wieder die Frage auf: was mache ich denn jetzt? Soll ich mich in Hierarchien organisieren, oder soll ich mich in Netzwerken organisieren? Die Antwort lautet: beides. Schaffen Sie bitte nicht Ihre Hierarchien ab. Das hat meine Firma CoreMedia damals nicht gemacht, SYNAXON hat es auch nicht gemacht. Aber zensieren Sie stärker Richtung Netzwerk. Was Ihnen gelingen muss, ist das Oszillieren zwischen diesen beiden Firmenzuständen. Das heißt übrigens auch nicht, dass Sie sich einmal im Jahr umorganisieren und sagen, dass Sie in geraden Jahren hierarchisch und in ungeraden Jahren Netzwerk sind, sondern das kann bereits während eines Meetings passieren. Das kann in einem Projekt passieren. 30% der Arbeitszeit eines normalen Wissensarbeiters verbringt der mit Informationssuche. Informationssuche ist ein klassischer Fall, wo er sich eher in einer netzwerkorientierten Struktur wohlfühlt, weil er dort die Informationen schneller findet als wenn der Chef den Chefchef fragt. Aber die wenigsten Organisationen managen ihre Netzwerke sinnvoll, wenn ich vielleicht von Kaffeeküche und Sommerfest absehe. Das heißt, es gibt eine neue Managementaufgabe. Diese heißt: das intelligente Oszillieren zwischen diesen beiden: zwischen der Hierarchie und dem Netzwerk. Das ist eine gewaltige Herausforderung und übrigens auch das Argument, weswegen wir keine Manager arbeitslos machen mit Enterprise 2.0. Weil die Managementaufgabe eher steigt.

Als Beispiel eine Geschichte von Phil: Phil war Vertriebsverantwortlicher bei CoreMedia, der Firma, wo ich viele Jahre gearbeitet habe und die neben SYNAXON als eines der Paradebeispiele für Enterprise 2.0 gilt. Phil war nicht im Headquarter in Hamburg, sondern er war aus dem Vertriebsbüro London heraus verantwortlich für den Markt in Russland. Eines winterlichen Tages war er in Moskau unterwegs und nachdem er einen Kunden besucht hatte, wollte er zurückfliegen. Sein Flugzeug blieb am Boden kleben, weil es eingeschneit war. Nun hatte er ein bisschen Zeit und während dieser Zeit hat er einen Blog im internen Blog von CoreMedia geschrieben und über seine Erfahrungen in Russland berichtet (Bild 13).

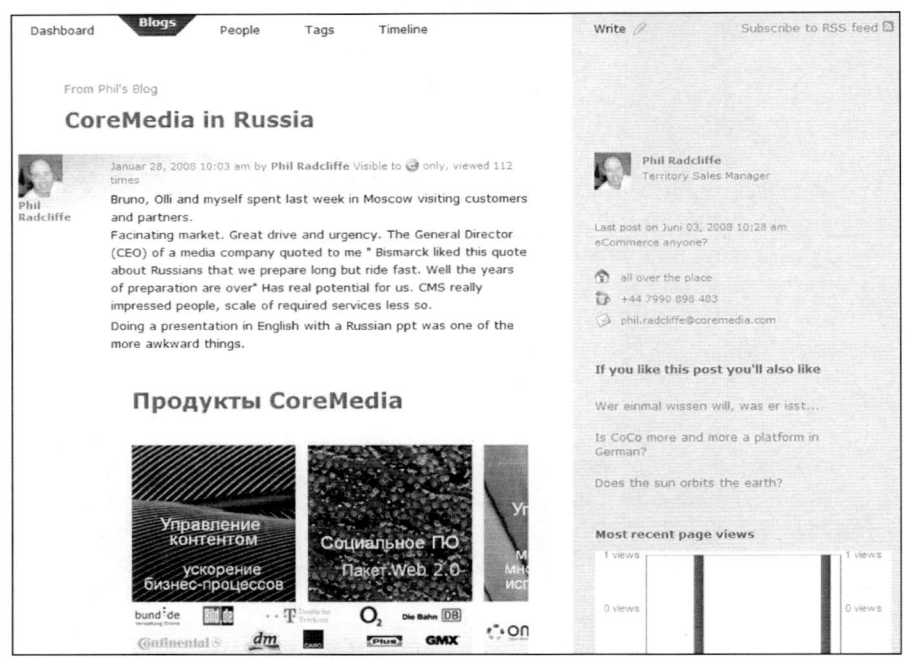

Bild 13

Er hat unter anderem geschrieben, dass es ein großes Potenzial ist und hat seine Präsentation abgebildet. Er hat weiter geschrieben, dass er diesen Deal leider fallen lassen muss, weil es nicht so räsoniert hat, wie er es sich eigentlich gewünscht hätte. In einem normalen Unternehmen würde diese Geschichte in der Regel jetzt aufhören; nicht so bei CoreMedia. Lydia hat sich gemeldet, die sich im Vertriebsgeschäft nicht auskennt. Sie ist Programmiererin in der Zentrale von Hamburg. Jeder, der in einem Technologieunternehmen zuhause ist, weiß, dass sich ein Vertriebler von irgendwo wahrscheinlich nie mit einer Programmiererin aus der Research- und Developmentabteilung der Zentrale treffen wird. Die Wahrscheinlichkeit, dass die beiden sich begegnen und das noch innerhalb einer Woche oder so, ist gleich null. Aber Lydia hat diesen Blogeintrag gelesen, weil sie Russin ist und interessant fand, dass ihre Software in Russland verkauft wird. Intrinsische Motivation – wir merken uns das. Sie hat daraufhin eine Antwort geschrieben und bemerkt, dass es da Übersetzungsfehler gab, nicht im wörtlichen Sinne, sondern wenn wir Web 2.0 sagen, meinen wir etwas anderes als das dort von der Agentur übersetzt worden ist, als das, was Phil da präsentiert hat (Bild 14).

13 Kommunikation und Leadership

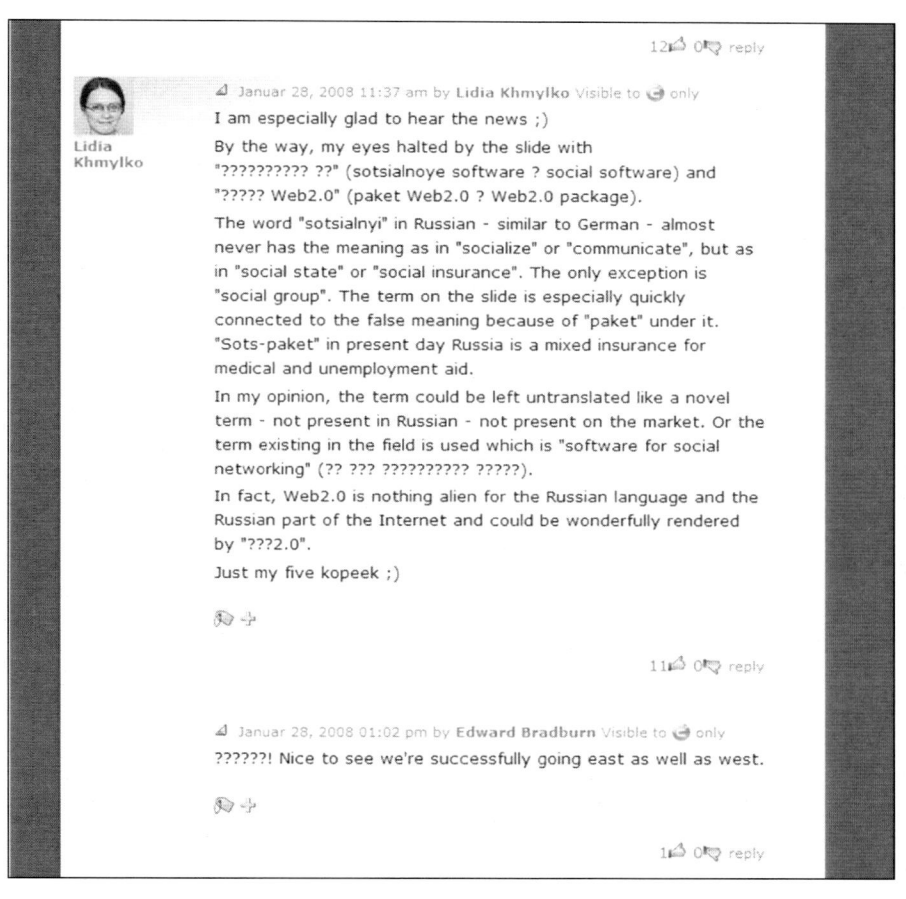

> Januar 28, 2008 11:37 am by Lidia Khmylko Visible to only
>
> I am especially glad to hear the news ;)
> By the way, my eyes halted by the slide with
> "?????????? ??" (sotsialnoye software ? social software) and
> "????? Web2.0" (paket Web2.0 ? Web2.0 package).
> The word "sotsialnyi" in Russian - similar to German - almost
> never has the meaning as in "socialize" or "communicate", but as
> in "social state" or "social insurance". The only exception is
> "social group". The term on the slide is especially quickly
> connected to the false meaning because of "paket" under it.
> "Sots-paket" in present day Russia is a mixed insurance for
> medical and unemployment aid.
> In my opinion, the term could be left untranslated like a novel
> term - not present in Russian - not present on the market. Or the
> term existing in the field is used which is "software for social
> networking" (?? ??? ?????????? ?????).
> In fact, Web2.0 is nothing alien for the Russian language and the
> Russian part of the Internet and could be wonderfully rendered
> by "???2.0".
> Just my five kopeek ;)

> Januar 28, 2008 01:02 pm by Edward Bradburn Visible to only
> ??????! Nice to see we're successfully going east as well as west.

Bild 14

Vielleicht hat es deswegen Irritationen gegeben. Das Ergebnis war: Phil und Lydia sind zusammen zum Kunden gefahren, haben dort einen Piloten installiert und haben den Deal geholt und 343.500 € verdient. Geld, das die Firma definitiv nicht verdient hätte, wenn Phil nicht gebloggt hätte und Lydia nicht geantwortet hätte. Zwar ist nicht jeder Blogeintrag bei CoreMedia ist über 300.000 € wert. Aber auf jeden Fall erhöhen Sie durch Vernetzung und durch Enterprise 2.0 die Wahrscheinlichkeit, dass sich Menschen begegnen, die sich sonst nicht begegnet wären. Genau in diesem Spannungsfeld von Menschen, die sich sonst nicht begegnet wären, steckt aber relativ viel verborgen. Dort stecken Umsätze. Dort stecken Innovationen. Wenn Ihnen also das gelingt, diese im Unternehmen umzusetzen, haben Sie gute Chancen.

Apropos umsetzen: Das kommt nicht ganz von allein. Auch bei CoreMedia war es ein relativ anstrengendes Change Management, weil man tatsächlich die Köpfe verändern musste und nicht einfach nur eine neue Software einspielen. Der Wandel findet im Kopf statt und nicht auf den Rechnern. Das macht es bei uns trägen Wesen als Menschen, die doch lieber im Bestehenden verharren, etwas anstrengend. Deswegen ist beim Thema Enterprise 2.0 das Change Management so wichtig. Wir arbeiten eben mit Menschen.

Ich möchte Ihnen im Folgenden einen Prozess vorstellen, den ich entwickelt habe im Zusammenspiel mit vielen Kunden, mit denen ich derzeit zusammenarbeite (Bild 15).

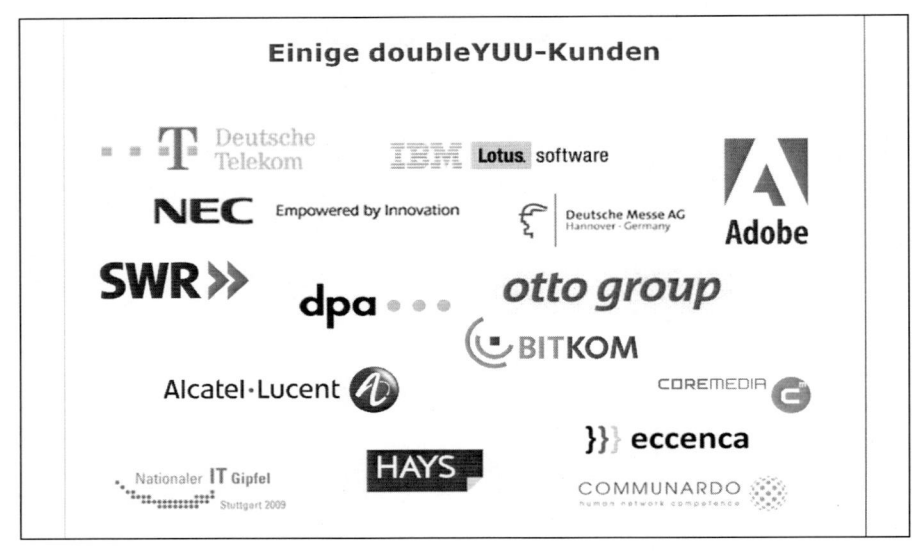

Bild 15

Dieser Prozess sieht folgendermaßen aus: Wir versuchen mit einer Taskforce eine Art Initialisierung des Themas herzustellen. Die Task Force besteht in der Regel aus einem heterogenen Team mit Leuten aus dem Personalbereich, aus dem Kommunikations- und Marketingbereich, nahe an den Führungskräften, aus der IT und eventuell noch aus operativen Bereichen. Mit dieser Task Force starten wir und geben dem Vorstand eine Info, dass wir an dieser Stelle loslegen wollen, weil wir glauben, dass es dort etwas zu entdecken gibt. Wir machen dann einen kurzen Vorstandsworkshop oder eine Vorstandsinfo. Anschließend gehen wir in eine tiefere Situationsanalyse und schauen uns an, wo die Engpässe sind.

Wir versuchen nicht Enterprise 2.0 einzuführen, weil es hip ist, sondern wir schauen, was gerade das Business Problem ist. Ich habe einen Kunden, dessen Business Problem ist, dass er vor einem Merger steht. Ein anderes Unternehmen hat ein Business Problem, dass es komplett separate Einheiten hat. Wenn Sie zum Beispiel auf den

13 Kommunikation und Leadership

chinesischen Markt zugehen kann das Problem sein, dass dann ungefähr 30 verschiedenen Studien beauftragt werden und die Leute sich nicht austauschen, weil sie überhaupt nichts voneinander wissen. Ein anderes Unternehmen hat gerade in unsicheren Zeiten ein hohes Mitarbeitermotivationsproblem.

Wir schauen uns an, wie man die strategische Herausforderung mit dem Thema Enterprise 2.0 unterstützen kann. Wir versuchen kein eigenes Thema daraus zu machen, sondern schauen uns gezielt an, wie Enterprise 2.0 helfen kann. Darauf basierend machen wir eine Teamaufstellung und emotionalisieren dann die Leute, die sowieso die Gedanken von Enterprise 2.0 schon in sich haben, um Ihnen irgendwo zu kommunizieren: du bist nicht allein. In jedem großen Unternehmen finden sich immer wieder Early Adapter, die sich einen Blog aufgesetzt haben, mit einem Wiki begonnen haben, aber irgendwie nicht weitergekommen sind, weil sie das Potenzial nicht im Unternehmen übergreifend vernetzen und nicht einmal eine Abteilung irgendwo vernetzen. Sie sehen sich in der Regel sowieso jeden Tag. Daraus konzipieren wir eine Enterprise 2.0 Landkarte, wo nicht nur Technologien sondern auch innovative Managementmeetings dazugehören, Managementprinzipien usw. Und dann starten wir mit einer Vorstandsentscheidung, weil wir dann auch Rückendeckung vom Vorstand haben, der sich aktiv beteiligt. Das gelingt; ich habe bis jetzt eine 100% Erfolgsquote. Dann beginnen wir mit Enterprise 1.0 Methoden das Change Management zu starten. Beispielsweise habe ich einen CEO gecoacht, der in dieser Mergersituation anfängt, offen über diesen Merger zu bloggen. Er ist über 50 Jahre, war eigentlich vom Bloggen unheimlich weit weg. Er hat immer nur mit seinem engsten Managementteam zusammengearbeitet, wohnte auf der 9. Etage über allen seinen Mitarbeitern und hatte praktisch keine Präsenz bei seinen Mitarbeitern. Die haben ihn zweimal im Jahr zu Betriebsmeetings gesehen, wo er die aktuellen Zahlen präsentiert hat. Auf einmal ist er fast jeden Tag präsent, weil er in diesem Blogsystem aktiv sein kann und auf die Bedenken der Mitarbeiter eingehen kann. Das meine ich mit Change Management.

Wie Sie vielleicht wissen, ist das Thema Feedback eines der wichtigen Prinzipien im Web 2.0. Sie kennen vielleicht auf Amazon diese Sternchen, die Sie vergeben können. Ich habe mehrere Bücher geschrieben und wenn mir jemand Feedback gibt über die Sternchen, ist das eine klare Aussage. Von diesem ganz schnellen Feedback, fast in Echtzeit, lebt das Web 2.0. Dieses Muster müssen Sie auf Unternehmen übertragen, wenn Sie schnell am Markt agieren wollen, damit Sie schnell und dynamisch in komplexen Märkten aktiv sein können. Was also sagt man, wenn man Feedback bekommt? Danke!

Das ist die einzige Antwort, die ich berechtigt geben kann, wenn mir jemand Feedback gibt. Damit motivieren Sie Ihren Gegenüber Ihnen das nächste Mal wieder Feedback zu geben. Was Sie mit dem Feedback machen ist Ihre Entscheidung, ob Sie das annehmen und sofort umsetzen. Aber nehmen Sie es zunächst als positives Feedback an, dass es vielleicht ein Impuls sein könnte, etwas zu verändern. Unternehmen leben davon, sich schnell zu verändern. Deswegen ist der Feedbackmechanismus so wichtig.

Was machen wir noch? Wichtig ist natürlich die Qualifikation von Mitarbeitern. Wie gehe ich damit um? Wie blogge ich? Was kann ich eigentlich bloggen? Social Media Guidelines als Beispiel. Irgendwie muss ich den Leuten das beibringen. Wir machen jetzt in allen Unternehmen eine so genannte Jam Session über zwei Tage (Bild 16).

Bild 16

Jeder kann kommen, sich die Systeme ansehen und damit rumspielen. Es sind Leute da, die jedem helfen, der nicht weiterkommt. Das ist nicht diese klassische IT Schulung, die Sie vielleicht sonst durchlaufen. Eine Jam Session zeigt, dass Arbeiten auch Spaß machen kann. Wir haben natürlich auch eine Band dabei.

Was machen wir mit älteren Mitarbeitern? Dort setzt zum Beispiel die Deutsche Telekom ein System ein, das sich Re-Mentoring nennt. Als ich bei Bertelsmann angefangen habe, bekam ich Herrn Mohn als Mentor, der mir zeigte, wie man ein guter Manager wird. Heute ist das anders. Wenn man heute in ein Unternehmen kommt, wird man aufgefordert, einen älteren Mitarbeiter „einzuweisen" – ich überspitze ein wenig. Es ist natürlich viel spannender, wenn man die Jungen und die Älteren zusammenbringt, weil es einfach viel zu entdecken gibt. Das ist in einigen Unternehmen sehr erfolgreich.

13 Kommunikation und Leadership

Was ich sehr gerne einsetze, sind so genannte Change Agents. Das sind die jungen Wilden im Unternehmen – nicht Digital Natives –, die die Werte des Enterprise 2.0 vertreten: Offenheit, Transparenz, Vernetzung. Sie sind übrigens angstfrei und berichten ihre Eindrücke zum Thema Enterprise 2.0 direkt dem Vorstand. Allein durch die Existenz und das Kommunizieren von Change Agents wird auf einmal Wandel möglich. Das ist ganz faszinierend.

Wie sieht es in den meisten Unternehmen aus? Das Top Management ruft nach mehr Transparenz, weil es den großen Laden managen muss, während die Mitarbeiter nach mehr Eigenständigkeit verlangen. Das Mittelmanagement sitzt eingeengt dazwischen, wir brauchen mehr Produktivität, weniger Ressourcen, mehr Gewinn, mehr Umsatz und hat Druck von unten (Bild 17).

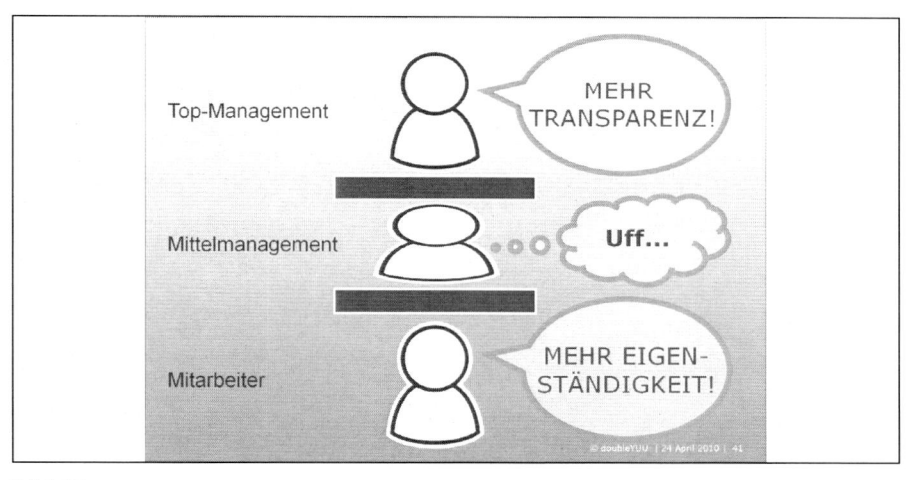

Bild 17

Das ist keine angenehme Situation. Deswegen finde ich das Mittelmanagement so extrem wichtig. Ich versuche, das Mittelmanagement dadurch abzuholen, dass ich mit ihnen Use Case Workshops durchführe, in denen ich ihnen sage, dass die Arbeit für sie einfacher werden soll und mit Enterprise 2.0 geht das. Wir haben Cases ausgearbeitet, wo sie sich Morgen mit ihren Arbeitern besprechen, was sie anders machen können zum Thema Enterprise 2.0. Ab sofort werden die Meetings in einem Wiki dokumentiert, während des Meetings, und nicht nachträglich irgendwelche Protokolle geschrieben. Oder wir machen ein Berichtswesen, was man online abbilden kann. Einen Schichtleiterblog o.ä. gibt es zum Beispiel in der Automobilindustrie, wo man kein Papier ausfüllen muss, worauf keiner Zugriff hat usw. Es sind mitunter ganz einfache Dinge, die die Einführung im Tagesgeschäft viel leichter machen. Und dann kommen diese berühmten Digital Natives in das Unternehmen.

Von dem Unternehmen Alcatel Lucent, das ich mit berate, haben wir heute Morgen von Martin Rohrmann bereits gehört, was sie gemacht haben. Die haben in einem Open Space ihre 100 Top Manager mit 50 Digital Natives zusammengebracht und mit denen über die Zukunft des Unternehmens diskutiert (Bild 18).

Bild 18

Sie haben wirklich spannende Themen diskutiert wie Unternehmenskultur, wie man das Unternehmen besser vermarkten kann, was das für unser Produktportfolio heißt. Die Manager fanden, dass es das beste Managermeeting war, was sie je hatten. Ich habe bei der Deutschen Presseagentur ein Open Space durchgeführt, wo jemand diesen Tag als besten Arbeitstag nach 20 Jahren Deutsche Presseagentur bezeichnete. Open Space hat eine enorme Wirkung. Fragen Sie mich gern, wie ein Open Space funktioniert! Wie ist diese ganze Idee entstanden und warum hat der Vorstand von Alcatel Lucent den Mut gefasst, das auszuprobieren? Wir haben eine Initiative gestartet, die DNAdigital.de heißt. Auf einer Webseite werden Digital Natives, wie z.B. Cedric oder Martin, mit Top Managern, wie z.B. René Obermann, zusammengebracht (Bild 19).

13 Kommunikation und Leadership 183

Bild 19

Wir sind auch auf dem nächsten IT Gipfel in Stuttgart wieder am Vortag mit einem spannenden Open Space unterwegs. Ich würde mich freuen, einige von Ihnen dort treffen zu können. Wenn Sie glauben, dass Sie zu klein sind um eine Veränderung zu bewirken, dann haben Sie noch nie die Nacht mit einem Moskito verbracht.

Bild 20

Wenn Sie sich etwas mehr zum Thema Enterprise 2.0 informieren wollen, kann ich Ihnen zwei meiner Bücher ans Herz legen: „Enterprise 2.0, die Kunst loszulassen" und „Wenn Anzugträger auf Kapuzenpullis treffen" (Bild 20). Vielleicht vernetzen wir uns online auf XING (Bild 21).

Bild 21

14 PODIUMSDISKUSSION:
Unternehmen zwischen Hierarchie und Selbstorganisation. Was fördert und was fordert die Kultur des Enterprise 2.0?

Moderation: Prof. Dr. Thomas Hess
Ludwig-Maximilians-Universität, München

Teilnehmer:
Dr. Willms Buhse, doubleYUU, Hamburg
David S. Faller, IBM Research & Development, Böblingen
Ulrich Klotz, IG Metall, Frankfurt
Dr. Sabine Pfeiffer, Institut für sozialwissenschaftliche Forschung, München
Frank Roebers, Synaxon AG, Bielefeld

Herr Klotz:
Als ich im letzten Jahr das Thema „Enterprise 2.0" dem Münchner Kreis als Konferenzthema vorschlug hat mich weniger das modische Schlagwort interessiert – manche Journalisten schreiben ja heute sogar schon über „Unternehmen 3.0" – als der damit einhergehende Wandel der Arbeitswelt, genauer: die sich abzeichnende Veränderung von Arbeitskultur oder Unternehmenskultur. Oder um es mal ganz einfach zu formulieren und „Unternehmenskultur" zu übersetzen: Wie gehen Menschen in Organisationen miteinander um, bzw. wie verändern sich diese Umgangsformen?

Ich beschäftige mich schon lange mit Fragen der Veränderung der Arbeitswelt und habe den Eindruck, dass wir uns seit ca. 30 Jahren in einer Übergangszeit befinden, in der die Informationstechnik eine Schlüsselrolle spielt. Um diesen Übergang zu kennzeichnen, will ich mal zwei Extreme herausgreifen. Ein Extrem konnte man gestern in der Zeitung lesen, in einem Artikel über die zunehmende Zahl von Selbstmorden in den Entwicklungsabteilungen französischer High-Tech-Firmen – ein Indiz für krankmachende Arbeitsbedingungen. Ähnliches klang auch im Vortrag von Herrn Buhse an: Wenn man die jährlich durchgeführten Umfragen von Gallup zur Arbeitszufriedenheit und zum Mitarbeiter-Engagement betrachtet oder auch die Studien vom DGB zum Arbeitsklima, dann wird erkennbar, dass in unseren Unternehmen viele Menschen mit ihrem Job sehr unzufrieden sind oder gar innerlich gekündigt haben und den Job liebend gerne wechseln würden, wenn sie wüssten, dass es woanders besser wäre. Das ist die eine Seite der Arbeitswelt. Das andere Extrem schien vorhin in dem schönen Vortrag von Herrn Roebers auf. Wir erleben heute, dass zahllose Menschen mit großer Begeisterung und Motivation viel Zeit und Kreativität in Projekte stecken, für die sie noch nicht einmal Geld bekommen: in der Welt der Open Source Projekte.

Das sind wie gesagt zwei Extreme – einerseits Arbeit, die anscheinend so schlimm ist, dass sie manche Menschen sogar in den Selbstmord treiben kann und anderseits Arbeit, die so begeistert, dass die Menschen sie sogar ohne Entlohnung erbringen. Die Realität in den heutigen Unternehmen liegt natürlich immer irgendwo zwischen diesen beiden Extremen.

Wenn man es auf zwei Namen bringen will, so klangen beide schon in dem Vortrag von Willms Buhse an – als hätten wir uns abgesprochen – nämlich: Frederick Taylor und Peter Drucker. Taylor und seine Nachfolger haben sich Systeme ausgedacht, um die mechanische Effizienz in industriellen Produktionsprozessen massiv zu steigern. Dabei wurden erwachsene Bürger durch Anweisungen und Beaufsichtigung systematisch entmündigt. Auf der Strecke geblieben sind dabei Kreativität und Motivation. Das erleben wir heute ganz oft. Auf der anderen Seite ist Peter Drucker quasi der große Antipode von Frederick Taylor. Peter Drucker hat 1959, also vor genau 50 Jahren, die Begriffe „Wissensarbeiter" und „Wissensgesellschaft" in die Welt gesetzt. Ich behaupte, dass heute vielfach noch nicht begriffen wurde, was damit eigentlich gemeint ist. Ich zitiere noch einmal die originale Definition von Peter Drucker: „Ein Wissensarbeiter ist jemand, der in einem Unternehmen oder in einer Organisation mehr über seine Arbeit weiß als jeder andere in dieser Organisation." Peter Drucker erkannte sehr früh, dass die zunehmende Informatisierung zu einer immer stärkeren Spezialisierung führen wird. Wenn man sich heute in den Betrieben gründlicher umschaut, kann man feststellen, dass die Mehrzahl der Beschäftigten in den heutigen Unternehmen Wissensarbeiter im Sinne dieser Definition sind. Auch viele so genannte Blaukittel sind heute Wissensarbeiter in ihrem Betrieb.

Das große Dilemma ist, dass zwar die Mehrzahl der Menschen in den hoch entwickelten Ländern inzwischen Wissensarbeiter sind, diese aber noch immer in Strukturen arbeiten, die durch Taylors Konzepte geprägt sind. Was jeder aus dem Alltag kennt: Menschen, die zwar über ihre eigene Arbeit sehr gut Bescheid wissen, die aber Vorgesetzte vor der Nase haben, die von dieser Arbeit viel weniger verstehen, aber gleichzeitig meinen, ihnen als Chef sagen zu müssen, wo es lang geht. Dieses Dilemma ist die Quelle für das wachsende Maß an Frustration und Demotivation, das Gallup und andere in ihren Arbeitswelt-Studien alljährlich ermitteln. Das Grundproblem ist, dass Hierarchien für Wissensarbeit vollkommen ungeeignet sind, weil Wissen nicht hierarchisch organisiert ist sondern situationsabhängig entweder relevant oder irrelevant ist. Das ist der entscheidende Punkt und deswegen muss man, um Wissensarbeit optimal koordinieren zu können, ganz andere Koordinationsformen entwickeln. Was sich beispielsweise in den Open Source Communities an Kooperationsformen herausgebildet hat, sind weitaus effektivere Formen als die klassisch-hierarchischen Strukturen. Alvin Toffler hat dies vor 30 oder 40 Jahren einmal als „Adhocratie" bezeichnet: Wessen Wissen in einer bestimmten Situation relevant ist, der soll in dieser Situation das Sagen haben. Mit anderen Worten: Es sollte keine Planstellenhierarchie sondern eine Kompetenzhierarchie sein, in der die Führungsfunktion ständig wechselt, je nachdem, wessen Wissen gerade gefragt ist.

Die interessante Frage ist doch: Warum stecken Leute in den Open Source Communities so unglaublich viel Zeit, Kreativität, Energie und oft jahrelange Arbeit in unbezahlte Projekte? Damit komme ich wieder auf die einfache Frage, dass es nämlich darauf ankommt, wie Menschen miteinander umgehen. In den Open Source Communities beruht Wertschöpfung auf gegenseitiger Wertschätzung, d.h. die Menschen bekommen hier oft die Anerkennung, die ihnen im normalen Arbeitsalltag versagt bleibt. Das ist ein ganz wichtiger Punkt. Enterprise 2.0 bedeutet für mich insofern eine demokratischere Arbeits- oder Unternehmenskultur, die auf gegenseitiger Anerkennung und Wertschätzung beruht. So kurz kann man es zusammenfassen. Dabei spielt die Technik eine Schlüsselrolle. Betrachtet man Erwerbsorganisationen als Mechanismen zu Koordination von Arbeitsabläufen, Materialflüssen, Geld- und Ideenflüssen, dann sind die Koordinationstechniken des Industriezeitalters Eisenbahn, Fließband, Dampfmaschine, Aktenordner usw. Diese Koordinationstechniken haben die zentralistisch-hierarchische Form zum vorherrschenden Organisationsmodell werden lassen. Zum Beispiel entstand der Zwang zum kasernierten Arbeiten mit der Entwicklung der Dampfmaschine, die Arbeiter mussten sich zur selben Zeit am selben Ort versammeln, nur so ließ sich diese neue Kraftquelle nutzen. Etwa seit Mitte der 70er Jahre gibt es eine neue Koordinationstechnik, die Informationstechnik, und damit werden bisherige Zwänge und Grenzen in der Arbeitswelt wieder aufhebbar – eine Zeitlang sprach man ja noch von „Telearbeit" und ähnlichem. Die Grenzen, die wir heute kennen – und die für uns so selbstverständlich geworden sind – sind alle mit der Industrialisierung entstanden; die Trennung zwischen Arbeitszeit und Freizeit, zwischen Wohnort und Arbeitsort, zwischen abhängiger und selbständiger Beschäftigung sowie zwischen verschiedenen Lebensphasen: Lernen, Arbeiten und Ruhestand. Das alles sind Folgewirkungen der Industrialisierung und diese Grenzen verschwimmen mit der neuen Koodinationstechnik allmählich wieder. Am Klarsten kann man heute am Beispiel Internet sehen, dass hier eine neue Koordinationstechnik entsteht, die die Gesellschaft ähnlich verändern wird wie die Koordinationstechniken der Industrieära. Menschen können ihre Arbeit über das Internet miteinander koordinieren ohne die ganzen lähmenden Nebenwirkungen von Hierarchie und Bürokratie. Langfristig werden daraus völlig neue Unternehmensmodelle erwachsen und neue Wertschöpfungsprozesse, neue Arbeitsformen und wahrscheinlich noch viel mehr.

Das Problem: Taylor und seine Nachfolger haben die ganze Gesellschaft viel stärker geprägt, als uns heute bewusst ist. Sehr vieles in unserer Gesellschaft ist industrialistisch geprägt. Das fängt schon in den Schulen an. Klassenzimmer sehen ja oft noch aus wie kleine Fabriken. Auch da muss sich viel ändern, weil die kolonnenhafte, massenhafte Vervielfältigungsarbeit immer mehr durch Unikatarbeit abgelöst werden wird. Denn bei digitalisierbaren Produkte muss immer nur ein Exemplar entwickelt bzw. hergestellt werden. Die Vervielfältigung, das heißt die industrielle Produktion, erfordert kaum mehr menschliche Arbeit. Als Peter Drucker 1959 den Begriff „Wissensgesellschaft" prägte hat er schon geahnt, dass mit der Informationstechnik eine Gesellschaft kommen wird, die sich grundlegend von der Industriegesellschaft unterscheidet. Und das Open-Source-Modell könnte sich vielleicht eines Tages als Leitidee für eine andere Gesellschaft entpuppen, die ähnlich prägend wirkt wie es der Taylorismus für die Industrieära war.

Prof. Hess:
Vielen Dank. Interessant war, dass die Grundanalyse eigentlich die gleiche ist, was wir schon daran gesehen haben, dass die gleichen zwei Vertreter zitiert wurden. In der konkreten Ausprägung sind doch Unterschiede zu bemerken, die ich in weiter herunter brechen will.

Wenn man es auf Unternehmen bezieht, ist die Grundanalyse, dass in der Wissensgesellschaft andere Koordinationsmechanismen da sind, dass Motivation fehlt. Das ist unbestritten. Die Frage für mich ist, wie man das wirklich umsetzt, d.h. was man konkret gerade im Bereich Personalentwicklung machten kann, was dafür der greifbarste Bereich ist. Was macht man konkret mit Mitarbeitern? Wie setzt man Anreize, damit das schon konkret zu Erkennende, wirklich umgesetzt wird? Leute machen viele Dinge aus unterschiedlichen Motivlagen. Ich glaube, man kann auch unterschiedliche Anreize setzen; sie können extrinsisch oder intrinsisch sein. Wie setzt man das letztendlich im Personalbereich um? Wer von Ihnen möchte?

Herr Faller:
Aus der Perspektive der Führungskraft ist das Thema extrem spannend. Ich hatte ja bereits angedeutet, dass die Mitarbeiter, die in diesem Kontext auch 'smarter' mit sich selbst umgehen – also gerade auch Digital Natives – eigentlich eher nach einer persönlichen Karriere streben. Es ist nicht zwingend gesagt, dass das eine Karriere im aktuellen Unternehmen ist, d.h. die Motivation zur Weiterentwicklung ist deutlich anders, als es vielleicht in den Jahren zuvor war. Es geht nicht mehr nur um eine monetäre Weiterentwicklung sondern auch um eine Weiterentwicklung des Wissens, den Drang interessante und erfüllende Aufgaben zu haben. All diese Aspekte stellen neue Forderungen an die Führungskraft als solche. Ich bin zwangsweise als Führungskraft in meinem Team nicht mehr derjenige, der am meisten weiß. Ganz im Gegenteil, in der Regel weiß ich am wenigsten von den einzelnen Themen.

Daher ist es umso wichtiger, den Mitarbeitern eine Perspektive zu geben und sie weiterzuentwickeln und ihnen die Möglichkeiten im eigenen Unternehmen aufzuzeigen.

Ich beobachte auch sehr häufig, wie sich besonders ältere Mitarbeiter bei jüngeren Kolleginnen und Kollegen mit dieser neuen Arbeitsweise und Einstellung 'anstecken' lassen. So nutzen Mitarbeiter immer stärker, dass sie unter Umständen größere Netzwerke haben als der Vorgesetzte und auch Kollegen in anderen Bereichen kennen, in denen der Vorgesetzte selbst niemanden kennt. Dies kann für mich als Führungskraft auf der einen Seite beängstigend wirken, weil es eine deutliche Veränderung ist und über das Wissen auch die Kontrolle über Entscheidungen verloren gehen könnte. Auf der anderen Seite ist es allerdings auch eine sehr wirkungsvolle Sache, weil ich über mein eigenes Netzwerk als Führungskraft, also auch über mein eigenes Team, in ein deutlich größeres Netzwerk greifen und das positiv nutzen kann. Ich komme dadurch von einer klassischen hierarchieorientierten Arbeitsweise zu einem vernetzten und dynamischeren Arbeitsstil.

Prof. Hess:
Dies wäre in meinen Worten ein Plädoyer für andere Führungsformen oder letztlich das Eingeständnis, dass man als Führungskraft anders steuern muss. Vielleicht gibt es noch Input zum Thema Anreize. Was muss man jetzt wirklich tun, dass da Mitarbeiter und vielleicht alle Mitarbeiter ins Boot geholt werden?

Dr. Pfeiffer:
Das mit der Behauptung „79% haben innerlich gekündigt" sehe ich etwas anders. Unsere Erfahrung aus unserer Empirie in vielen Unternehmen und zwar in ganz unterschiedlichen Branchen mit ganz unterschiedlichen Arbeitskraftgruppen, ist eher die einer Zweiteilung. Es gibt eine innere Kündigung und es findet Demotivation sehr häufig in Bezug auf das Unternehmen, auf die Organisation des Unternehmens und auf Wandel, der nicht nachvollziehbar ist, statt. Also der x-te Re-Engineering Prozess, der über einen hereingebrochen ist und dessen Sinn und Zweck weder kommuniziert wurde noch ersichtlich geworden ist. Auf der Seite gibt es sehr viel Demotivation. Es gibt aber gleichzeitig und manchmal sogar als Rettung, als Reaktion auf das andere, eine sehr hohe Motivation, was die eigene Arbeit angeht. Und das sind zwei Paar Stiefel. Wir erleben ganz häufig, dass Leute in Interviews zu uns sagen, dass sie nicht wissen, wie ihre Abteilung gerade heißt, weil sie in den letzten zwei Jahren fünfmal umbenannt wurde. Es ist ihnen aber egal, weil der Job immer derselbe ist: „Die Aufgaben, die ich zu erledigen habe, sind immer die gleichen. Die mache ich gut, daran halte ich mich fest und darum geht es hier. Alles andere blende ich mittlerweile aus, weil es mich von der Arbeit abhält." Deswegen bringt es nicht so sehr viel, dass Taylor das Bild ist, an dem wir uns abarbeiten sollten. Tatsächlich glaube ich, dass sich seit den 60er und 70er Jahren, als Unternehmen bei uns noch im tayloristischen Sinne organisiert waren, sehr viel verändert hat. Das muss man anerkennen. Allerdings hat das nicht dazu geführt, dass wir tatsächlich flache Hierarchien oder ein wirklich anderes Verständnis bekommen haben. An einer entscheidenden Stelle haben sich Unternehmen noch nicht von Taylor verabschiedet: Die meisten glauben immer noch, dass Planung das Mittel der Wahl ist, um auf die immer turbulenter gewordenen Märkte zu reagieren. Draußen wird es turbulenter, der Markt kommt immer mehr rein an jeden Arbeitsplatz und die Hauptreaktion ist in den meisten Unternehmen immer noch mehr Planung, noch mehr Controlling und

noch differenziertere Projektmanagementtools, die die Leute von ihrer Arbeit abhalten. Das ist eine der Hauptchancen von Web 2.0, zu der man die meisten Mitarbeiter gar nicht überzeugen muss. Wenn erkannt wird, dass es ein Tool ist, um die eigene Arbeit leichter zu machen, wird jeder motiviert mitmachen. Wenn es allerdings nur ein Feigenblatttool werden soll, damit das Unternehmen sich als Enterprise 2.0 bezeichnen kann, wird es nie zum Leben kommen. Da müssen Unternehmen umdenken. Wer immer noch Projektmanagement im klassischen Sinne macht und glaubt, dass man so etwas wie kreative Wissensarbeit für die nächsten drei Jahre bis ins Arbeitspaket 3.2.1... hinunter planen kann und die Leute dazu zwingt, dass sie jeden Tag ein Projektmanagementtool bedienen, einen Soll-Ist-Abgleich machen, der immer schon Quatsch war, weil die ganze Planung von Anfang an Quatsch war, braucht sich nicht zu wundern, dass die Leute an der Stelle demotiviert sind. Das alles gehört auch dazu, wenn man zu einem Enterprise 2.0 werden will.

Das Thema Personalabteilung war auch so eine Frage gerade: die muss man auch einbinden, aber in einer anderen Art und Weise. Nach unserer Erfahrung haben die oft relativ wenig Ahnung von den wirklichen Bedürfnissen der einzelnen Menschen an ihren Arbeitsplätzen – das ist kein Vorwurf, sondern hat einfach mit der Entwicklung der Arbeitsteilung in großen Unternehmen zu tun. Solange sich die Personalabteilung dessen nicht bewusst ist, wird sie sich sehr schwer tun dabei, anderen die Nutzung von Web 2.0 nahe zu bringen. Es muss jeder von seiner eigenen Richtung her kommen.

Prof. Hess:
Vielen Dank, hier gab es gleich zwei Kommentare.

Dr. Buhse:
Darauf würde ich gern kurz eingehen. Darin sehe ich natürlich einen Widerspruch, dass man sagt, die Mitarbeiter sind hoch motiviert, ihre Arbeit zu machen. Aber sie machen fünf Jahre lang die gleiche Arbeit, egal wie sie organisiert werden oder wie geplant wird. In komplexen dynamischen Märkten kann ich nicht mehr über die Hierarchien eine Planung herunter kaskadieren, die über Jahre hinweg dauert und wo die Implementierung auch Jahre dauert, sondern ich muss es hinkriegen, dass die Mitarbeiter diese hohe Veränderungsbereitschaft haben, und genau die ist der Crux. Deswegen sind sie so schnell demotiviert.

Mit Personalabteilungen mache ich sehr positive Erfahrungen in einigen Unternehmen. Meine Empfehlung wäre, dass Sie sich Leute suchen, die erst neu in die Personalabteilung dazugekommen sind, die sozusagen noch etwas werden wollen. Die haben einfach ein anderes Verständnis von Personalverwaltung, eher im Sinne von Mitarbeiterentwicklung oder Führungskräfteentwicklung. Da ist ein sehr großes Potenzial und eine sehr hohe Bereitschaft, weil es dann sichergestellt ist, dass es um den Menschen geht und nicht um die Einführung von Technologie. Wenn Sie also die IT Abteilung als einzige Abteilung fragen, die Einführung zu machen, haben Sie ein wundervolles Blogsystem, ein tolles Wiki, das aber in der Regel nicht unternehmensweit wirklich gut genutzt wird. Das ist die Herausforderung.

Herr Klotz:
Noch einmal zu Taylor, der ja hier symbolisch für etwas steht. Ich glaube, dass wir alle viel mehr Taylor „im Rückenmark" haben als uns bewusst ist. Manche Formen wie Menschen zusammenarbeiten und manche Wertesysteme haben eine sehr lange Geschichte, wir hörten es vorhin schon, das geht zurück bis zu den römischen Legionen und sogar noch weiter. Die meisten heutigen Unternehmen sind in ihrem Inneren noch immer kleine Planwirtschaften und die Wertesysteme, die die Menschen haben, z.B. was sie als Karriere bezeichnen und anstreben, die vertikale Karriere, also möglichst viele Leute unter sich zu haben, ist davon geprägt. Wir sind noch weit weg von einer horizontalen Karrierevorstellung, in der es beispielsweise erstrebenswert wäre, statt viele Menschen zu befehligen, die eigene Persönlichkeit in möglichst viele Richtungen entwickeln zu können. Das wäre eine ganz andere Vorstellung von persönlicher Entwicklung. Wir haben noch immer ziemlich viel Ehrfurcht vor Titeln und Statussymbolen, die kennzeichnend sind für die alte industrielle Arbeitswelt. Und das ist das Gute im Internet, dass dort überhaupt nicht zählt, ob jemand einen Titel oder ein größeres Büro hat. Da zählt, was jemand in einer konkreten Situation einbringt an Kreativität, an Ideen, an Leistungen usw. – der Rest interessiert überhaupt nicht. Deshalb werden unsere alten Wertesysteme zunehmend angekratzt. „Taylor" steht hier nur symbolisch für so allerlei, was ganz tief in uns drinsitzt.

Herr Roebers:
Wir haben irgendwann einmal aufgehört uns mit der Frage zu befassen, wie wir unsere Mitarbeiter motivieren können, und haben uns mit der Frage befasst, wie wir verhindern können, dass sie demotiviert werden durch offensichtlichen Blödsinn. Was ich vorhin angedeutet habe, will ich an einem praktischen Beispiel kurz schildern. Es gab bei uns eine Unternehmensregel, die den Versand von Paketen aus der Zentrale heraus geregelt hat. Ich gehe jetzt auf das Festgenagelt sein in schwachsinnigen Prozessen als Demotivationsfaktor ein. Der Paketversand musste irgendwie geregelt werden, weil es auch ein teurer Prozess gewesen ist, der immer mal wieder für viel Ärger gesorgt hat. Ich habe die Aufgabe übernommen und die Regel geschrieben. Jetzt habe ich weder Ahnung vom Paketversand noch besonders große Leidenschaft in dem Thema. Diese Regel, die ich geschrieben habe, hat einen bestimmten Transporteur vorgeschrieben, ein bestimmtes Formular, was im Paketausgangsbuch ist, auszufüllen, wenn ein Paket versendet wird. Nun ist es so: Nicht ich, sondern eine Mitarbeiterin muss diesen Prozess jeden Tag leben und stellt fest, dass er nichts taugt. Der Transporteur, den ich ausgesucht habe, ist unzuverlässig und eigentlich auch zu teuer. Diese Mitarbeiterin weiß ganz genau, wie das zu funktionieren hat. In der alten Unternehmensstruktur wäre das dann bei uns so gelaufen, dass sie mir eine Mail geschrieben hätte, weil sie auf die Regel keine Änderungsberechtigung hatte. Dieses Mail wäre bei mir dann wahrscheinlich in der Prioritätsliste

auf Platz 280 gelandet und ich hätte es, wenn überhaupt, nach drei bis vier Wochen bearbeitet. So etwas macht Mitarbeitern das Leben zur Hölle. Sie wissen es genau, dass sie es besser wissen und ich keine Ahnung davon habe, dürfen aber trotzdem nichts ohne Freigabe ändern und die, die es ändern dürfen, interessieren sich eigentlich nicht dafür. ⌐

Wir haben das jetzt umgedreht, d.h. die Mitarbeiterin kann das ändern und ich muss es nur wissen. Sie kann die Regel ändern, aber ich will benachrichtig werden. Das macht unser Wiki. Wenn ich als Regelinhaber die Seite auf „beobachten" setze, bekomme ich eine Mail, wenn sie das geändert hat. Das führt wenigstens dazu, dass die Mitarbeiterin nicht demotiviert ist, dadurch dass sie in einem Prozess gefangen ist. Und welche Alternativen hätte sie vorher gehabt? Sie hätte sich über die Regel hinwegsetzen können, was für sie nicht gut wäre, weil sie sich einem Verfolgungsrisiko aussetzt. Für mich wäre es nicht gut, weil ich nicht mehr weiß, was in unserem Laden los ist. Viel schlimmer wäre noch gewesen, sie hätte Dienst nach Vorschrift gemacht und der Prozess wäre so ineffizient ausgeführt worden, wie ich ihn mir irgendwann einmal ausgedacht habe. Da bietet Enterprise 2.0 mit allen Medien und technischen Unterstützungen heute ein Instrument, wo die Führungskraft in ihrer Vetorolle immer noch da ist. Ich kann reagieren wenn ich möchte, aber ich muss nicht mehr jeden Quatsch freigeben, nur weil ich zufälligerweise irgendwann einmal diese Regel definiert habe. Darin liegt meiner Meinung nach das große revolutionäre Potenzial von Web 2.0 Applikationen und in der Umdefinition von Führung zu Rückzug auf eine Vetorolle, statt alles unter Freigabevorbehalt zu setzen. Wir haben bei uns die Beobachtung gemacht, dass dadurch die Stimmung erheblich besser wurde und vor allem unsere Regeln mittlerweile auch vernünftig funktionieren. Ich weiß, wenn eine Regel so formuliert ist wie sie ist, wird sie genauso gelebt. Das einzige, was die Mitarbeiterin in dem Fall nicht machen darf, ist, dass sie die Regel nicht ändert und sich anders verhält. Das wird nicht toleriert bei uns, hat aber auch nie Anlass zum Eingreifen gegeben. Das funktioniert von sich aus.

Prof. Hess:
Bevor wir auf ein zweites Themenfeld gehen, vielleicht noch eine Anmerkung, um die Diskussion in eine andere Richtung zu lenken. Mein Eindruck ist, dass Konsens herrscht, zumindest hier auf dem Podium, dass das neue Formen der Organisation und der Führung sind, die von der Beobachtung her eher langfristig wirken. Es braucht lange Zeit, um das umzusetzen. Nun gibt es aber in vielen Bereichen einen kurzfristigen operativen Druck, wenn zum Beispiel eine Qualitätssituation schwierig ist usw. Daher folgende konkrete Frage an das Podium: Gilt das wirklich auch in Unternehmen, die kurzfristig unter wirtschaftlichem Druck sind? Kann man da wirklich diese eher mittel- bis langfristige Perspektive fahren oder muss man das eher zurückstellen? Gibt es da Erfahrungen, Einschätzungen? Würden Sie das genauso als Berater oder als Manager umsetzen, wenn Sie wirklich nicht diesen Spielraum von zwei Jahren hätten, um das umzusetzen sondern einen kurzfristigen Modus?

Herr Roebers:

Was Herr Buhse eben gesagt hat, finde ich ganz wichtig und unterstreiche das auch. Ein Unternehmen muss die Fähigkeit haben zu oszillieren zwischen den beiden Zuständen, hierarchienah, rigide und kreativ Web 2.0 und laissez-faire. Es gibt Situationen – die haben wir auch erlebt in der Zeit, seitdem wir es eingeführt haben –, in denen das Wort des Kommandeurs auf der Brücke gilt. Da muss es schnell gehen, und da kann ich nicht erst einen langwierigen Aushandlungsprozess laufen lassen, sondern muss sehr schnell hierarchisch durchgreifen. Dann aber auch wieder zurückschwingen zu können, ist eine wichtige Eigenschaft. Wir haben das mittlerweile auch für Teilbereiche und Abteilungen, und andere Organisationseinheiten hinter uns, und es ist viel leichter als ich gedacht habe. Interessant daran war, dass das Einschwingen in den Hierarchiemodus und ‚Befehl' und ‚Gehorsam' von den Mitarbeitern initiiert wurde, weil die gesagt haben, wir sind hier in einer Situation, die gerade außer Kontrolle gerät, und es sind schnelle Handlungen gefragt. Das hat mich am meisten an der Situation fasziniert. Deswegen glaube ich, dass es Situationen gibt, wo Enterprise 2.0 auch einmal wieder Zurückschwingen können muss.

Herr Klotz:

Man sollte eines sehr klar sehen: Kulturen, Verhaltensweisen und Wertesysteme kann man nicht so einfach ändern. Das entwickelt sich. Das sind lebendige Prozesse, die ihre Zeit brauchen. Was man aber ändern kann, sind Organisationsstrukturen und diese wiederum beeinflussen Verhaltensweisen. Um es mal sehr einfach zu zeichnen: In einer strikten Hierarchie bekomme ich als dominierende Verhaltensweise Opportunismus. Denn als Opportunist fahre ich in der Hierarchie meist recht gut – ich muss immer nur das machen, was den Vorgesetzten gut gefällt. Ob das für die Organisation insgesamt gut ist, ist aber eine ganz andere Frage. Und eine Veränderung von Organisationsstrukturen führt früher oder später immer auch zu einem kulturellen Wandel. Ein schönes Beispiel hierfür ist etwa der dänische Hörgerätehersteller Oticon. Dabei zeigt sich auch, dass tief greifende Veränderungen fast immer nur dann stattfinden und erfolgreich sind, wenn das Unternehmen schon mit dem Rücken an der Wand steht. Oticon stand mal kurz vor der Pleite und dann wurde dort wirklich alles radikal umgeschmissen. Dabei wurden alle Hierarchiestufen, Abteilungen, Statussymbole und sonstige Relikte der Industrieära abgeschafft. Heute gibt es bei Oticon auch keine Planstellen mehr, sondern eine offene und flexible Projektorganisation, die unter dem Begriff „Spaghetti-Organisation" Wirtschaftsgeschichte schrieb. Damit wurde ein phänomenaler Kulturwandel eingeleitet, aufgrund dessen Oticon heute die Innovationspotenziale aller Beschäftigten viel besser ausschöpft als zuvor. Weit über dem Branchendurchschnitt liegende Ergebnisse sprechen heute für sich und zeigen, dass radikaler Hierarchieabbau die vielleicht effektivste Form des Innovationsmanagements ist. Und hierbei wird die Parallele zu den neuen Arbeitsformen im Internet deutlich – deshalb glaube ich auch, dass ein Kulturwandel stattfinden wird, wenn sich neue Koordinationstechniken und damit neue Organisationsformen durchsetzen. Natürlich braucht das alles viel Zeit, aber wenn man weiß, wo die organisatorischen Stellschrauben sind, kann man diesen Wandel schon befördern.

Herr Faller:
Ich möchte den Punkt von Herrn Roebers noch verstärken. Dieses Oszillieren, also der Zustandswechsel zwischen der Hierarchieorganisation und der vernetzten Organisationwird immer nur durch besondere Situationen initiiert. Aber nach meiner Erfahrung ist es oftmals eine Ausrede, dass die aktuelle Situation schwierig sei und man eine harte Zeit vor sich habe, um so das Thema einer Veränderung nicht angehen zu müssen. Man kann sich aus seiner aktuellen Denke heraus mit dem neuen Zustand noch nicht anfreunden, empfindet aber noch nicht genügend 'Druck', wie Herr Klotz sagte: dass man vor der Wand steht und etwas anderes machen muss, also dass man weiß, dass man anderenfalls im nächsten Moment organisatorisch tot ist. Daher passiert es oftmals, dass diese Möglichkeit einfach verschoben wird. Wenn es um so eine Situation geht, wäre meine Empfehlung, klein, punktuell anfangen. Wenn es dann irgendwo einen Teil gibt, von dem man weiß, dass er nicht ganz so kritisch ist, kann man trotzdem damit anfangen und die Sache ins Laufen bringen, auch wenn es länger dauert, bis sich die Veränderung in der ganzen Organisation verbreitet hat. Wenn einem der Wandel ernst ist, dann kann man jederzeit kleine Pflanzen einsäen, diese wachsen lassen und das Thema nicht kategorisch ablegen. Es ist kein ‚Alles' oder ‚Nichts'. Es ist eine Sache, die langsam wächst und deswegen auch parallel zu anderen Systemen existieren und sich langsam einschwingen kann.

Prof. Hess:
Vielen Dank, meine Damen und Herren, ich hatte es schon angekündigt, Ihre Fragen bitte.

Herr Kuebler, Universität Stuttgart:
Die zwei Praxisbeispiele von Herrn Faller und Herrn Roebers haben mir außerordentlich gut gefallen und den Sinn klargemacht. Ich habe auch gesehen, welche soziologische Bedeutung das Thema in Form von Motivation von Mitarbeitern und Zugehörigkeitsgefühl hat und neue Managementmethoden zum Einsatz kommen, um die Wissensarbeiter richtig zu führen. Ich wollte in diesem Zusammenhang nur erwähnen, dass wir an der Universität Stuttgart seit Jahren dazu Ansätze und zumindest Teillösungen haben und die auch in Vorlesungen vermitteln. Meine Frage ist, warum wir diese hier nicht vorstellen?

Prof. Hess:
Ich würde das eher als Anmerkung auffassen, vielleicht auch als Anregung für die nächste Veranstaltung. Ich war nicht im Organisationskomitee, aber ich glaube, es ist versucht worden, unterschiedliche Aspekte aufzugreifen. Wollen Sie vielleicht ein Thema herausgreifen, wo Sie sagen, dass das eine besonders provokante These

wäre, die hier ganz anders ist. Dann könnten wir das vielleicht ganz konkret aufgreifen.

Herr Kuebler:
Sie können zum Beispiel die Frage der Zielsetzung für Produkte, für Geschäftsbereiche oder Teilgeschäfte oder für das Unternehmen erarbeiten. Mit einer solchen Zielsetzung können die Techniker mit ihrer speziellen Qualifikation oder Spezialisierung besser mitdenken, insbesondere sofern es sich um technisch geprägte Produkte oder Software handelt. Da gibt es Formen, sie zur konstruktiven Mitarbeit im Sinne des Unternehmenserfolgs zu motivieren. Das kann man sehr gut mit Wikis einbringen, strukturieren und dann nach vorgegebenen Verfahren auswählen und bewerten. Sie können unterschiedliche technische Konzepte, die mit ganz unterschiedlichen technischen Qualifikationen entstanden sind, nach einem einheitlichen System bewerten und danach beurteilen, welches sich am Markt durchsetzen wird.

Prof. Hess:
Das will ich als Anmerkung dazu nehmen. Die Dame dort war zuerst.

Frau Sommer, Nokia Siemens Networks:
Was mir noch fehlt an dem Thema, ist der Link aus dem sehr breiten, aber evolutionären Ansatz heraus – wir entwickeln über die Masse der Mitarbeiter, über die Masse der am Prozess Beteiligten Dinge weiter. Wie kriege ich nun den Link zur Vision, zur Strategie, die man ja braucht, um einem Unternehmen z.B. einen anderen Trend zu geben?

Herr Roebers:
Tolle Frage, Frau Sommer. Eine Überlegung wäre zum Beispiel, je nachdem ob die Vision jetzt in Stein gemeißelt ist oder ob man sagt: wir geben die Vision zur Diskussion frei und lassen die Mitarbeiter diskutieren, wie sie eigentlich zu der Vision stehen. Ist die realistisch? Ist die konkret genug und anfassbar genug? Kann ich daran mein Handeln ausrichten? Das zur Vision. Die Frage ist dann Strategie bzw. Ziele, wie breche ich das in Ziele runter. Ziele finde ich auch in einem Enterprise 2.0 Unternehmen extrem wichtig. Eine weitere wichtige Frage ist, nach welchen Werten ich entscheiden soll. Ich finde, Werte sind eine ganz wichtige Rahmenbedingung. Vielleicht möchten Sie einfach eine Diskussion im Unternehmen starten, welches die Werte sind, die den Mitarbeitern wichtig sind, um von dort eine Diskussion zu beginnen, welche Werte man braucht, damit man täglich die Entscheidung als Wissensarbeiter fällen kann. Dazu müssen die Werte sehr konkret definiert sein. Das wäre meine Empfehlung. Beantwortet das Ihre Frage?

Prof. Hess:
Eine ergänzende Frage?

Frau Sommer:
Wenn z.B. Apple seine Vision erarbeitet, dann doch sicherlich nicht über die breite Basis seiner Mitarbeiter? Oder wie haben z.B. andere Unternehmen den Shift von einem sehr maschinenbaulastigen Unternehmen in eine IT Company geschafft? Das ist das, wo ich nicht ganz den Link herstellen kann.

Herr Roebers:
Okay. Jetzt habe ich es verstanden. Da gibt es eine Aussage von David Weinberger aus Harvard, dass es ein paar Ausnahmemanager gibt. Das sind die Jack Welchs dieser Welt, das ist ein Steve Jobs usw. Die schaffen das, weil sie einfach so unglaublich komplex denken können. Die schaffen es, fast schon diktatorisch in ihrem Unternehmen zu herrschen. Ich kenne den Ex CEO von Apple Deutschland ganz gut, und so ähnliche Zustände herrschen bei Apple. Aber von diesen Managern gibt es extrem wenige, und das gilt nicht für das Gros der Unternehmen, die wir hier in Deutschland haben. Deswegen glaube ich persönlich, dass eher dieser partizipatorische Ansatz zu besseren Ergebnissen führt als der diktatorische.

Prof. Hess:
Vielen Dank. Sie waren der nächste, bitte sehr.

Herr Jürgen Aumeier, T-Systems:
Ich habe eine Frage und eine Anmerkung zu Herrn Roebers. Sie hatten gerade gesagt, dieser Switch von der Netzwerkorganisation hin zu dem Hierarchischen ist dann richtig, wenn es schnell gehen muss. Das hat mich ein bisschen verwundert, weil eigentlich solche Enterprise 2.0 Organisationen genau dazu ausgerichtet sind, schnelle Entscheidungen zu treffen. Was würden Sie von folgender These halten? Wenn man sich kontinuierlich verbessern will, ist das Thema Enterprise 2.0, Netzwerkorganisation der richtige Weg. Für strukturelle Veränderungen speziell unter Druck, wenn es einem schlecht geht, ist der hierarchische Ansatz der bessere Weg, um schnell entscheiden zu können und die gesamte Firma strukturell in eine neue Spur zu bringen. Das geht auch ein bisschen in die Richtung, was vorher gefragt wurde.

Herr Roebers:
Ich bin mir da momentan nicht ganz sicher, ob ich diese These unterstützen möchte, weil wir bei uns strukturelle Veränderungen in ruhigen Zeiten auch ohne Weiteres über den Enterprise 2.0 Ansatz fahren. Dass schnell von einzelnen Personen bei uns entschieden wird, begrenzt sich zurzeit nur auf Hochrisikosituationen. Wenn kein schnelles und diktatorisches Handeln erforderlich ist, machen wir das nicht mehr. Es gibt eben wenige Situationen im Unternehmen, die das erfordern, und das hat wenig mit kontinuierlicher Verbesserung oder struktureller Arbeit, sondern eher mit Gefährdungspotenzial zu tun. So habe ich das bis jetzt wahrgenommen.

14 Podiumsdiskussion

Prof. Hess:
Herr Klotz, Sie wollten dazu noch etwas sagen.

Herr Klotz:
Ich möchte noch eine Ergänzung zum Beispiel Apple einbringen, um einen Unterschied deutlich zu machen. Es ist nicht einfach nur so, dass Steve Jobs diktatorisch herrscht, sondern er macht noch einige Dinge anders. Ich habe mich mal mit der Frage befasst, wie es kommen konnte, dass einerseits eine in der Telekommunikation so traditionsreiche Firma wie Siemens bei Mobiltelephonen derartig gnadenlos einbricht, während andererseits ein Newcomer wie Apple, der auf dem Gebiet gar keine Erfahrung hatte, den Handy-Markt binnen kürzester Zeit derartig aufrollen konnte. Was machen die anders? Dazu muss man sich einfach mal die Entscheidungsprozesse anschauen, wie bei Siemens über Gerätedesign entschieden wird, über wie viele Ebenen hinweg und von Leuten, die oft sehr, sehr weit weg vom Kunden sind – altehrwürdige Vorstände, die zu wissen glauben, was junge Leute heute und morgen hip finden. Auf der anderen Seite lässt sich Steve Jobs – ich weiß das von Leuten, die in Cupertino arbeiten – jeden Freitag aktuelle Stücke Software oder Entwürfe von einzelnen Teilen geben, die er dann am Wochenende anschaut und testet. Am Montag kommt er dann mit Vorschlägen in die Firma. Er kann die Sachen bedienen, die die Firma verkauft. Das können viele von Siemens nicht. Das sind ganz kurze Entscheidungswege und die Entscheider sind ganz nah am Prozess und an den Kunden dran. Das ist der große Unterschied.

Prof. Hess:
Wir haben noch acht Wortmeldungen. Ich bitte daher um kurze Fragen.

Herr Nasko:
Ich habe eine Anmerkung zu Herrn Buhse. Ein sehr guter Vortrag, nur in Ihrer ersten Folie am Anfang steht: Führen heißt Coaching, ein Team zum Erfolg führen. Zu meiner Zeit waren zwei Begriffe wichtiger als Führungspersönlichkeit: 1. Vorbild und 2. Verantwortung. Ich habe das Gefühl, dass diese beiden Begriffe in letzter Zeit sehr stark in Vergessenheit geraten sind. Das kann man jeden Tag in der Zeitung lesen. Vorbild interessiert überhaupt nicht mehr und bei der Verantwortung fühlen sich Leute, wenn es schief geht, eher als Opfer und nicht als Täter. Meine Bitte wäre auch an die Generation der nach 1980 Geborenen, die Digital Natives, dass sie die Begriffe Verantwortung und Vorbild auch in Zukunft ernst nehmen.

Prof. Hess:
Ein Kommentar dazu oder Zustimmung?

Dr. Buhse:
Satte Zustimmung.

Dr. Theilen:
In Ihrer Terminologie bin ich sicher ein digitales Fossil. Ich war bis zu meiner Pensionierung unter anderem zuständig für die Verwaltungsmodernisierung in einem Bundesland. Faszinierende Thesen hier. Eine These ist, dass Change Management am besten klappt, wenn das Wasser bis zum Hals steht. Da steht es eigentlich der öffentlichen Hand seit einiger Zeit. Deswegen meine Frage, Herr Klotz, Sie haben sehr viel von Hierarchisierung und Ähnlichem gesprochen. Welche Chancen sehen Sie, dieses Modell von Enterprise 2.0 auf die öffentliche Verwaltung zu übertragen? Ich halte es für absolut notwendig, sehe aber eine ganz große Schwierigkeit in strukturellen Schwächen der öffentlichen Hand.

Herr Klotz:
Da kann ich Ihnen nur zustimmen. Diese Frage ist gut und wichtig. Man muss genauer unterscheiden. Wenn einem Unternehmen das Wasser bis zum Hals steht und dann solche Veränderungen passieren, hat es oft wirklich keine Alternative. Es gibt aber Bereiche, deren Existenz aufgrund anderer Regelungen, zum Beispiel aufgrund von Gesetzen garantiert ist und da halten sich manche anachronistischen oder zum Teil auch geradezu absurden Formen oft sehr viel länger als gut ist. Ob das die öffentliche Verwaltung ist, ob das Parteien sind oder Verbände oder Gewerkschaften, in all solchen Bereichen, deren Existenz teilweise aufgrund anderer Faktoren gesichert ist, sind Veränderungen besonders schwer durchzusetzen. Selbst wenn die Kassen leer sind ist der Veränderungsdruck hier nicht so hoch. Aber irgendwann wird es auch da passieren. Das hat etwas mit dem Generationswechsel zu den Digital Natives zu tun. Wenn immer mehr Menschen andere Kommunikationsformen gewohnt sind, in denen mit Informationen, mit Wissen viel offener umgegangen wird, dann wird sich das irgendwann überall durchsetzen. Auch in Behörden werden sich Menschen nicht mehr auf Dauer bieten lassen, dass Information als Herrschaftswissen abgeschottet und missbraucht wird. Das dauert hier nur viel länger, weil es dieses Moment der existenziellen Krise da nicht so gibt.

NN:
Wir haben viel von neuen Organisationsstrukturen gehört, Inhalt ist wichtiger als Status. Meine Frage an alle. Kennen Sie konkret ein Unternehmen, in dessen Struktur sich das schon wiederspiegelt, speziell auch in dessen Gehaltsstruktur? Zwei konkrete Fragen: Wie hält es denn die Gewerkschaft, Herr Klotz? Und Herr Roebers, haben Sie die Azubine übernommen?

Herr Roebers:
Die ist übernommen worden und arbeitet immer noch in der Buchhaltung. Es ist sehr selten, dass jemand aus der Marketingabteilung freiwillig in der Buchhaltung bleibt. Obwohl sie sehr kreativ ist, gefällt es ihr da. Ob sich dieses Idealbild bei uns in den Gehaltsstrukturen widerspiegelt? Was bei uns seltener wird, sind generalistische Führungskräfte ohne eigene Fachkompetenz. Das gibt es eigentlich gar nicht mehr. Wir haben noch welche, die noch ein bisschen hin- und hergeswitcht sind. Aber dass

jemand ohne eigene Fachkompetenz eine Abteilung übernehmen kann, obwohl er von Marketing keine Ahnung und vorher etwas anderes geführt hat, gibt es bei uns heute nicht mehr. In der Gehaltsstruktur hat sich das insofern widergespiegelt, dass wir Softwareentwickler mit keinerlei Führungsaufgaben haben, die bei uns mehr als manche Führungskraft verdienen. Teilweise hat sich das schon abgebildet, aber ein bisschen Platz für Verbesserungen haben wir noch an der Stelle.

Herr Klotz:
Zur Frage, ob es Unternehmen gibt, wo sich das schon wieder findet. Eigentlich müsste man sogar noch einen Schritt weitergehen und sich fragen, ob die Begriffe Unternehmen oder Führungskraft auf Dauer in ihrer bisherigen Form überhaupt noch Bestand haben. Es gibt ganz neue Formen von Wertschöpfungsmodellen, wo beispielsweise Freelancer in Netzwerken zusammenarbeiten. Das erfüllt das klassische Kriterium von Unternehmen nicht mehr, aber es sind Leute, die zusammenarbeiten, die zusammen einen Wert schöpfen und auf eine bestimmte Art und Weise miteinander kooperieren. Wie gesagt, es werden sich allmählich völlig neue Unternehmensmodelle herausbilden und ob man dann noch von Führungskraft reden wird, ist die Frage. Auch viele dieser Begriffe werden als Teile der alten Arbeitswelt vermutlich verschwinden.

Zur Frage, wie es Gewerkschaften damit halten. Sie sind natürlich auch ein Teil der alten industriellen Arbeitswelt. Gewerkschaften sind als Teile der Industriegesellschaft gewachsen – mit allem, was dazu gehört. Und so wie Wissensarbeit andere Managementkonzepte erfordert, so brauchen Wissensarbeiter auch andere Formen der Unterstützung, um Leben und Arbeit besser bewältigen zu können. Gewerkschaften werden sich deshalb sogar noch stärker ändern müssen als viele Unternehmen, um in einer Wissensgesellschaft überleben zu können.

NN:
Eine Frage an IBM. Sie haben gesagt, dass Sie weltweit von ihren Mitarbeitern ein Konzentrat von zehn Aussagen gemacht haben und dass dieses Konzentrat sozusagen die Essenz des Unternehmens, die Essenz der Mitarbeiter und dann auch die Bindekraft innerhalb dieses ganzen Systems sind. Wir wissen seit gestern, dass das Riesenunternehmen Quelle, 80 Jahre alt mit treuen Mitarbeitern usw., an vielen Fehlern, von denen einige bekannt geworden sind, untergegangen ist. Die Frage ist, ob die Essenz, die Sie aus den Befragungen herausgefiltert haben, der Kit, den das IBM Unternehmen zusammenhält, Bestand hat? Ist es nach Innen und Außen durch diese Befragung, durch diese mentale Zustimmung zum gesamten System, vor diesen normalen Schwächen, die im Management und in der Umgebung bestehen, geschützt? Was für einen Wert haben diese Essentials?

Herr Faller:
Wir hatten zwei dieser Jams, also nicht nur reine Befragungen. Dabei geht es wirklich darum direkte Interaktionen zu erzeugen, wie die JamSession, die Herr Buhse

angedeutet hat, nur ohne Band. Dabei haben wir diese drei Werte definiert, da ging es wirklich um unsere Corporate Identity. Diese Werte repräsentieren alle IBMer, ihre Vorstellungen, warum sie bei diesem Unternehmen sind und was sie dort erreichen wollen. Wir sind natürlich damit nicht 'unkaputtbar' und das heißt auch nicht, dass deswegen unser Unternehmen gefeit ist vor Krisen, Einbrüchen in gewissen Marktsegmenten oder vor Fehlern Einzelner. Es ist allerdings eine Wertebild, das von der Masse der IBMer getragen wird und in der Konsequenz von der Unternehmensführung auch eingesetzt wird, um daraus Handlungen abzuleiten. Eine dieser Handlungen, das kam aus dem Thema "Innovation that matters for the world", war die Diskussion in einem Folge-Jam über die von Ihnen angesprochenen zehn Innovationsthemen. Dabei hat die Unternehmensführung zu Beginn gesagt: „Wir geben das Ziel vor und investieren 100 Millionen Dollar. Bitte sagt der Unternehmensführung, was die Top Ten Prioritäten sind, von denen ihr denkt: dahin geht der Trend im Markt, da ist Geld zu verdienen." Der letzte Punkt ist ja letztlich das, was das Unternehmen zusammenhält und da können derartige Kommunikationsvehikel helfen, um möglichst eng an der Unternehmensbasis zu sein. Das ist ja auch was Herr Jobs macht, indem er als Benutzer das Handy selbst ausprobiert. Durch den Jam ist es uns in einem viel größeren Marktbereich möglich gewesen, einen Einblick zu gewinnen, wo die Masse der IBMer mit Kundenkontakten und persönlichem Interesse, und wo unsere Kunden selbst die heißen Themen jetzt und für die nächsten fünf Jahre sehen. Aber auch eine einzelne Aktion wird nicht ewig halten, daher wiederholen wir derartige Veranstaltungen relativ regelmäßig, um uns immer wieder neu zu justieren. Eine sehr langfristige Planung ist in diesen Zeiten, in diesem Umfeld eigentlich kaum mehr möglich.

NN:
Das haben ganz wenige Unternehmen von dieser Größe gemacht, dieser Aufwand an Kapital und Zeit. Die Frage ist jetzt, ob Sie tatsächlich eine größere Stabilität haben als vergleichbare Unternehmen, denn Größe ist ja heute gleichzeitig eine große Gefahr. Gibt es da irgendwie ein Analyseinstrument, Pulsfühlen oder was auch immer, durch das herausgefunden werden kann, dass Sie tatsächlich einen großen Vorsprung gegenüber vergleichbaren Kandidaten haben?

Herr Faller:
Ich kenne keine exakten Zahlen, keine Analysen dazu. Das müsste man genauer in Erfahrung bringen. Rein subjektiv sieht man aber auch in wirtschaftlich harten Zeiten, dass es uns nicht so schlecht geht wie es manch anderen Beteiligten im Markt ging, und sich damit die Vorgehensweise im Moment zumindest ein stückweit bewährt hat.

Herr Klotz:
Zum Stichwort ‚unkaputtbare Unternehmen'. Ich denke, dass es das nicht gibt. Vor zehn Jahren hätte auch niemand geglaubt, dass General Motors Pleite gehen kann. Anfang der 80er Jahre stand auch mal IBM kurz vor der Pleite. Oder hier zu Herrn

Nasko: 1980 hat auch niemand gedacht, dass eine Firma wie Nixdorf, das einstige Vorzeigeunternehmen, in Konkurs gehen könnte. Und auch Apple ist schon vielmals totgesagt worden. Ich will es mal auf den entscheidenden Punkt bringen: Ich meine, Unternehmen überleben, wenn Sie genügend innovationsfähig sind – dann und nur dann. Deshalb werden sich mehr und mehr solche Strukturen durchsetzen, in denen wirklich alle im Unternehmen, also nicht nur die Entwicklungsabteilung, sondern jeder an seiner Stelle seine Ideen einbringen kann, darf und soll. Das ist ganz wichtig, weil jede und jeder Ideen hat, wie man etwas besser machen kann, wie man heute etwas anders machen kann, als man es gestern gemacht hat. Das ist ein ganz wichtiger Punkt.

Es gibt noch einen zweiten wichtigen Punkt, wo sich die Überlegenheit der Open Source Strukturen, wie wir sie im Internet finden, zeigt. Das ist die große Stärke von schwachen Beziehungen. Neue Ideen entstehen besonders dort, wo die Beziehungen schwach sind, das heißt, wo sich Leute begegnen, die sich kaum kennen, wo unterschiedliche Wertvorstellungen und unterschiedliche Kulturen aufeinander treffen. Da entsteht das Neue. Wenn Leute lange in einer Abteilung zusammenarbeiten und dann hin und wieder einen Kreativworkshop machen, da entsteht oft gar nichts Neues, weil sich alle schon lange kennen und ihre Meinungen, Weltbilder usw. längst schon ausgetauscht und einander angeglichen haben. Da passiert dann nichts Neues. Wo Leute informell und zufällig aufeinander treffen, in der Teeküche oder am Kopierer, da entstehen viel häufiger wirklich neue Ideen. Und hier ist wieder die Parallele zu den Begegnungen im Internet zu sehen. Auch deshalb werden sich diese neuen Strukturen durchsetzen, weil sie einfach viel innovationsfähiger und flexibler sind. Denn hier sind die Menschen dem Neuen gegenüber viel offener, weil sie Neues nicht als Bedrohung für die eigene Machtposition fürchten müssen.

Herr Dr. Siegert:
Ich habe eine These und eine Frage. Die These hat sich genau aus dem Gespräch eben entwickelt. Wir haben den Kollegen Fossil, der sehr viel organisiert hat. Ich weiß es aus seiner aktiven Tätigkeit. Wir haben Kollegen wie Herrn Eberle, Herrn Nasko, die eine Generation, die wir als längst ausgestorben bezeichnen sollten, wenn sie nicht hier vertreten wäre. Und es ist ein großer Vorteil dieses Kolloquiums, dass wir es geschafft haben, sozusagen generationsübergreifend zu diskutieren. Das meine ich nicht nur im Alter sondern auch in der mentalen Struktur, der Anforderungen, denen wir ausgesetzt sind. Deshalb ist meine These, dass wir auch dort, wo wir sowieso schon keine Existenzmöglichkeit mehr haben – ich habe 15 Jahre mehr oder weniger in Ländern verbracht, die nicht zum europäischen Kontinent gehören –, in 15 Jahren eigentlich keine Bedeutung mehr haben. Es sei denn, wir schaffen es, solche Dinge ein Stückweit als das ehemalige Volk der Dichter und Denker in der virtuellen Welt einer Web 2.0 Kultur wieder zu entwickeln, die in anderen Strukturen nicht so stark präsent sind. Soweit die These.

Die Frage geht in eine andere Richtung und ist sehr konkret angeknüpft an die Veranstaltung hier. Es gibt bestimmte Unternehmen – und deshalb war es gut, dass ich nicht vorher drankam –, die heute nicht mehr existieren, von denen wir früher nie geglaubt haben, dass sie nicht mehr existieren würden. Wir haben auch viele Diskussionsforen, die heute nicht mehr existieren. Wenn Sie beispielsweise auf der letzten ITU Tagung in Genf waren – die Hallen waren gähnend leer. Sie konnten im Hotel für unter 100 € übernachten. Früher war das die wichtigste Veranstaltung weltweit zum Thema IT. Diese Veranstaltung ist ausgestorben. Wir hatten die SYSTEMS, und dies ist die erste Nachfolgeveranstaltung der SYSTEMS. Meine Frage geht dahin. Bei allen Segnungen, die wir uns aus dieser neuen Struktur versprechen und bei allen Veränderungen, die wir damit konstitutionell auch erreichen wollen: Wo ist das Limit of Change? Das heißt, gibt es nicht bestimmte Parameter, aufgrund der wir trotz aller Bemühungen nicht umhin können, diese Veränderungsprozesse als solche zu akzeptieren und bestimmte Strukturen auch einfach zu beenden, um möglicherweise stattdessen andere zu benennen? Wie weit ist dieser Transfermechanismus, den Sie so überzeugend dargestellt haben, wirklich relevant? Oder wo sind die Grenzen dieses Transfers in Bezug auf Neustrukturierung, die wir auch so nicht mehr in den Griff bekommen? Darauf möchte ich gern Ihre Antwort haben.

Prof. Hess;
Vielen Dank. Wer wagt sich vor?

Dr. Buhse:
Darwinismus ist ja überall. 99,9% aller Arten sind ausgestorben. Ich denke, das sollte auch für Messen gelten. An dieser Stelle möchte ich eine Lanze brechen für Digital Natives, so sehr die Beiden heute Morgen auch kritisiert worden sind. Wie ich Digital Natives wahrnehme, haben sie eine ganz besondere Eigenschaft, die ihnen häufig als Nachteil ausgelegt wird. Sie hätten nämlich ein sogenanntes Attention Deficit Disorder. Wenn etwas nicht mehr spannend ist, würden sie extrem schnell wie eine Biene zur nächsten Blüte springen. Das, finde ich, ist eine sehr positive Eigenschaft, es ist die Fähigkeit zur Veränderung und zu sagen: jetzt bringe ich mich dort ein, weil dort gerade Energie ist. Das Gespür, dann woanders hinzugehen, wo sich wieder neue Energie entwickelt. Unternehmen sollten die Chance nutzen, von den Digital Natives diese Qualität zu lernen, weil sie es nur dann schaffen, sich wirklich zu verändern. Man kann nicht gleichzeitig bewahren und verändern. Das geht einfach nicht und ist ein brutaler Widerspruch. Das heißt, in Unternehmen, wo ich unterwegs bin, bringe ich ihnen als erstes bei: „Machen Sie eine systematische Müllabfuhr. Welche Dinge würden Sie heute nicht mehr anfangen. Trennen Sie sich von diesen Dingen und schaffen damit Raum für Neues." Ein Unternehmen, das das schafft, hat Überlebensberechtigung.

Dr. Pfeiffer:
Noch eine Anmerkung. Wir sind alle aufgrund unserer begrenzten Lebensspanne daran gewöhnt, dass die Phase, in der wir aufgewachsen und sozialisiert sind, als Status quo empfunden wird. Und alles, was sich danach anfängt zu verändern, wird als dramatisch empfunden. Wir müssen lernen, dass Veränderung zur Geschichte

und auch zu unserem eigenen kleinen Leben gehört und bestimmte Sicherheiten nur vermeintliche Sicherheiten sind. Beipielsweise die Sicherheit, dass wir uns vorher nicht vorstellen konnten, dass bestimmte Unternehmen kaputt gehen können. Aber auch die Vorstellung, dass unser westlich zentriertes Modell einer Industriegesellschaft, wie sie hier im zentralen Europa und den USA entstanden ist, an ihre Grenzen gerät. Das war unser Fokus in den letzten Jahrzehnten. Wir merken schon längst, dass sich das dramatisch verändert. Ich glaube, wir haben alle noch nicht verstanden, was es tatsächlich bedeuten kann, dass Europa in 500 Jahren am Rand steht. Es kann eigentlich keine Grenze von Veränderung geben. Wir brauchen aber in jeder Gesellschaft ein Augenmerk dafür, ob wir in der Gesellschaft alle mitnehmen. Eine Gesellschaft, die es verpasst, sich selbst mitzunehmen, wird den Abstiegsprozess eher verschlimmern und beschleunigen. Das ist die immanente Grenze, dort müssen wir hingucken und darauf achten, ob und in welcher Weise wir alle mitnehmen können. Schließlich sind nicht alle nach 1980 Geborenen Digital Natives. Das ist ein immer wiederholter Mythos seit wir von der Informationsgesellschaft reden, der trotz häufiger Wiederholung nicht wahr wird: Nicht jeder, der jung ist und mit Technologien aufwächst, die es in unserer Kindheit und Jugend noch nicht gab, lernt diese automatisch. Sie werden auch nicht automatisch Teil des Alltags von jeder und jedem. Es gibt heute einen Großteil der Jungen, die gar nicht mitkommen. Und es ist gesellschaftlich gefährlich sich darauf zu verlassen, dass die Jüngeren immer automatisch mitkommen. Allerdings sind die großen fürsorglichen Förder- und Erziehungsprogramme ganz sicher nicht mehr die Antwort darauf. Wir müssen heute andere Antworten finden.

Herr Holtel:
Der bekannte Soziologe Karl Weick hat in den 80er Jahren beschrieben, nach welchen Prinzipien sogenannte „Hochleistungsorganisationen" arbeiten, obwohl diese in einem hochsensiblen und dauernd instabilen Kontext agieren. Als Beispiele nennt er Atomkraftwerke und Flugzeugträger. Unter anderem konstatiert Weick eine extreme Lernfähigkeit und hohe Resilienz als Attribute solcher Hochleistungsorganisationen.

Meine Frage lautet: korrelieren diese Attribute mit denjenigen, die auch Enterprise 2.0 erfolgreich machen? Sehen Sie da eine Parallelität? War diese Theorie gewissermaßen ein „vorweggenommenes" Enterprise 2.0, als ähnliche technische Möglichkeiten wie heute noch nicht vorstellbar waren?

Herr Fischer, Microsoft:

Wir haben häufig das Wort Open Source gehört. Das wird immer als Antithese zu Microsoft verwendet. Ich persönlich als Techi bei Microsoft würde gern Open Innovation dagegenstellen. Ich habe das Wort MashUp noch nicht gehört, auch das Wort Open Innovation. Für mich ist das einer der Kernelemente, die Enterprise 2.0 zumindest auch von der technischen Sichtweise her extrem befeuern können. Wenn Sie dazu noch ein paar Worte finden, wäre das sehr interessant.

NN:
Ich finde die Diskussion sehr gut, möchte aber auf der anderen Seite kritisch anmerken, dass hier auf zwei Ebenen diskutiert wird. Zum einen sprechen wir über Tools, die endlich verfügbar sind, damit Menschen untereinander unkontrolliert kommunizieren können. Andererseits wird hier aber über Hierarchien gesprochen, wobei ich vermisst habe, dass man darüber spricht, dass auch die Köpfe verändert werden müssen. Wir haben über Jahrzehnte – und deshalb fühle ich mich von dem Thema Native oder Immigrant gar nicht berührt – versucht, das Bereichsdenken, das Abteilungsdenken zu durchbrechen. Aber solange das mittlere Management als „Lähmschicht" agiert und dafür sorgt, dass nichts durchgeht, solange im Genehmigungsprozess in großen Unternehmen acht Unterschriften für Kleinstbeträge verlangt werden, solange also immer ganz oben entschieden wird, weil sich das Management nicht traut, Verantwortung zu delegieren, ist das zum Scheitern verurteilt. Das ist für mich der Punkt. Nicht Vernetzung sondern Verantwortung delegieren und Menschen die Chance geben, dass sie eine eigene Verantwortungsumgebung übernehmen. Die Tools, über die wir jetzt reden, sind wirklich die, mit denen wir in der Lage sind, solche Ziele umzusetzen. Und solche Ziele müssen wir uns setzen. „Der Fisch stinkt vom Kopf." Wir müssen das Management in Ordnung bringen.

Prof. Hess:
Vielen Dank. Der Herr dort bitte.

Herr Charzinski, Nokia Siemens Networks:
Eine Frage, vielleicht ein bisschen dröge und down to earth, über das Thema Qualitätssicherung und Prozesse. Das ist auch ein Ausbund aus der alten Welt, dass wir ISO 9001, ISO 27001 und so etwas haben. Das schreibt auch fest, dass man möglichst wenig ändert, um nachher irgendwelchen großen Kriterien zu gehorchen, um die Produkte verkaufen zu können. Haben Sie Erfahrung mit diesen sehr flexiblen Strukturen, womöglich mit flexibel geänderten Regelungen? Wie passt das zusammen mit zertifizierten Unternehmen?

Prof. Hess:
Eine klare Frage. Vielen Dank. Eine Bitte an die Kollegen auf dem Podium, in Summe zu antworten. Wir haben noch eine Wortmeldung. Bitte.

Herr Graf, Otto Gruppe:
Ich habe eine Frage zu den Grenzen von Enterprise 2.0. Wir befinden uns in einer sehr stark wandelnden Gesellschaft und Firmenstrukturen. Haben Sie in Ihren Unternehmen, die Sie beraten haben, Herr Roebers bei SYNAXON oder Sie, Herr Faller bei IBM, schon erlebt, dass Enterprise 2.0 Grenzen hat? Dass zum Beispiel irgendwann Effizienzgrenzen erreicht werden, bzw. irgendwann etwas von den Enterprise 2.0 Tools keinen Sinn mehr macht? Oder haben Sie das noch nicht erlebt? Bisher haben wir nur steigende Kurven gesehen, sowohl bei IBM als auch bei

SYNAXON, bezogen auf die Nutzung von Wikis und Blogs. Das scheint ins Unendliche zu gehen. Was sind Voraussetzungen, die eine Organisation mitbringen muss, um das möglichst effizient einzuführen oder zu unterstützen. Vielleicht haben Sie dafür Erfahrungswerte, die Sie mitgeben können.

Prof. Hess:
Vielen Dank. Ich sehe keine ganz dringenden Fragen mehr. Dann können wir das abschließen. Ich bitte meine Kollegen am Podium die Fragen, zu denen Sie Stellung nehmen möchten, aufzugreifen. Beginnen wir vielleicht mit Herrn Roebers.

Herr Roebers:
Ich möchte gern auf die Bemerkung von Ihnen von Microsoft antworten. Ich möchte aber auch einer hier vertretenen These ganz entschieden widersprechen, nämlich dass hier Open Source Projekte und die Strukturen, die dahinter stehen, als etwas dargestellt werden, was die Unternehmen ablösen kann und dass Unternehmen vielleicht in Zukunft nicht mehr existieren. Das glaube ich nicht. Ich glaube, dass Open Source und auch offene Strukturen wie bei Wikipedia ganz gut funktionieren, bei rein digitalen Produkten wie wir wissen. Selbst bei Software gibt es eine romantisierende Sicht von Linux und ähnlichen anderen Projekten. Wenn ich die Zahl noch richtig im Kopf habe ist es doch so, dass bei Linux 90% aller Softwareentwicklerressourcen, die dort arbeiten, von IBM und anderen Unternehmen bezahlt werden. Das ist schon lange keine reine Amateurveranstaltung mehr. Und ausgerechnet die erfolgreichste Linuxdistribution der letzten Jahre hat einen kommerziellen Kern, ein Unternehmen Ubuntu mit dem Unternehmenskern Canonical Ltd. Ich glaube auch nicht, dass Open Source Software proprietäre Software ablösen wird, sondern freie Software wird in einigen Teilbereichen eine sehr dominante Stellung bekommen. Die Professionalisierung und Teilkommerzialisierung sehen wir heute schon bei Firefox oder bei Linux, überall da, wo richtig viel Geld, Hardware und andere physikalische Produkte gebraucht werden. Oder wenn ich eine Suchmaschine machen möchte, für die ich eine Serverfarm brauche, die eine Milliarde kostet, sehen wir, dass ein Unternehmen eine geeignete Organisationsform ist, die allerdings durch Enterprise 2.0 sehr stark modernisiert und effektiver gestaltet werden kann.

Ein weiterer Punkt ist die Standardisierung und Enterprise 2.0. Wir selber leben in diesem Spannungsfeld, weil wir einige Prozesse haben, die statistischer Prozesskontrolle unterliegen. Sie sind für uns so unternehmenskritisch, dass wir sie standardisiert haben. Wir wenden die Prozessverbesserungsmethode Six Sigma bei uns an, die sehr stark von der Standardisierung und statistischer Prozesskontrolle lebt. Wir haben das tatsächlich ganz erfolgreich miteinander verbunden, d.h. die Dokumentation ist da, aber sie unterliegt den Wikiprinzipien. Wenn jemand glaubt, er weiß etwas Besseres darüber, kann er sich sofort einbringen. Aber im Großen und Ganzen bleibt dieser Prozess erst einmal standardisiert. Es funktioniert im Spannungsfeld bei uns ganz gut und ich glaube, dass das kein unauflöslicher Widerspruch ist, weil Unternehmen aus Standardprozessen und sehr stark kreativen Teilen bestehen. Das eine Instrument taugt für das andere nicht so gut. Man kann sie einfach analog anwenden und deswegen braucht man wahrscheinlich beides.

Prof. Hess:
Vielen Dank. Frau Pfeiffer, haben Sie Anmerkungen?

Dr. Pfeiffer:
Eine Anmerkung zum Thema Hochleistung. Ich glaube tatsächlich, der Charme von Enterprise 2.0 liegt in dieser Fragestellung, die heute schon einige Male zur Sprache kam. Im richtigen Moment muss der Mensch, der eine situativ auftretende Frage am besten beantworten kann, in die Bütt. Web 2.0 bietet die Struktur, die genau das erlaubt. Alle Hochleistungs-/Highperformer-Geschichten haben eigentlich immer noch die Ideologie im Hintergrund, dass es irgendwie die per se Besseren gibt, dass es letztlich irgendeine Wissenshierarchie der Leistungsträger gibt, die besser sind als die anderen. Die Idee muss aber eigentlich sein, dass der eine in einer bestimmten Situation heute besser ist, aber morgen vielleicht der Falsche sein kann und dass das natürlich alles – was heute immer wieder zur Sprache kam, nach dem Motto „der Fisch fängt am Kopf zu stinken an" – nur geht, wenn das Management mitspielt. Alle Enterprise 2.0-Ansätze, die nur ein Feigenblatt einführen, die nicht den ganzen Schritt machen, die nicht wirklich Verantwortung delegieren, sind zum Scheitern verurteilt. Es geht nicht um Anarchie, aber es geht auch darum, dass die Beschäftigten mehr als heute Entscheidungen einklagen werden. Viele Beschäftigte leiden heute extrem darunter, dass sie Vorgesetzte vor der Nase haben, die sich überhaupt nicht zu delegieren trauen, die aber auch nicht mehr den Mut haben, zu entscheiden und lieber noch zig weitere Meetings durchführen. Weil auch Führungskräfte sich immer seltener trauen eine Entscheidung zu treffen, die sie morgen einholen kann. Lieber lassen sie ihre Mitarbeiter in einer Unsicherheit, die zu all den anderen Unsicherheiten, mit denen man heute in der Arbeitswelt umgehen muss, noch unnötigerweise hinzu kommt.

Ein letzter Satz zu der Frage, wo liegen die Limits? Ich glaube, die Limits sind: der Nutzen, die Nützlichkeit. Menschen werden im Arbeitsprozess Enterprise 2.0 so lange und so intensiv nutzen, wie es ihnen in ihrer Arbeit hilft. Sobald das Ganze zu einer aufgeblasenen Sache wird, die sie von ihrer Arbeit abhält, werden die Beschäftigten damit aufhören. Irgendwann werden sich diese Kurven natürlich irgendwo sättigen und 20 Jahre weiter wird kein Mensch mehr von Enterprise 2.0 reden, weil das Technologien sind, die so selbstverständlich sind wie Telefonieren und Email. Bis wir aber so weit sind, muss das Management einen ganz großen Bauchaufschwung machen. Die Veränderungsbereitschaft, die da initiiert werden muss, ist die wirkliche Schwierigkeit. Wir erleben das in vielen Projekten, in denen wir Veränderungsprozesse begleiten: die vermeintliche Angst der Beschäftigten vor Veränderungen wird sehr gerne bemüht, oft ist sie aber gar nicht das Problem. Mitarbeiter haben dann Angst vor Veränderungen, wenn deren Konsequenzen nicht klar sind. Und Mitarbeiter haben dann Angst, wenn sie immer wieder die Erfahrung machen, dass die Konsequenzen von Veränderungsprozessen meistens für sie schlecht ausgehen. Dann gibt es Ängste, die alles andere als irrational sind, sondern die einfach in jahrelanger Erfahrung begründet sind. Schwieriger ist es tatsächlich, am Kopf der Organisation anzufangen, weil die Führungskräfte dort oben natürlich auch etwas zu verlieren haben. Es gibt Status zu verlieren, es gibt Entscheidungs- und Machtspielräume zu verlieren, es gibt evtl. sogar Gehalt zu verlieren usw.

Prof. Hess:
Vielen Dank. Herr Faller!

Herr Faller:
Zum Thema Open Source kann ich Herrn Roebers nur zustimmen. Ich denke, dass das eher eine parallele Sache sein wird zu dem, was Unternehmen erstellen. Wenn ich das Beispiel von Mozilla Firefox aufnehme und dann zu den Anfängen des Internets zurückblicke, dann gab es da monolithische Anbieter, die den Internetzugang und das Zugangstool, also den Browser, aus einer Hand angeboten haben, es gab aber keinerlei Flexibilität oder die Möglichkeit andere Tools einzusetzen. Das Problem bei Standards ist, dass man sich vielleicht in der mechanischen Industrie auf einen Standard einigen kann. Gerade im Softwareumfeld ist es dann aber schwierig zu einer Implementierung zu kommen woran viele, vielleicht konkurrierende Unternehmen, gemeinsam arbeiten sollen. Ich denke, dass das etwas ist, wo Open Source funktioniert, um die Software als Gemeinsamkeit weiterzubringen. Aber Unternehmen werden dennoch mit ihren Kernkompetenzen die Existenzberechtigung haben, darüberhinausgehende Funktionen anzubieten, Erweiterungen, die auf den gemeinsamen Standard aufsetzen oder Tools, die diese ausnutzen. Deswegen ist Open Source ein Stückweit Mittel zum Zweck und wird mit dem koexistieren, was Unternehmen anbieten oder auch was man sich als Programmierer selbst entwickelt hat.

Dem Thema mit den verschiedenen Ebenen, den Hierarchien in der Verantwortung des Middle Managements kann ich absolut zustimmen. Enterprise 2.0 ist für mich sehr stark von Verantwortung getrieben, Verantwortung auf den verschiedensten Ebenen. Verantwortung, die der Mitarbeiter trägt für seine eigene Weiterentwicklung, für sein eigenes Handeln, für seinen Beitrag zum Unternehmen. Verantwortung der direkten Führungskräfte, sich in eine neue Rolle zu finden. Diese Rolle kaskadiert für mich von unten nach oben, genauso wie die Initialzündung von oben nach unten kommen muss. Es ist durchaus schwierig eine Kultur aufzubauen, die dieses Vertrauen trägt, in der der Mitarbeiter das Vertrauen hat. Nur dann kann sich der Mitarbeiter auch einmal aus dem Fenster lehnen wie die Auszubildende von Herrn Roebers und entscheiden. Dieser Zustand ist viel schneller zerstört als er etabliert wurde. Ich denke, dass das ein großes Problem ist. Es gibt Beispiele, wo die Kultur in einem Unternehmen durch vorgelebtes Verhalten negativ geprägt wurde und es sehr lange dauerte, um das wieder zu ändern. Dies ist wohl die größte Herausforderung in einem Unternehmen, um sich wirklich als Enterprise 2.0 zu bezeichnen. Herr Roebers hatte keine negativen Emotionen als er gesagt hat, die Auszubildende habe entschieden, wie diese Provision verteilt wird. Es gibt Manager, die sich nicht einmal trauen würden, vor einem solchen Panel überhaupt darüber zu reden, dass diese Situation im eigenen Unternehmen vorgekommen ist. Das wird eines der Hauptunterscheidungsmerkmale zwischen dem Enterprise 2.0 Unternehmen sein und einem Enterprise 1.0 Unternehmen: Die Verantwortung auf jedem Level und da insbesondere des Mittleren Managements, weil genau da die Übersetzungsarbeit zwischen Unternehmensstrategie und der Ausführung erfolgen muss.

Zum Thema „Hat was nicht geklappt?" Ja, wir hatten auch Misserfolge beim Einsatz von den verschiedenen Tools und Techniken. Aus dem konkreten eigenen Erfahrungsschatz: wir haben auch einen sehr sozialen Ansatz einer Social Networking Plattform innerhalb der IBM getestet, die das andere Extrem zu den eng businessorientierten Plattformen untersucht hat. Kollegen waren etwa eingeladen, persönliche Bilder selbst hochzustellen, also quasi was Facebook macht nur hinter der Unternehmensfirewall und primär auf den privaten, zwischenmenschlichen Kontext ausgerichtet mit relativ wenigen Businessinhalten. Diese Plattform ist erstaunlicherweise relativ schnell eingeschlafen, der Wunsch vieler Kollegen war, dass das, was man im Unternehmen tut, unter dem Credo der Verantwortung für das Unternehmen steht und somit auch der Umgang mit diesen neuen Medien primär auf den geschäftlichen Einsatz ausgerichtet sein soll.

Prof. Hess
Vielen Dank. Bitte.

Dr. Buhse:
Ich würde gern auf die Grenzen eingehen, die bei mir eindeutig beim Management liegen. Das Management muss in der Lage sein, die Vision, die Werte und die Ziele klar zu kommunizieren, und das gelingt nicht vielen Managern. Weiterhin würde ich gern etwas ergänzen: Sie hatten so schön Vorbild und Verantwortung gesagt. Dem würde ich gern ein drittes „V" hinzufügen, nämlich Vertrauen. Und das funktioniert nur durch die Kunst des Loslassens. Sie erinnern sich vielleicht an das Buch. Da steht relativ viel drin von der Diskussion, die wir heute haben. Es kamen noch zwei Stichworte in den Fragen, nämlich das Thema Hochleistungsorganisation und Open Innovation. Hier mein Aufruf an die Veranstalter, in Person von Herrn Prof. Eberspächer: Wie wäre es denn, wenn wir aus dem Münchner Kreis eine Hochleistungsorganisation machen? Es ist eine Netzwerkorganisation, die geradezu danach schreit, das Thema Enterprise 2.0 im Münchner Kreis zu leben. In dem Sinne schlage ich vor: wir sollten das Thema Management aufgreifen und dem Münchner Kreis ein Stückweit Richtung Enterprise 2.0 verändern.

Prof. Hess:
Vielen Dank. Herr Klotz, Sie haben praktisch das Schlusswort.

Herr Klotz:
Ich möchte nur auf einen Punkt eingehen. Falls hier der Eindruck entstanden sein sollte, ich würde glauben, dass eine Open Source Wirtschaft alles ablöst, das wäre in

der Tat naiv. Ich habe nur die Frage aufgeworfen, warum in manchen Bereichen Menschen offenkundig sehr motiviert, kreativ und engagiert sind und was heutige Unternehmen aus diesen Bereichen lernen können. Ich denke, eine ganze Menge. Man muss natürlich auch sehr genau unterscheiden zwischen der Produktion materieller Güter und der Produktion immaterieller Güter, vor allem digitalisierbarer Güter. Dazwischen gibt es große Unterschiede, die vor allem in der deutschen Debatte leider noch viel zu wenig beachtet werden. Und man muss sehen, dass sich die Relation, die Wertschöpfungsanteile immer stärker zugunsten letzterer verschieben, d.h. immer mehr Geld wird mit immateriellen Gütern, mit digitalisierbaren Produkten gemacht. Das verändert die Arbeitswelt radikal, weil hier Arbeit immer mehr zu Unikatarbeit wird – sie müssen immer nur ein Exemplar herstellen. Seit mehr als 30 Jahren wird immer mehr Routinearbeit auf Computer, auf technische Systeme, übertragen. Was für den Menschen übrig bleibt, ist das, was die Maschinen nicht können, also das, was man nicht programmieren kann: kreativ sein, intelligent mit Unvorhersehbarem umgehen, neuartige Probleme lösen. Das sind die Anforderungen der Zukunft.

Damit komme ich zu dem Punkt, den Sabine Pfeiffer angesprochen hat. Nehmen wir denn alle in dieser Gesellschaft mit? Werden die Menschen überhaupt in die Lage versetzt, um diese Herausforderungen bewältigen zu können? Da sehe ich das eigentliche Problem. Ich denke, wir hängen gerade in Deutschland immer weitere Bereiche in der Gesellschaft ab. Wir nehmen sie nicht mit. Die soziale Schere zwischen den Gewinnern und Verlierern dieses Strukturwandels geht immer weiter auf. Und damit komme ich an einen Punkt, mit dem fast jede Tagung aufhört: Wir müssen im Bildungssystem und im gesamten Bereich der Aus- und Weiterbildung so einiges ändern, da dieser ja ganz offensichtlich den raschen Veränderungen der Anforderungen nicht folgen kann. Ich rede hier nicht von Anpassungsqualifizierung, von XY-Firmenkursen usw. Sondern es geht um einen ganz fundamentalen Wandel, denn wir bilden bei uns die Mehrzahl der jungen Menschen noch immer für die industrielle Arbeitswelt von gestern aus. Da muss ganz dringend etwas passieren, damit diese Schere in der Gesellschaft nicht noch weiter aufgeht, damit nicht immer weitere Teile der Gesellschaft einfach abgehängt werden.

Prof. Hess:
Vielen Dank. Ein gutes Schlusswort. Meine Damen und Herren, ich hoffe, wir haben im letzten Panel die Diskussion des ganzen Tages noch ein bisschen eingefangen und auch ergänzt. Ich habe selten Podiumsdiskussionen mit so vielen Fragen gesehen. Das ist ein sehr guten Zeichen dafür, dass das Thema auch sehr differenziert von Ihnen bearbeitet wird, sei es als Statement oder als Frage. Ich danke Ihnen ganz herzlich für Ihr Mitwirken, meinen Kollegen hier auf dem Panel für die Meinungsäußerung und auch für die teilweise provokanten Thesen und übergeben an Herrn Eberspächer.

Anhang

Liste der Referenten und Moderatoren

Dr. Willms Buhse
doubleYUU
Unternehmensberatung
Keplerstr. 17
22763 Hamburg
w@doubleyuu.com

Prof. Dr.-Ing. Jörg Eberspächer
Technische Universität München
Lehrstuhl für Kommunikationsnetze
Arcisstr. 21
80333 München
joerg.eberspaecher@tum.de

Karsten Ehms
Siemens AG
CT IC 1
Otto-Hahn-Ring 6
81739 München
karsten.ehms@siemens.com

David S. Faller
IBM Software Group
Manager WPLC Lab Services
Schönaicher Str. 220
71032 Böblingen
david_faller@de.ibm.com

Frank Fischer
Manager Technische Evangelisten
Microsoft Deutschland GmbH
Konrad-Zuse-Str. 1
85716 Unterschleißheim
frank.fischer@microsoft.com

Dr. Thomas Götz
Managing Partner
Detecon International GmbH
Information Technology
Oberkasseler Str. 2
53227 Bonn
thomas.goetz@detecon.com

Prof. Dr. Thomas Hess
Universität München
Inst. f. Wirtschaftsinformatik und neue Medien
Ludwigstr. 28
80539 München
thess@bwl.uni-muenchen.de

Carmen Hillebrand
Pressesprecherin
Vodafone D2 GmbH & Co. KG
Am Seestern 1
40547 Düsseldorf
carmen.hillebrand@vodafone.com

Dion Hinchcliffe
Hinchcliffe & Company
1940 Duke Street, 2nd Floor
Alexandria, Virginia 22314, USA
dion@hinchcliffeandco.com

Dr. Josephine Hofmann
Fraunhofer Institut f. Arbeitswirtschaft u. Organisation
Nobelstr. 12
70569 Stuttgart
josephine.hofmann@iao.fhg.de

Stefan Holtel
Vodafone Group R&.D
Chiemgaustr. 116
81549 München
stefan.holtel@vodafone.com

Ulrich Klotz
Rhönstr. 53
60316 Frankfurt
ulrich.klotz@t-online.de

Cedric May
Am Kamp 22a
24783 Osterrönfeld
hallo@cedric-may.de

Ludwig Passen
Generali Deutschland Informatik Services GmbH
Anton-Kurze-Allee 16
52074 Aachen
ludwig.passen@generali.de

Dr. Sabine Pfeiffer
Institut für sozialwissenschaftliche Forschung (ISF)
Jakob-Klar-Str. 9
80796 München
sabine.pfeiffer@isf-muenchen.de

Frank Roebers
Vorsitzender des Vorstandes
Synaxon AG
Eckendorfer Str. 2-4
33609 Bielefeld
info@synaxon.de

Martin Rohrmann
Alcatel-Lucent Deutschland AG
Abt.FS/O/ES
Lorenzstr. 10
70435 Stuttgart
martin.rohrmann@alcatel-lucent.de

Dr. Carsten Ulbricht
Diem & Partner Rechtsanwälte
Hölderlinplatz 5
70193 Stuttgart
ra@diempartner.com

Dr. Said Zahedani
Director DPE
Microsoft Deutschland GmbH
Konrad-Zuse-Str. 1
85716 Unterschleißheim
szahedan@microsoft.com

Printed by Books on Demand, Germany